向春宇 / 著

Unity
VR与AR
项目开发实战

清华大学出版社
北京

内 容 简 介

本书以 Unity 为基础平台，以实战为导向，通过案例的形式分别介绍 VR 与 AR 的项目开发。以简洁易懂的语言对 Unity 的重点知识进行讲解，配合详细的图文注释与大量的项目实例，让读者能够轻松快速地入门 Unity VR 和 AR。

本书内容分为四部分：第 1~3 章讲述 Unity 的基础知识，从零开始引导读者了解 Unity 编辑器及其中的灯光、材质球等，并以案例的形式介绍 UGUI 以及通过可视化工具 Bolt 开发第一个游戏 FlappyBird；第 4 章讲解在实际案例中常用的 Unity 插件，掌握这些插件后将会大大提高开发效率；第 5~7 章讲述虚拟现实技术，从什么是虚拟现实到 PC 端虚拟现实的应用，再到市面上常用的头戴式 VR 设备应用，以案例的形式讲解典型虚拟现实技术的项目开发；第 8~11 章讲述增强现实技术与如何在 Unity 中发布安卓程序，从国外的 Vuforia 到国产的 EasyAR 再到 AR Foundation，通过对三种较为流行的 AR SDK 进行学习，实现从基本的图片识别到地面识别、云识别、涂涂乐、手势识别与换脸等功能。

本书适合 VR、AR 的开发人员、从业者和对虚拟现实等技术感兴趣的读者阅读，也可作为培训机构以及大中专院校相关专业的教材。

本书封面贴有清华大学出版社防伪标签，无标签者不得销售。
版权所有，侵权必究。举报：010-62782989，beiqinquan@tup.tsinghua.edu.cn。

图书在版编目（CIP）数据

Unity VR 与 AR 项目开发实战 / 向春宇著.—北京：清华大学出版社，2022.5
ISBN 978-7-302-60722-9

Ⅰ．①U… Ⅱ．①向… Ⅲ．①游戏程序－程序设计 Ⅳ．①TP317.6

中国版本图书馆 CIP 数据核字（2022）第 072921 号

责任编辑：王金柱
封面设计：王　翔
责任校对：闫秀华
责任印制：曹婉颖

出版发行：清华大学出版社
网　　址：http://www.tup.com.cn，http://www.wqbook.com
地　　址：北京清华大学学研大厦 A 座　　邮　编：100084
社 总 机：010-83470000　　邮　购：010-62786544
投稿与读者服务：010-62776969，c-service@tup.tsinghua.edu.cn
质 量 反 馈：010-62772015，zhiliang@tup.tsinghua.edu.cn

印 装 者：天津安泰印刷有限公司
经　　销：全国新华书店
开　　本：190mm×260mm　　印　张：26.25　　字　数：678 千字
版　　次：2022 年 7 月第 1 版　　印　次：2022 年 7 月第 1 次印刷
定　　价：118.00 元

产品编号：090719-01

推荐序 1

2006年的一天，老友苏兴华（虚怀若谷）在他的办公室给我看了一封Unity Technologies发来的邮件，内容是介绍Unity 1.0的主要功能，顺便提到了希望我们能在国内代理并且出版一些中文版的教程以辅助推广。当时我们已经在准备达索的Virtools Bible系列丛书的编撰，尽管大家都觉得这款软件相当不错，但还是放下了。

这一放，就放了12年……

在此期间，Unity Technologies在国内发展迅猛。2008年Unity的多个版本开始在国内VR圈子里流行，其涉及的内容和行业范围极广，从在轻量级游戏中的应用，拓展到不少重量级的工业设计仿真、装配训练仿真项目中，甚至一些重型游戏也采用Unity进行开发，突然之间Unity作品就百花齐放了。我和兴华在感慨Unity快速成为主流VR工具之余，也为当年的"放下"唏嘘不已。

在各种BBS、技术沙龙和会议论坛中，大家除了议论使用Unity开发的各种项目之外，讨论最多的就是Unity的相关教程和教材的极度匮乏。期间国内外一些优秀的Unity开发者不断地推出零星的Unity教程，虽然不够系统和全面，但也真实地促进了中国VR行业的发展，春宇兄弟就是其中的一位。

2017年春宇兄弟应清华大学出版社的邀约，出版了他第一部从实习、实训、实践、实操、实战的"五实"角度出发编撰而成的作品《VR、AR与MR项目开发实战》。第一次看到那本书的时候我有些意外，因为书中的基础性的教程和他之前讲座里推出来的教程深度相差很大，完全不能真实地显示出春宇兄弟的功底，它虽然非常适合初识VR、初识Unity的萌新，但对于VR的子级AR和融合度更深的MR学习还是不太够"吃"的。

为此我回成都时专门约了春宇出来吃火锅。

2019年夏，钢管厂的小郡肝串串香，春宇一边忙着在火锅里捞郡肝，一边背书一样说道："陈哥你之前的讲座里说过啊，一个社会是否先进，取决于它获取信息的手段是否先进，作为父级的VR及其延展出来的AR和MR乃至于XR这些技术，都是利用可视化结果生产信息的工具，掌握了这些工具，将进一步拓展社会获得信息的手段，这就是技术推进社会进步的重要手段之一"。

我一边和他抢郡肝，一边莫名其妙地盯着他。

"你这句话我记得很清楚，但你说的这是大势，火锅嘛总得一口口地吃噻，一开始就写项目开发的经验，VR那么诱人，萌新们根本等不及学会最基础的部分就跑去做项目了，这样肯定是不行的，我是准备从浅到深一一写来，写一个系列出来，萌新们老老实实地把这批教程学完，他们就至少可以做我的项目同事了"。

2022年春，我终于看到了春宇兄弟的第二部作品《Unity VR与AR项目开发实战》，它果然贯彻了春宇兄弟从浅到深的实习、实训、实践、实操、实战的"五实"原则，真正做到了夯实基础、循序渐进、清澈有力，引导VR爱好者对VR领域不再生疑，不会因为基础的技术问题而陷入瓶颈，能顺心而为，和我们一样坚持下去。

感谢春宇兄弟，在VR领域越来越冷静的阶段，让VR行业和VR爱好者们都看到了你的善意！

陈德陆

2022年春于成都

陈德陆　高级研究员、国家级超高清视频产业基地副主任、四川省广电科技战略专委会专家委员、沉浸式超高清四川省重点实验室副主任、电子科技大学国家虚拟仿真实验教学中心特聘专家、成都影视硅谷集团有限公司董事长秘书、副总裁。

参与科研项目成果获国家科技进步一等奖1项、二等奖4项、国家技术发明二等奖1项。

从事图形图像技术应用领域研究超过20年，拥有VR领域发明专利、软件著作权三十余项，参与十余部/套图形图像类、工具类书籍编撰及出版。

推荐序 2

随着互联网应用的快速发展，虚拟现实技术具有越来越广阔的应用空间及无限的表现魅力。尽管虚拟现实行业在目前仍然处于快速发展期，但是VR/AR/MR已经以多种模式、多种形态出现在各个行业的应用中，而当前正是进行技术知识储备的重要阶段。

向春宇老师多年以来始终战斗在虚拟现实行业的一线，从早期的Virtools到后来的Unity，积累了丰富的软件开发与团队培训经验。本书以"实操、实战"的结果为导向，结合案例进行讲解说明，对Unity基础知识点进行了全面且系统的讲解，既是图形图像领域学习的基础，也是初阶开发者的新希望。

这是一部以实战为导向、能指导零基础的读者掌握Unity并快速完成进阶的工具书，从功能、原理、实战和调优等多个维度循序渐进地讲解了如何利用Unity进行实操型应用开发。本书除了介绍Unity的基础知识外，还列举了大量实际开发中常见问题的解决方法。

本书覆盖了VR开发过程中从安装到入门、从使用到精通所需的大量基础知识点，内容讲解循序渐进，案例实操过程详细丰富。本书以通俗易懂的语言阐述纷繁多变的VR世界，适合初学者作为入门之书，使其能够快速地掌握VR开发，同时书中包含的作者多年的研发经验，也可供开发人员拓展思路。

本书面向基于Unity系列版本的VR/AR/MR以及交互式新媒体内容开发者、高等院校数字媒体专业师生及广大相关领域的计算机爱好者，书中内容由浅入深、循序渐进，既适合VR、AR爱好者的入门学习，也适合VR、AR软件开发的工作人员阅读参考，同时也可作为培训机构以及大中专院校相关专业的教材。

严晨
2022年春于北京

严晨 教授、国务院政府特殊津贴专家、全国新闻出版行业领军人才、长城学者、新世纪百千万人才、北京印刷学院新媒体学院副院长、国家一流建设专业"数字媒体艺术"专业负责人。

推荐序 3

近年来，虚拟现实产业进入起飞阶段，2020—2022年将成为虚拟现实驶入产业发展快车道的关键发力时期。2021年3月Roblox的上市让元宇宙概念引爆市场，近400亿美元的市值彻底打开了元宇宙行业的想象空间。同时国家在《中华人民共和国国民经济和社会发展第十四个五年规划和2035年远景目标纲要》中强调"加快数字化发展，建设数字化中国"，列出了七大数字经济产业，这七大产业分别是云计算、大数据、物联网、工业互联网、区块链、人工智能、虚拟现实（VR）和增强现实（AR），并指出要加强通用处理器、云计算系统和软件核心技术一体化研发。我们正乘着时代的快车，奔向虚拟世界的未来。

回望2016年，虚拟现实元年的出现才真正为创意设计打开了一扇新的大门，我们开始构建一种新的语言并形成新的虚拟世界来与作品进行沟通交流；来到2021年的元宇宙中，元宇宙创造了一个用户与他们的一切体验都被虚拟连接的全新环境，是下一代社交世界的载体。元宇宙的风靡激发了人类对数字世界的无限想象和探索。这个世界平行于现实世界，打破了时间与空间的维度，并有自己的森林法则，人们可以自由穿梭在平行的两个时空中，这就是我们即将创建的虚拟世界，沉浸、真实、有趣、激发无限想象。人类的特性就是拒绝有限性，虚构一个现实世界，本质上就是不断地突破那些将人封闭在空间、时间和精神之中的界限，确保"意识"对"生存""境遇"的控制。而在虚拟现实的世界里，能让人有机会突破有限，面对无限。

十几年前还是属于Virtools的时代，但是伴随着移动时代的来临，Unity开始了它的扩张。也是在2009年，我在北京的同学向春宇，开始了通往虚拟现实之路的探索和尝试。2022年新年伊始，收到了他让我作序的信息，心里为之一"颤"，"颤"是因为能坚持在技术领域的人已经不多了，随着时间的推移，大多数人都转向管理岗做轻松的事、赚轻松的钱，但是他还在坚持，这值得我们尊敬。向春宇，他是一个扎根于一个领域并孜孜不倦地钻研的人，他以其专业的判断力和实践精神将自己的经验与领悟撰写进了这本书。Unity在短短几年内就横扫全球，让开发者离终极目标越来越近，这本书将成为虚拟现实之路的通关秘钥，也将是元宇宙未来世界的沟通典籍。能看到本序言的你，让我们一起寻求所有感官的无限潜力开发，期待着与这个虚拟世界交互的一切可能吧！

人类的大脑被赋予了强大而丰富的想象力，科技通过让想象力在我们的生活中变得鲜活而向前发展。随着人类社会的发展，虚拟现实将是通向未来的桥梁，乘着元宇宙的风而来，仿佛虚拟世界在向世界宣告未来已来。VR/AR正在创造一个新世界，它创造了新的、更直观的方式与计算机互动。虚拟现实犹如星星之火，已经在各行各业逐渐形成燎原之势，一个具有无限可能的全新世界将在我们面前展开！

何伟

2022年春于北京

何伟 沉浸式&交互技术数字视觉研究实验室（IIDR）主任、人工智能产业创新应用发展联盟（AIADA）发起人、北京星汉云图文化科技有限公司创始人。

推荐序 4

VR/AR一直被人们认为是可以改变未来生活方式的前沿技术之一，尤其近期的元宇宙概念预计能颠覆许多行业的现状，各行各业的虚实整合更是处于现在进行时。VR/AR已经不仅仅只是游戏娱乐的技术手段，现在正逐步改变你我工作、学习与生活的使用形态。

由于Unity开发的易用性、轻量化以及高质量的渲染能力，而且支持市面上大多数主流的硬件与平台，因此Unity已经成为VR/AR开发者的首选软件平台。在上一版《VR、AR与MR项目开发实战》的坚实基础上，向春宇先生推出了新版的《Unity VR与AR项目开发实战》。该书融入了新的内容，并且几乎更新了上一版所有章节中的案例；对PC端、头盔端、移动端等多平台都提供了相关的案例，给出了完整的操作流程与详细的步骤讲解；书中配合大量实例，让读者在从理论到实践中逐渐掌握使用Unity开发VR与AR的技巧。这本书在内容编排上也是颇具巧思，从基础到进阶再到深入，解决用户长期以来的学习痛点。同时，书中也提供了大量的图示来配合文字说明。相信读者按照书中内容进行上手练习后，在Unity开发技术的深度与广度上一定会有不错的收获。

吴明勋
2022年1月于台北

吴明勋　爱迪斯通科技总经理。

推荐序 5

作为国内行业老兵，有幸见证并参与了 VR、AR、XR、Web3、元宇宙等不同概念的前传、兴起、发展、爆发、普及等过程，让虚拟现实领域的伙伴们终于看到了现在，有机会去拥抱未来，不胜感慨和荣幸。

二十多年来，我们和众多高校前沿学科的老师们努力参与并推动众多工具平台的普及和创新应用，并由此结识了一群志同道合的朋友。当年，与澳洲的朋友一起参与了 Unity 3D 的主要界面开发；当年，接待并游说 Unity 3D 亚太区老总从"游戏民主化愿景"转向"VR 虚拟现实业务"；当年，通过第三方平台提前促使 Unity 3D 运行在 VR 设备上，通过组态的方式实现了 Unity 3D 虚拟资产可视化；当年，将工业模型轻量化导入 Unity 3D……与包括向春宇先生在内的兄弟姐妹们一起奋斗多年，终于在 Unity 3D 的平台上实现了令人炫目的产品创新和技术创业。

向春宇先生编撰的 VR 系列工具书——《Unity VR 与 AR 项目开发实战》面向的主要读者是初学者和进阶者，是希望通过掌握 Unity 3D 这个当下全球最大开发群体的引擎工具获得 VR 和 AR 相关的商业机会和项目开发能力的人。借由书中深入浅出的实操过程，让 VR 和 AR 这些曾经神秘的概念和原理变得不再神秘，帮助读者逐步了解和熟悉目前市场上通用的 VR 和 AR 概念所能达到的效果和实现途径。

纸上得来终觉浅，绝知此事要躬行。想要成为业界传奇或者大师，需要通过技术、工程、体系、智能、孪生、智慧等不同等级应用场景的磨砺，用时间来成长，用生命来绽放火花。

感怀、感恩和伙伴们一起成长的 VR 岁月，它不仅极大地拓宽了我的人生和视界，让我在国际一流的企业里获得了与 VR 密切相关的工作，更让我结识了"真实的谎言""Alex Wu"等多位成为一生挚友的伙伴！

祝愿选择本书的读者们，也有幸能通过奋斗结识一帮能成为老友的伙伴，并成为相互骄傲的回忆！

苏兴华
2022 年 1 月于北京

苏兴华 行业资深专家，法国达索析统 Virtools 高级应用专家证书获得者，现为华力创通数字孪生负责人、某型大推力火箭 VR 数字样机系统开发者、某型水上大飞机 VR 建设项目负责人、北京奥运会人群仿真关键技术研发者、中车唐车 VR 系统样机产品总监、中石油规划总院物流孪生专家顾问、某部国产增强现实智能识别设备定制负责人……从事虚拟现实各项应用研究超过 20 年，参与的多项工程都是国内的首次突破，参与发明了相关大型虚拟现实系统和相关设备，获得多项相关专利。

前　　言

2016年被称为VR元年，以虚拟现实技术为代表的黑科技得以迅猛发展，增强现实技术也日益被大众所熟知。到了2021年，随着"元宇宙"概念的兴起，一股新兴技术的浪潮正在让人们的生活方式慢慢地发生改变。小到生活中通信方式，大到国家性的虚拟仿真系统，均体现出这些技术变得越来越重要且运用的场景越来越广泛。

本书的缘起有二，其一是清华大学出版社的编辑一直邀请我对上一本书做一个更新，上一本书自出版之后一直深受大中院校的师生和广大读者的喜爱，但至今已有四年了，作为一本工具书显然其中有一些内容需要迭代升级；其二是近年来虚拟现实、增强现实日益火爆，希望了解进而学习这些技术的人越来越多。正是基于以上两点原因，本人开始尝试写作本书。

本书以浅显易懂的思想贯穿始终，尽量将一些专业知识用简单、贴近生活的语言进行描述。对于知识点，先介绍其含义及用法，再以案例的形式加以巩固，达到融会贯通的效果，从而使读者可以举一反三，将知识点运用到其他案例中。由于本类技术的特殊性，因此书中配备了大量的图片，以图片辅助文字的方式让读者更好地掌握知识点，逐步跟着案例进行练习。传统的本类书籍一般只有少量的代码注释，更加注重实现的理论而轻视代码讲解，使得读者往往不能真正地理解。而本书中涉及的大量代码均有非常详尽的解释，从代码中的每一行注释到每一个新函数的功能介绍，务求让读者在理解实现理论的基础上清晰明了地理解代码。由于本书是从初学者的角度来讲解知识点的，因此无论读者是否有相关经验，都能较为容易地理解书中内容。

无论是初学者还是相关的工作人员，都可以从本书中获取需要的知识：美工人员可以从本书中学习Unity编辑器的基础知识以及如何在Unity编辑器中调制出更好的效果；程序员可以从本书中学习虚拟现实、增强现实与混合现实的制作方法；在校的学生可以通过本书进行系统学习；等等。在学习的道路上永远不迟，"Better late than never"，三四十岁才开始学习并取得成功的案例比比皆是，只要付诸行动，就一定会有所收获，或早或晚。

在学习本书的过程中，可能有一些软件的版本已经更新，但是软件本身的使用方式与核心功能不会有大的变化。学习本书时，不仅要学会书中的内容，更重要的是要学会思维方法，建议先学习前3章，掌握Unity的基础知识后再学习项目中常用的插件，再到虚拟显示、混合现实模块。本书中的脚本是由C#语言编写的，若在学习过程中感觉难以理解C#代码，建议先学习C#的语法基础。南怀瑾先生在其书中提到一种方法，即"疑参破定，执着起用"。"疑"，就是对某个问题某个需求起疑情；自己"参"究用功，找参考，找方案，找答案；"破"就是找到方法找到解决方案；"定"住在那个境界，然后打成一片，彻底解决问题解决需求；"执着起用"，在解决问题之前，会经历彷徨、经历自我否定，但是一定要有执着坚韧的信念。学习本书也一样，先跟着案例一起制作，在制作完成后起"疑情"，多想想为什么这么做，在做的过程中使用了哪些技术与知识点，这些知识点还能用作其他的什么功能，这个案例是否还有其他的实现方法，等等。如此这般才能将知识学扎实。

本书配套的资源达20GB，采用分盘压缩的方式，读者需要用微信扫描下面的二维码逐一下载，可按页面提示填写邮箱，把链接转发到邮箱中下载。**所有压缩包下载完成后，需要统一解压缩方可使用**，如果阅读过程中发现问题，请用电子邮件联系booksaga@126.com，邮件主题为"Unity VR 与AR项目开发实战"。

本书从开始构思到完成花费了大半年光阴。本人虽已竭尽全力，但由于水平有限，其中难免有疏漏之处，还望各位读者批评指正。若在学习本书的过程中遇到问题或有建议，可以通过电子邮件联系我（tjdonald@163.com）。

写在最后，感谢一直以来给予我大力支持的家人，感谢生活、工作中的亲密合作的朋友和同事。祝愿大女儿向奕祯与即将出生的小宝宝能够健康快乐地成长。祝愿大家平安喜乐。

向春宇

2022年3月

目　　录

第 1 章　Unity 快速入门 1
1.1　关于 Unity 1
1.2　安装与激活 3
　　1.2.1　Unity 的下载与安装 3
　　1.2.2　Unity 的激活 6
　　1.2.3　Unity 的好搭档
　　　　　 Visual Studio 8
1.3　Unity 编辑器 9
　　1.3.1　项目工程 9
　　1.3.2　Hierarchy 面板 10
　　1.3.3　Scene 面板 11
　　1.3.4　Inspector 面板 12
　　1.3.5　Project 面板 13
　　1.3.6　Game 面板 15
1.4　创建第一个程序 16
　　1.4.1　设置默认的脚本编辑器 16
　　1.4.2　Hello Unity 16

第 2 章　Unity 基础知识 19
2.1　官方案例 19
　　2.1.1　打开官方案例 19
　　2.1.2　运行案例 20
　　2.1.3　平台设置与发布 21
2.2　Asset Store 23
　　2.2.1　Asset Store 简介 23
　　2.2.2　资源的下载与导入 25
2.3　模型文件准备 28
　　2.3.1　建模软件中模型导出设置 28
　　2.3.2　Unity 中模型的导入设置 31
2.4　Unity 材质介绍 34

　　2.4.1　材质球、着色器之间的
　　　　　 关系 34
　　2.4.2　Unity 标准着色器 34
2.5　Unity 的光照 37
　　2.5.1　灯光的类型 37
　　2.5.2　环境光与天空盒 40

第 3 章　UGUI 入门 45
3.1　UGUI 控件 45
　　3.1.1　基础控件 Text 45
　　3.1.2　基础控件 Image 47
　　3.1.3　基础控件 Button 48
　　3.1.4　基础控件 Toggle 53
　　3.1.5　基础控件 Slider 57
　　3.1.6　基础控件 InputField 59
3.2　UGUI 开发登录界面 62
　　3.2.1　登录界面介绍 63
　　3.2.2　创建登录界面背景 63
　　3.2.3　创建用户名与密码界面 ... 65
　　3.2.4　验证用户名与密码 70
　　3.2.5　游客登录设置 75
　　3.2.6　创建二维码登录界面 78
　　3.2.7　二维码登录与密码登录
　　　　　 切换 81
3.3　使用可视化工具 Bolt 开发
　　 FlappyBird 案例 84
　　3.3.1　FlappyBird 简介及设计 84
　　3.3.2　Unity 可视化编程工具
　　　　　 Bolt 85
　　3.3.3　背景图片的 UV 运动 99

3.3.4 完成小鸟飞行功能............104
3.3.5 动态添加管道障碍物........106
3.3.6 完成小鸟得分及死亡功能............................112
3.3.7 制作游戏开始和结束界面............................116

第4章 Unity 常用插件........................121

4.1 Post Processing 插件................121
  4.1.1 Post Processing 的安装.....122
  4.1.2 使用方法............................123
  4.1.3 Ambient Occlusion（环境光遮罩）.....................125
  4.1.4 Auto Exposure（自动曝光）............................126
  4.1.5 Bloom（辉光）...................127
  4.1.6 Color Grading（颜色分级）............................128
  4.1.7 Depth of Field（景深）.....130
  4.1.8 Motion Blur（运动模糊）............................131

4.2 Unity Recorder 插件................132
  4.2.1 Unity Recorder 的安装......132
  4.2.2 通用功能介绍.....................133
  4.2.3 输出文件属性.....................135
  4.2.4 录制动画片段.....................136
  4.2.5 录制视频............................137
  4.2.6 录制序列帧与 GIF 动画.....139

4.3 Cinemachine 插件....................140
  4.3.1 Cinemachine 的安装..........141
  4.3.2 使用虚拟摄像机..................142
  4.3.3 Cinemachine Brain............144
  4.3.4 Cinemachine Dolly............145

4.4 Timeline 插件...........................147
  4.4.1 Timeline 的安装.................147
  4.4.2 Timeline 的简单使用..........148
  4.4.3 Timeline 编辑.....................151

4.5 DOTween 插件..........................153
  4.5.1 DOTween 的安装................153
  4.5.2 DOTween Animation 入门............................154
  4.5.3 DOTween Animation 的常见类型.........................159
  4.5.4 DOTween Animation 的可视化编辑.....................165
  4.5.5 DOTween Path（动画路径）............................166

4.6 AVPro Video 插件....................168
  4.6.1 AVPro Video 的安装..........168
  4.6.2 AVPro Video 的基础设置...169
  4.6.3 AVPro Video 的四种呈现方式............................172
  4.6.4 AVPro Video 的常用 API...176

4.7 AVPro Movie Capture 插件......179
  4.7.1 AVPro Movie Capture 的安装............................180
  4.7.2 录制屏幕画面.....................180
  4.7.3 录制摄像机画面..................183
  4.7.4 录制全景画面.....................185
  4.7.5 AVPro Movie Capture 的常用 API 封装..................187

4.8 Best HTTP/2 插件.....................191
  4.8.1 Best HTTP/2 的安装..........192
  4.8.2 通过接口获取天气预报......193
  4.8.3 动态下载图片.....................200
  4.8.4 动态下载视频.....................203

第5章 虚拟现实入门........................208

5.1 虚拟现实简介............................208
5.2 虚拟现实的应用场景.................209
5.3 关于虚拟现实开发的建议..........212

第6章 基于 PC 的 VR 全景图片、视频.......................................213

6.1 全景简介...................................213
6.2 PC 端全景图片与视频...............214

6.2.1 项目简介 214
6.2.2 项目准备 215
6.3 全景图片的实现 218
6.3.1 创建天空盒 218
6.3.2 查看全景图片 219
6.3.3 切换全景图片 222
6.3.4 添加景点介绍功能 225
6.4 全景视频的实现 232
6.4.1 创建控制视频的 UI 232
6.4.2 播放全景视频 233
6.5 场景控制器 238
6.5.1 创建初始场景 238
6.5.2 场景之间的切换 240
6.6 项目发布 242

第7章 头戴式设备的 VR 开发 244

7.1 头戴式设备简介 244
7.1.1 VIVE Focus 设备 244
7.1.2 VIVE Cosmos 设备 246
7.1.3 Pico 设备 252
7.2 开发准备 255
7.2.1 SteamVR Plugin 255
7.2.2 SteamVR 的输入系统 257
7.2.3 曲面界面 266
7.3 基于 HTC Focus 的 VR 开发 269
7.3.1 Wave Unity SDK 的安装 ... 269
7.3.2 基于 HTC Focus 的
实战开发 272
7.4 基于 HTC Cosmos 的 VR 开发 ... 277
7.4.1 Cosmos 的软件安装 277
7.4.2 神级框架——VR
Interaction Framework 278
7.4.3 雷神之锤 281
7.5 基于 Pico 的 VR 开发 284
7.5.1 Pico SDK 的选择与安装 ... 284
7.5.2 基于 Pico SDK 的实战
开发 287

第8章 增强现实入门 294

8.1 增强现实简介 294
8.2 增强现实的应用场景 295
8.3 关于增强现实开发的建议 297

第9章 基于 Vuforia 的 AR 开发 301

9.1 Vuforia 概述 301
9.1.1 Unity 中安卓发布设置 302
9.1.2 Vuforia 开发准备 310
9.2 AR 图片识别 316
9.2.1 动态设置识别图片 316
9.2.2 预设图片识别 323
9.2.3 设置虚拟按钮 328
9.3 AR 地面识别 331
9.3.1 编辑器状态中的地面
识别 332
9.3.2 移动端的地面识别 334

第10章 基于 EasyAR 的 AR 开发 339

10.1 EasyAR 简述 339
10.2 EasyAR 开发准备 340
10.3 EasyAR 图像识别 342
10.3.1 Unity 中的 EasyAR 342
10.3.2 EasyAR 的本地图像
识别 345
10.3.3 EasyAR 动态自定义
图像识别 350
10.3.4 EasyAR 图像云识别 354
10.4 EasyAR 涂涂乐 364
10.4.1 涂涂乐简介 364
10.4.2 模型 UV 准备 365
10.4.3 实现涂涂乐 368
10.5 EasyAR 的手势识别 372
10.5.1 Postman 快速实现 Web
接口 372
10.5.2 Unity 中准备接口参数 ... 378
10.5.3 BestHttp 获取识别内容 ... 381

10.5.4 界面调用及测试 385

第 11 章 基于 AR Foundation 的 AR 开发 390

11.1 AR Foundation 简介 390

11.2 AR Foundation 基础 392

11.3 基于 AR Foundation 的图片追踪 399

11.4 基于 AR Foundation 的变脸 403

第1章

Unity 快速入门

Unity是由Unity Technologies研发的跨平台2D/3D游戏引擎，可用于开发Windows、MacOS和Linux平台的单机游戏，PlayStation、Xbox、Wii、任天堂3DS和Switch等游戏主机平台的视频游戏，以及iOS、Android等移动设备的游戏。Unity支持的游戏平台还延伸到了基于WebGL技术的HTML5网页平台，以及tvOS、Oculus Rift、ARKit等新一代多媒体平台。除了可以用于研发电子游戏之外，Unity还被广泛用于建筑可视化、实时三维动画等互动内容的综合型创作工具中。

Unity最初于2005年在苹果公司的全球开发者大会上对外公布并开放使用，当时只是一款面向Mac OS X平台的游戏引擎。截至2021年，该引擎所支持的研发平台已经达到27个。

自Unity发布以来，陆续公布了数个更新版本，包括Unity 4.x和Unity 5.x。2016年12月，鉴于引擎的更新速度逐渐加快，Unity官方决定不再在其版本号中标注纯数字，而改用年份与版本号的复合形式，如Unity 2021.2.4，发布时间为2021年11月29日。

腾讯公司出品的火遍全国的《王者荣耀》《使命召唤手游》，暴雪娱乐出品的《炉石传说》，以及《崩坏3》《原神》《万国觉醒》《天涯明月刀》等优秀的作品都是使用Unity 3D进行开发的。

1.1 关于Unity

Unity是一款全球领先的行业软件，它提供的平台可以创建令人非常着迷的2D、3D、VR、AR、MR的游戏和应用程序，如图1-1所示。Unity拥有强大的图形引擎和功能齐全的编辑器，能够快速地实现我们的创作意图，也可以很容易地在个人电脑、游戏机、网页、安卓或苹果的移动设备、家庭娱乐系统、嵌入式系统或者头戴式显示装备上运行，如图1-2所示。

图 1-1　Unity 支持多平台

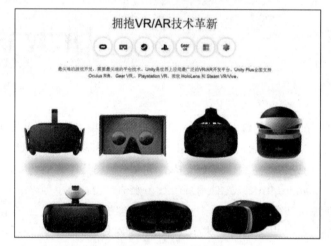

图 1-2　Unity 设备

Unity 远远超过了一般意义上的引擎,能够帮助我们更加快捷地取得成功。开发者完全可以利用 Unity 编辑器的可扩展性自定义检视面板和属性绘制器,大大加快了设计与美术工作的流程。Unity 提供了开发高质量应用的所有工具,从而提高了开发者的效率,所提供的工具与资源包括 Unity 应用商店、Unity 云编译、Unity 数据分析、Unity 广告运营、Unity Everyplay 录屏及分享等。

全球数以百万计的开发者都在使用 Unity。

经过多年的发展 Unity 已经成为主流的三维游戏引擎之一:

- 71%:全球前 1000 个最受欢迎的手游中有 71% 都是用 Unity 创作的。
- 50 亿:使用 Unity 开发的游戏和应用平均每月的下载量。
- 28 亿:Unity 引擎及运营业务所触达的全球平均月活玩家数量。
- 94/100:全球排名前 100 的游戏工作室中 94 个都在使用 Unity。
- 230 亿:Unity 广告服务在全球平均每月的曝光量。
- 100%:中国营收前 20 家头部游戏研发厂商中,100% 都使用 Unity 技术,超过一半都使用 Unity 企业技术支持服务。

Unity 的国外客户包括了可口可乐、迪士尼、乐高、微软、美国国家航空航天局等,在中国的客户有腾讯游戏、完美世界、巨人网络、网易游戏、西山居等。

1.2 安装与激活

1.2.1 Unity 的下载与安装

Unity分为Personal（个人版）、Plus（加强版）、Pro（专业版）与Enterprise（企业定制版）。其中，个人版本为免费版本，仅供个人学习使用。各版本Unity详细的对比如表1-1所示。

表1-1 各版本 Unity 对比

订阅详情	Personal	Plus	Pro	Enterprise
价格	免费	¥310.75 每月	¥1152.60 每月	定制价格
财务资质	过去 12 个月整体财务规模未超过 10 万美金的个人用户可以使用 Unity Personal	过去 12 个月整体财务规模未达到 20 万美元以上的企业需要购买 Unity Plus	过去 12 个月整体财务规模达到 20 万美元以上的企业需要购买 Unity Pro	最少 20 个席位。如果过去 12 个月整体财务规模达到 20 万美元以上的企业，则需要使用 Unity Pro 或 Unity Enterprise
创建				
核心 Unity 实时开发平台	包含	包含	包含	包含
Pro Editor UI 主题	不包含	包含	包含	包含
自定义启动画面	不包含	包含	包含	包含
与协作工具集成	不包含	包含	包含	包含
Unity Teams Advanced（3 个席位）	不包含	25GB 存储空间，仅针对预付费方案	包含	包含
高端艺术资源包	不包含	不包含	包含	包含
获得购买Unity源代码授权许可的资格	不包含	不包含	单独购买	单独购买
行业特定解决方案工具包	不包含	不包含	不包含	单独购买
运营				
高级 Cloud Diagnostics	不包含	包含	包含	包含
控制面板	不包含	包含	包含	包含
Analytics：每月导出 50GB 原始数据	不包含	不包含	包含	包含
变现盈利				
Unity 广告	包含	包含	包含	包含
应用内购插件	包含	包含	包含	包含

(续表)

订阅详情	Personal	Plus	Pro	Enterprise
支持与学习				
访问 Unity Learn Premium	单独购买	包含	包含	包含
可提供增值税专用发票	不包含	不包含	包含	包含
客户服务优先排队	不包含	不包含	包含	包含
高级支持	不包含	不包含	单独购买	单独购买
集成成功服务	不包含	不包含	不包含	单独购买

Unity的官方下载地址为https://store.unity.com/。选择自己需要的版本，在此以Unity Personal版本为例。选择订阅Personal版本，单击Get started（见图1-3），在跳转的页面中选择Download for Windows，即将开始下载UnityHub。Unity Hub软件提供了一个用于管理Unity项目、简化下载、查找、卸载以及安装管理多个Unity版本的工具。

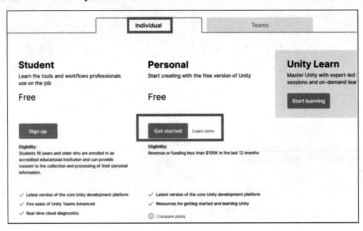

图1-3　UnityHub下载页面

目前Unity支持Windows系统和Mac系统，本节将为读者展示Windows系统下的安装过程。

下载完成之后，我们可以看见UnityHub的安装文件。双击安装文件即可进入安装界面（见图1-4）。单击"我同意"按钮，进入安装位置选定界面。选择自定义的安装路径，单击"安装"即可完成。

图1-4　安装说明

> **提 示**
>
> 安装的目标文件夹请选择非中文路径。

当安装完毕后，会自动打开Unity Hub软件（见图1-5），通过登录或者注册进入软件。

进入Unity Hub软件界面，左侧是项目列表，右侧是对应的内容。单击左侧的"首选项"，然后设置软件下载的位置与安装的位置，如图1-6所示。

 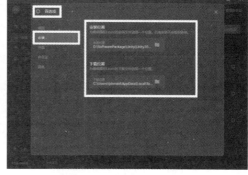

图 1-5　Hub 登录页面　　　　　　　　图 1-6　选择下载与安装位置

选择左侧的"安装"选项，单击"安装编辑器"，选择对应的Unity版本进行安装，如图1-7所示。

图 1-7　选择安装的版本

当进入如图1-8所示的组件选择界面时，可以选择安装一些说明文档、平台发布支持、案例等工具。

图 1-8　选择安装内容

在安装界面中,可以选择不同的模块一起安装(也可以后期安装)。各模块的说明如下:

- Microsoft Visual Studio Community 2019:Unity 脚本编辑器,建议安装。
- Android Build Support:安卓平台,建议安装。
- iOS Build Support:苹果移动平台,按需安装。
- tvOS Build Support:苹果电视平台,按需安装。
- Linux Build Support(IL2CPP):Linux 平台,按需安装。
- Linux Build Support(Mono):Linux 平台,按需安装。
- Mac Build Support:苹果电脑平台。
- Universal Windows Platform Build Support:Windows 通用应用平台,按需安装。
- WebGL Build Support:基于 WebGL 的网页平台,按需安装。
- Windows Build Support(IL2CPP):Windows 平台,按需安装。
- Lumin OS(Magic Leap)Build Support:基于 Magic Leap 的平台。
- Documentation:Unity 文档。

根据不同的需求选择完安装内容之后,单击"安装"按钮,将进入安装环节。

1.2.2 Unity 的激活

当Unity被安装完成后,用户打开Unity程序会发现界面中显示"没有有效的许可证",这意味着我们的Unity没有被激活,暂时还不能够正常使用。

打开Unity Hub程序,单击右上方的"管理许可证"进入"许可证"页面(也可以通过首选项进入),单击"添加"按钮,进入版本选择环节,分为加强版、专业版和个人版本,如图1-9所示。下面将分别介绍各个版本的激活方式。

图1-9 许可证页面

1. 激活加强版、专业版

打开Unity下载网站https://store.unity.com/,单击右上方头像按钮进行登录。待登录成功网页跳转回下载页面时,选择需要的版本。以Plus加强版为例,专业版与之类似。进入订单界面,如图1-10所示。

确认订单信息并单击Continue to checkout按钮,进入支付环节,完善及确认用户信息,如图1-11所示。完善并确认无误后,选择支付方式及支付信息,单击Pay now按钮(见图1-12)。若支付成功将会获取一个序列号。

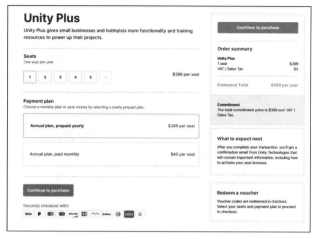

图 1-10　订单界面

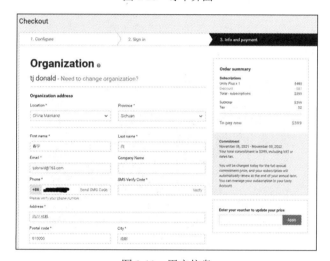

图 1-11　用户信息

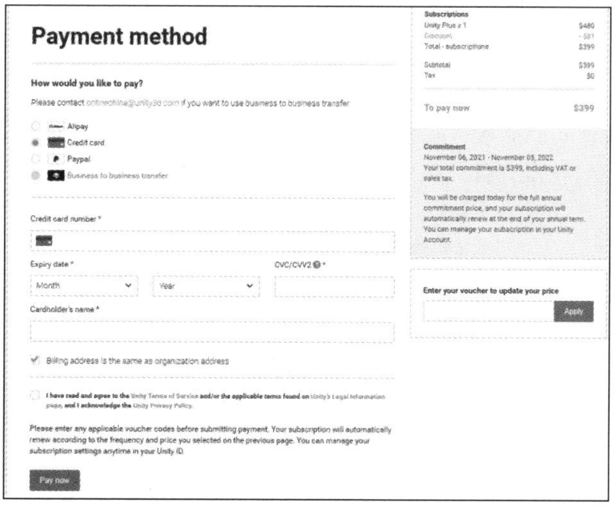

图 1-12　支付方式

接下来，在Unity Hub中选择"通过序列号激活"，输入获取的序列号即可完成激活，如图1-13所示。

图1-13 使用序列号激活

2. 激活个人版

在Unity Hub中选择"获取免费的个人版许可证"进入许可证协议界面，再次确认用户的情况，如图1-14所示。按照提示完成激活即可。

图1-14 许可证协议界面

1.2.3 Unity 的好搭档 Visual Studio

Visual Studio为Unity引擎提供了优质的调试体验。通过在Visual Studio中调试Unity游戏来快速确定问题，例如设置断点并评估变量和复杂的表达式。可以调试在Unity编辑器或Unity Player中运行的Unity游戏，甚至调试Unity项目中外部管理的DLL，如图1-15所示。

图1-15 断点调试

通过利用Visual Studio必须提供的所有高效功能（如IntelliSense、重构和代码浏览功能），可以更高效地编写代码，完全按照想要的方式自定义编码环境，例如选择喜欢的主题、颜色、字体以及其他所有设置。此外，使用Unity项目资源管理器了解并创建Unity脚本，无须在多个集成开发环境（IDE）之间来回切换。使用"实现 MonoBehaviours和快速MonoBehaviours"向导在Visual Studio中快速构建Unity脚本方法，如图1-16所示。

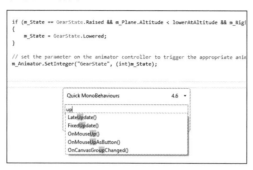

图 1-16 快速构建 Unity 脚本方法

Visual Studio分为社区版本、专业版本与企业版本。三个版本之间的区别在官网有详细的说明，官方下载地址为https://www.visualstudio.com/zh-hans/downloads/，可以选择需要的版本进行下载，然后双击已下载的Visual Studio文件进行安装。

1.3 Unity 编辑器

1.3.1 项目工程

启动Unity后，会让用户选择打开已有的项目还是创建一个新的项目工程，如图1-17所示。默认界面为让用户选择一个已经存在的工程文件，这里会罗列出创建的所有项目工程文件。如果列表中没有，可以单击右上方的"添加"按钮，选择需要打开的工程文件夹路径。

图 1-17 选择项目工程

当然，也可以新建一个空的项目工程，单击"新建"按钮，跳转到新建工程界面，如图1-18所示，在该界面输入项目的名称及项目工程文件的路径。需要注意的是，项目工程最好存放到非中文路径中。单击"创建"按钮，即可创建一个项目工程文件。

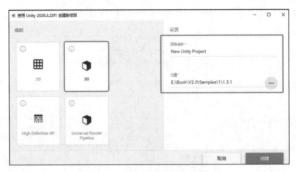

图1-18　创建新项目工程

当项目工程文件创建完成之后，Unity会自动打开这个工程。可以看到，Unity编辑器分为五大面板，分别为Hierarchy（层级面板）、Scene（场景面板）、Inspector（检视面板）、Project（项目面板）和Game（游戏面板），如图1-19所示。

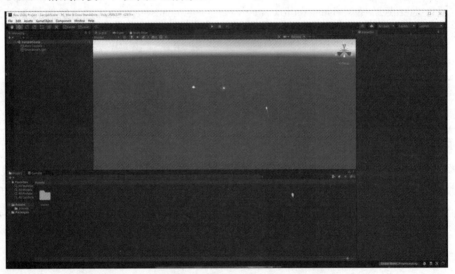

图1-19　Unity界面布局

1.3.2　Hierarchy面板

Hierarchy面板包含了当前场景中的所有的物体，比如模型、摄像机、界面、灯光、粒子等。这些将构成我们的项目场景，可以在层级面板中创建一些基本的模型，比如：立方体、球体、胶囊体、地形等，也可以创建灯光、声音、界面等内容。

下面我们学习如何创建一个立方体。单击层级面板右上方的"+"（创建）按钮或在层级面板内右击，从弹出的快捷菜单中选择3D Object，再选择Cube即可完成创建，如图1-20所示。

还可以在层级面板中改变物体的父子层级，例如选中A物体，将其拖曳到B物体上，此时A物体就变成了B物体的子物体，如图1-21所示，而图1-22中的两个物体就不是父子关系。

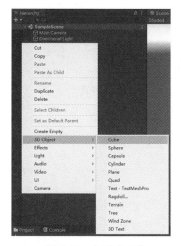

图1-20 创建立方体

图1-21 父子关系

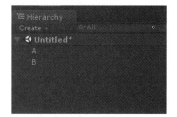

图1-22 平级关系

1.3.3 Scene 面板

Scene视图用于显示项目中的场景信息，在这个面板中可以对项目场景中的组件进行调整，如图1-23所示。我们将使用场景视图来选择和定位环境、玩家、摄像机、敌人以及其他游戏对象。在场景视图操作对象在Unity中是最重要的功能之一，所以重要的是能够迅速地操作它们。为此，Unity提供了常用的按键操作。

- 按住鼠标右键进入飞行模式，并按WASD键（Q和E键为上下）进入第一人称预览导航。
- 选择任意游戏对象按F键，这会让选择的对象最大化显示在场景视图中心。
- 按住Alt键单击拖曳，围绕当前轴心点动态观察。
- 按住Alt键并点鼠标中键拖曳来平移观察场景视图。
- 按住Alt键并右击拖曳来缩放场景视图，和鼠标滚轮滚动作用相同。

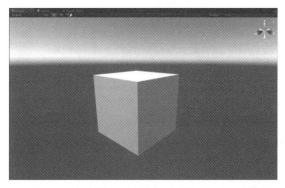

图1-23 Scene 视图

> **提示**
>
> 当单击图 1-23 右上方的锁时，将不能进行旋转操作，直至再次单击。

以上是对Scene面板的操作，那么在Scene面板中如何完成对模型的移动、旋转、缩放等操作呢？这就用到了变换工具栏，如图1-24所示，分别为平移视角、对象的移动、对象的旋转、对象的缩放、对UI界面的操作。

- 平移视角按钮，在Scene视图中平移视角，不对模型等产生影响。
- 对象的移动按钮，对选中的对象进行移动。
- 对象的旋转按钮，对选中的对象进行旋转。
- 对象的缩放按钮，对选中的对象进行缩放。
- 对UI界面的操作按钮，仅针对UI界面进行移动、旋转、缩放。

图1-24 变换工具栏

1.3.4 Inspector面板

我们已经知道了在当前场景中的所有对象都在Hierarchy面板中罗列，那么这些对象的详细信息在什么地方查看和修改呢？就是在这个Inspector面板中。在Inspector面板中显示了当前选中的对象，包括所有的附加组件和属性的详细信息。显示在Inspector面板的任何属性都可以直接修改，即使脚本变量也可以改变，而无须修改脚本本身。

每个物体或者每类物体在Inspector面板中显示的内容都不尽相同，下面我以一个Cube为例来学习Inspector面板，图1-25中从上到下依次为：

- 当前选中物体（cube）的名称。
- 当前选中物体（cube）的标签和所在层级。
- Transform：用以修改模型的位置、角度、比例信息。
- Cube（Mesh Filter）：模型的网格信息。
- Box Collider：模型的碰撞体。
- Mesh Renderer：模型网格渲染器，可以控制物体是否接受或者产生阴影、指定模型材质球等功能。
- Material：模型所使用的材质球。

图1-25 检视面板

在每一个组件右上方均有一个问号图标，单击这个问号可以链接到官方的用户手册中，其中详细地介绍了该组件。问号右边有一个齿轮状的图标，单击这个图标之后弹出一个菜单，可以对这个组件进行操作。以Transform组件为例进行介绍，如图1-26所示。

- Reset：重置这个组件。
- Move to Front：将这个组件在检视面板中上移，以提高执行顺序。
- Move to Back：将这个组件在检视面板中下移。
- Copy Component：复制这个组件。

- Paste Component As New：粘贴复制的组件。
- Paste Component Values：粘贴复制的组件中的值，只对同一类组件有效。
- Find References In Scene：查找这个物体在场景中的引用。
- Reset Position：重置物体的位置。
- Reset Rotation：重置物体的旋转角度。
- Reset Scale：重置物体的缩放比例。
- Copy Position：复制位置信息。
- Paste Position：粘贴位置信息。
- Copy Rotation：复制角度信息。
- Paste Rotation：粘贴角度信息。
- Copy Scale：复制大小缩放信息。
- Paste Scale：粘贴大小缩放信息。
- Copy World Placement：复制物体的布置信息（位置、角度、缩放）。
- Paste World Placement：粘贴物体的布置信息。

图 1-26　对 Transform 组件进行操作

1.3.5　Project 面板

在Project面板的左侧面板显示作为层级列表的项目文件夹结构。当通过单击从列表中选择一个文件夹，其内容会被显示在面板右侧。各个资源已标示它们类型的图标显示（脚本、材质、子文件夹等），图标可以使用面板底部的滑动条来调节大小，如果滑块移动到最左边，将重置为层级列表显示。滑动条左侧的空间显示当前选择的项，如果是正在执行的搜索将显示选择项的完整路径，如图1-27所示。

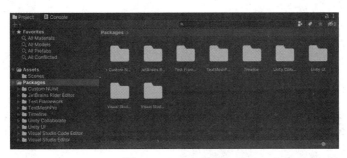

图 1-27　Project 面板

Project面板中常见的资源有模型、材质球、贴图、脚本、动画、字体等。在Project面板的左上角单击"+"按钮，会出现一个下拉菜单，可以创建项目的相关资源，如图1-28所示。下面介绍其中一些比较常用的命令。

- Folder：创建一个文件夹，用于资源分类。
- C# Script：创建 C#的脚本。

- Shader：创建一个着色器，专门用来渲染 3D 图形的一种技术。通过 Shader 可以自己编写显卡渲染画面的算法，使画面更漂亮、更逼真。
- Scene：游戏场景。
- Prefab：预制体，场景中对象的克隆体。
- Audio Mixer：声音混合器。
- Material：材质球。
- Lens Flare：镜头光晕效果。
- Render Texture：渲染贴图。
- Lightmap Parameters：灯光贴图参数设置。
- Sprites：用于 UI 的精灵图。
- Animator Controller：动作控制器。
- Animation：动画。
- Timeline：时间线。

在Project面板的右侧面板内右击，会出现如图1-29所示的快捷菜单，可以对Project面板进行操作。下面介绍其中一些比较常用的命令。

图 1-28　Create 下拉菜单

图 1-29　对项目面板进行操作的命令

- Create：创建资源。
- Show in Explorer：打开当前资源的文件夹。
- Open：打开当前选择的文件。
- Delete：删除当前选择的文件。
- Rename：重命名当前选择的文件。
- Copy Path：复制当前的路径。
- Import New Asset...：导入新的资源，资源格式不限。
- Import Package：导入一个 Unity 的包，格式为 .unitypackage。
- Export Package...：导出选择的文件为 Unity 包。
- Select Dependencies：选择与当前文件有依赖的内容。
- Refresh：刷新面板。
- Reimport：重新导入。
- Reimport All：所有资源重新导入。

1.3.6 Game 面板

Game面板是从摄像机渲染的，表示最终的、发布的项目，必须使用一个或多个摄像机来控制，当玩家来玩游戏时他们实际看到的是如图1-30所示的效果。既可以在Scene面板中选中摄像机移动、选择或者视角控制来修改Game面板中显示的内容，也可以选中摄像机在其Inspector中修改Transform属性来修改显示的内容。

图 1-30　游戏视图面板

在Game面板上方有3个控制按钮，分别为开始程序、暂停程序和逐帧运行游戏按钮，如图1-31所示。

- 开始程序按钮，用以开始当前程序。
- 暂停程序按钮，用以暂停已开始的程序。
- 逐帧运行游戏按钮，每单击一下播放一帧。

图 1-31 控制按钮

1.4 创建第一个程序

1.4.1 设置默认的脚本编辑器

Unity的底层是使用C++开发的,但是对于Unity的开发者而言,只允许使用脚本进行开发。Unity 5.0之后支持的脚本包括C#、JavaScript,取消了对Boo语言的支持,包括文档、教程等方面,同样也取消了"创建Boo脚本"的菜单项,但是如果工程中包含了Boo脚本,还是能正常工作的。本书的范例全部使用C#语言编写。

首先检查脚本编辑器的类型是不是Visual Studio,单击编辑器菜单栏中Edit菜单项,再单击下拉菜单中的Preferences...命令,进入参数设置界面,单击External Tools,进入外部设置界面,如图1-32所示。查看第一项External Script Editor(外部脚本编辑器)的选中项是否为Visual Studio,若不是,则单击Browse...选择Visual Studio的安装路径。

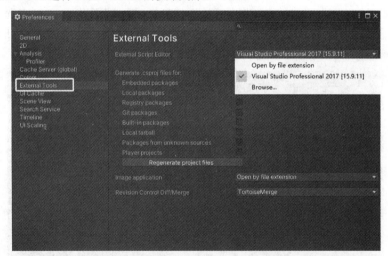

图 1-32 外部脚本编辑器

1.4.2 Hello Unity

下面一起来学习一个基础的案例,按下空格键之后,会在控制台输出"Hello Unity"文字。

步骤01 新建一个名为 Hello Unity 的工程文件,创建方法可参考 1.3.1 节。

步骤02 在 Project 面板中新建一个 C#脚本文件,将其命名为 Hello Unity,如图 1-33 所示。创建脚本的方式可参考 1.3.5 节。

图 1-33　新建 C#脚本文件

步骤 03 双击打开 Hello Unity 脚本，在该脚本中编写一段代码：

```
using System.Collections;
using System.Collections.Generic;
using UnityEngine;

public class HelloUnity : MonoBehaviour
{

    // Use this for initialization
    void Start () {

    }
    // Update is called once per frame
    void Update () {

        //Input.GetKeyDown----判断是否按键了
        //KeyCode.Space ------空格键
        //当按下空格键时
        if (Input.GetKeyDown(KeyCode.Space))
        {
            //控制台输入"Hello Unity"
            Debug.Log("Hello Unity");
        }
    }
}
```

该脚本继承自 MonoBehaviour，不能使用关键字 new 创建，因此也没有构造函数。Start 函数从字面即可看出是开始的意思，可以简单把它理解为一个初始化函数，Update 函数在每一帧都会被执行。该段代码的意思是，每一帧检查用户是否按下了空格键，若按下了，就在控制台输出"Hello Unity"。

步骤 04 将 Hello Unity 脚本拖曳到 Hierarchy 面板中的 Main Camera 上，选中 Main Camera，然后在 Inspector 面板中检查是否有 Hello Unity 脚本，如图 1-34 所示。

步骤 05 检验成果。单击运行程序，按下空格键，在 Console（控制台面板）中就能够看到"Hello Unity"文字了，如图 1-35 所示。

图 1-34　检查是否挂载脚本成功

图 1-35　控制台输出

步骤 06　程序基本完成，只需要保存场景文件即可。单击菜单栏中 File 菜单项，在打开的下拉菜单中单击 Save Scenes 命令，保存场景文件。将路径设为 Assets，文件名改为 Hello Unity。此时，我们在 Project 面板中就可以看见一个名为 Hello Unity 的 C#脚本，一个名为 Hello Unity 的场景文件，如图 1-36 所示。

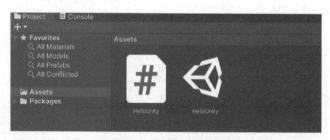

图 1-36　创建的场景文件

第2章

Unity 基础知识

拥有丰富的资源是Unity能够便捷开发不可或缺的元素，其中官方也提供了许多教程来帮助开发者学习，这些教程在官网上都能够找到。Unity还提供了很多案例以提供具体的学习指导，这些案例可以从Asset Store（资源商店）下载。在Asset Store中还可以找到所有与Unity相关的资源，例如3D模型、动作、声音、着色器、完整项目解决方案、粒子系统、编辑器扩展、脚本、题图和材质等。

本章将重点学习Unity的基础知识，其中包括如何在Asset Store中找到合适的资源，如何导入这些资源。本章的内容还包括将建模软件中的模型导入到Unity编辑器的流程，以及Unity 5版本之后推出的基于物理渲染（Physically-Based Rendering，PBR）的着色器和Unity的光照系统。

2.1 官方案例

2.1.1 打开官方案例

启动Unity程序，从素材库中导入Standard Assets for Unity 20184.unitypackage，在Project面板中打开Sample Scenes的目录，再在子目录中选择Scenes目录，就会出现12个场景文件，如图2-1所示。

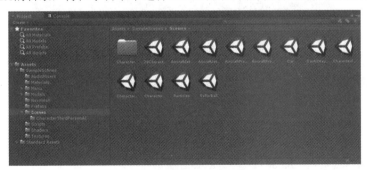

图 2-1　Scenes 目录中包含的场景

2.1.2 运行案例

我们打开一个名为Car的场景，这是一个赛车游戏。我们发现在Hierarchy面板中有很多的预制体、模型、UI界面、粒子效果。单击顶部的运行程序，一辆车在屏幕中间，可以使用WSAD键或者上下左右箭头键控制方向、前进或后退，使用空格键进行刹车。在控制汽车时会产生类似过度磨损轮胎的烟雾粒子效果，在快速转弯的时候会有漂移的效果，可玩性很高，如图2-2所示。

图2-2　Car场景

在程序运行时，我们可以单击左上方的摄像头图标切换不同的视角，分别是CarCameraRig（汽车视角）、Free Look Camera Rig（自由视角）、CCTV Camera（比赛转播视角）。也可以通过摄像头下方的图标来对整个游戏进行重置。单击右上方的MENU按钮或者按Esc键调出主菜单，以便在不同的游戏场景之间进行切换，如图2-3所示。主菜单中各项命令的说明如下：

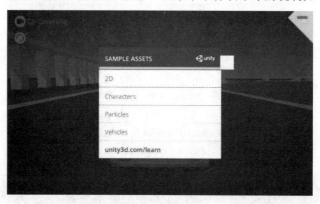

图2-3　主菜单

- 2D：二维游戏。
- Characters：角色游戏，其中的场景包括：
  - First Person Character：第一人称角色场景。
  - Third Person Character：第三人称角色场景。
  - Third Person AI Character：第三人称智能角色场景。
  - Rolling ball：滚动的球场景。

- Particles：展示粒子效果的场景，可以通过图 2-4 下方的左右图标来切换不同的粒子效果。其中的粒子效果包括：
  - Explosion：爆炸粒子效果。
  - Fire Complex：火球粒子效果。
  - Fire Mobile：多个火球的粒子效果。
  - Dust Storm：沙尘暴粒子效果。
  - Steam：蒸汽粒子效果。
  - Hose：喷水的粒子效果。
  - Fireworks：烟花的粒子效果。
  - Flare：闪光的粒子效果。

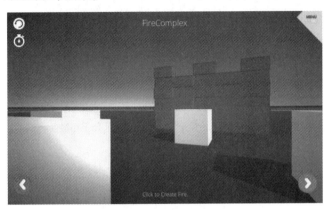

图 2-4　粒子效果场景

- Vehicles：各种交通工具的场景。其中包括的场景有：
  - Car AI：智能漫游汽车。
  - Car：汽车驾驶。
  - Jet Plane：2 轴喷气式飞机。
  - Propeller Plane：4 轴螺旋桨飞机。
  - Jet Plane AI：智能 2 轴喷气式飞机。
  - Propeller Plane AI：智能 4 轴螺旋桨飞机。
- Unity3d.com/learn：可以链接到 Unity 官网的学习频道。

2.1.3　平台设置与发布

现在所有的操作与游戏都是在Unity的编辑器中完成的，当我们的游戏需要分享给用户或者其他人时，就要对项目进行打包并发布，而发布的第一步就是确定需要发布到什么平台上，针对不同的平台进行的设置是不同的，这里以发布到Windows平台为例。

步骤 01　单击菜单栏的 File 菜单项，在其下拉菜单中单击 Build Settings 命令以打开 Build Settings 界面，在其中可以选择各个平台和游戏场景，如图 2-5 所示。

图 2-5　构建设置界面

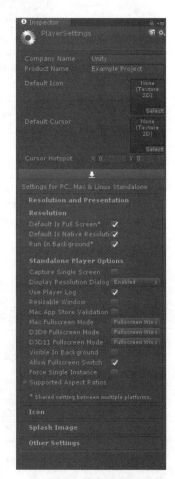

步骤 02 确认 12 个游戏场景都在 Scenes In Build 栏中，若没有，则在 Project 面板中找到并选中所有的游戏场景，拖曳到 Scenes In Build 栏中。

步骤 03 确认 Unity 的图标位于 Platform 栏中的 PC, Mac & Linux Standalone 项中，这意味着此为当前选择的平台。若没有选择这项，则在选择这一项之后单击左下方的 Switch Platform 按钮进行平台的切换。

步骤 04 单击 Player Settings（玩家设置）按钮，在 Inspector 面板中会出现设置选项，如图 2-6 所示。下面罗列了一些常用的设置：

- Company Name：公司名称。
- Product Name：产品名称。
- Default Icon：程序的默认图标。
- Default Cursor：默认的鼠标图标。
- Default Is Full Screen：默认全屏。
- Run In Background：后台运行。

步骤 05 单击图 2-5 中右下角的 Build 按钮，在弹出界面中选择路径，把文件命名为 Sample，并单击"保存"按钮，程序就会自动打包发布了。在发布完成之后，会在发布的路径下发现两个新文件，一个名为 Sample.exe 的可执行文件，也是程序入口；另一个名为 Sample_Data 的文件夹，是程序中所使用的所有资源文件，这两个文件缺一不可，如图 2-7 所示。至此，发布就完成了。

图 2-6　发布设置

图 2-7　发布后文件

2.2　Asset Store

2.2.1　Asset Store 简介

　　Asset Store（资源商店）是Unity中十分强大的功能，其中拥有由Unity官方技术人员和其他的开发人员创建的免费或者商业收费的各种各样的资源。这当中包含了三维模型、动画、音频、完整的项目案例、编辑器的扩展、粒子系统、脚本、服务、着色器、贴图和材质球等内容。而且这些资源只需要在Unity编辑器中进行简单的页面访问和资源下载并导入项目中，就能够直接使用。在一些项目中可以直接从Asset Store中找到合适的美术资源、脚本等内容，使得开发更加方便快捷。当然，一些比较好的资源也可以上传到Asset Store中，进行定价销售或者免费供其他开发人员使用。

　　使用Asset Store的方法很简单，在Unity编辑器的菜单栏单击Window命令，在其下拉菜单中找到并单击Asset Store命令即可，或者直接通过浏览器打开Asset Store网页，地址为https://assetstore.unity.com/（直接使用网页打开需要手动登录账号），如图2-8所示。

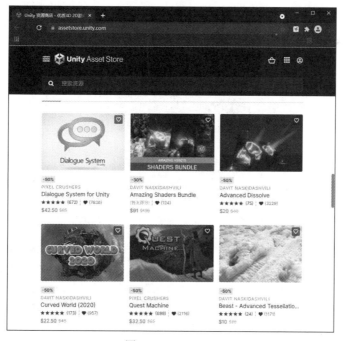

图 2-8　Asset Store

在页面的上方就是搜索框的位置，可以输入任意需要的资源。例如在项目中需要一座小屋，就可以在搜索框的地方输入关键字House。发现会有各种各样的资源被罗列出来，其中有的资源比较老旧，有的是免费的，有的是收费的，必须要对这些资源进行筛选，方便查找，如图2-9所示。

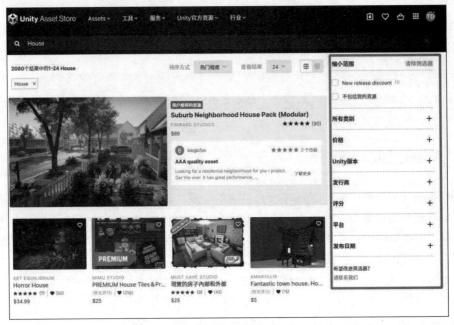

图2-9　搜索资源

这里选择"免费资源"，所有的付费资源都统统被筛掉了，找到VILLAGE HOUSES PACK（乡村房屋包），如图2-10所示。

图2-10　找到VILLAGE HOUSES PACK

单击这个资源，就会进入该资源的详细介绍页面。其中包括该资源的下载按钮、资源的缩略图、适用的Unity版本、资源的大小、支持的Unity平台类型、资源的目录结构等信息，如图2-11所示。

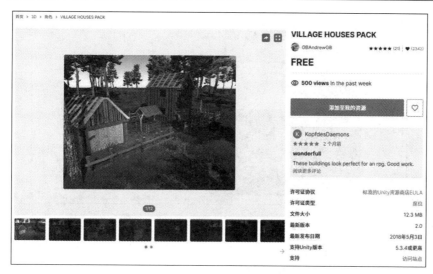

图2-11 资源的详细介绍页面

在资源包内容栏中,可以查看所有的资源结构,还可以对资源进行预览,如图2-12所示。

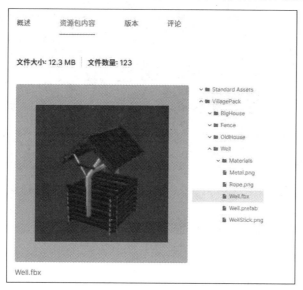

图2-12 预览资源包

2.2.2 资源的下载与导入

选定资源后,就可以进行下载。单击图2-11中的"添加至我的资源"按钮。若当前不是登录状态,会弹出一个登录框,输入我们之前注册的Unity账号。确认成功登录之后,Asset Store界面右上角会有用户信息。再次单击"添加至我的资源"按钮,弹出服务条款界面,单击"接受"按钮进行添加。

当添加成功之后,"添加至我的资源"按钮会变成"在Unity中打开"按钮,单击该按钮后,再单击"打开Unity Editor"按钮(见图2-13),即可跳转到Unity编辑器。

图 2-13　单击"打开 Unity Editor"按钮

在Unity编辑器弹开的Package Manager窗口中，会自动打开刚刚选择的资源包。单击右下角的Download按钮即可进行下载，如图2-14所示。

图 2-14　下载的资源包

当下载完成之后，Download按钮会变成Import按钮。单击该按钮即可将资源导入到Unity编辑器中，如图2-15所示。

从图2-15中可以看到资源包的名称、目录结构、编辑器中是否已经存在等信息。可以通过目录左边的勾选框来选择是否导入该部分内容，除非特殊的信息，例如资源包案例等内容，一般选择默认即可。在确认导入内容后，单击Import按钮导入即可。会在Project面板中发现新导入的资源，如图2-16所示。在Assets/VillagePack/路径下，就可以选择需要的prefab文件了。

至此，资源的下载与导入就差不多了，但是还是存在一个问题：如果在其他的项目工程中使用这个资源包还需要重新从Asset Store下载吗？其实，只需要在Package Manager界面中单击左上方的"Packages: My Assets"按钮，进入当前账号资源库中的资源列表（见图2-17）在列表中找到需要的资源。若该资源在本机被下载过，单击Import按钮导入即可。若本机是第一次下载该资源，可以单击Download按钮，进行下载和导入工作。

图 2-15 将资源导入到 Unity 编辑器中

图 2-16 已经导入的资源

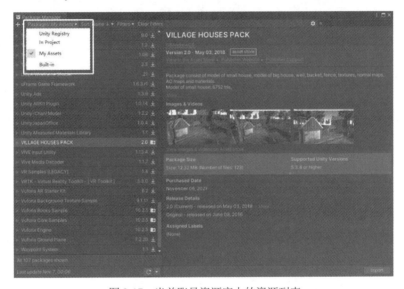

图 2-17 当前账号资源库中的资源列表

还有另一种情况，本机之前下载过该资源，当使用上述方法导入时，却发现电脑不能联网，或者Package Manager打不开。此时可以找到下载资源的本机保存路径，手动导入Unity编辑器中。在Windows系统中，保存路径为"C:\Users\用户名\AppData\ Roaming\Unity\AssetStore-5.x\开发者公司名\插件名\"。例如，之前下载的House资源包在"我的电脑"中路径为"C:\Users\tjdonald\AppData\Roaming\Unity\Asset Store-5.x\GBAndrewGB\3D ModelsCharacters"下名为VILLAGE HOUSES PACK的unitypackage文件，如图2-18所示。可以把该资源文件拖曳到Unity编辑器的Project面板中进行导入，也可以在Project面板内右击，在弹出的快捷菜单中选择Import Package命令，再单击Custom Package...（自定义资源包）命令，指定资源包的路径进行加载。

图 2-18 下载的资源包

2.3 模型文件准备

2.3.1 建模软件中模型导出设置

Unity中使用到的模型资源,可以从多种多样的3D建模软件中导入,其中包括了Maya、Cinema 4D、3ds Max、Cheetah3D、Modo、Lightwave、Blender、SketchUp等。可以导入Unity编辑器中的Mesh文件主要分成两大类:

- 导出的3D文件,例如FBX、OBJ文件。
- 3D建模软件,例如3ds Max的MAX文件、Blender的BLEND文件。

既然这两大类文件都能被Unity所使用,我们应该怎么取舍呢?下面来比较两类文件的优缺点。

(1)对于导出的3D文件,Unity能够读取FBX、OBJ格式文件,优点如下:

- 仅仅导出用户所需要的内容。
- 用户可以反复地修改内容。
- 生成的文件比较小。
- 支持模块化的处理方式。
- 支持众多的3D建模软件,即使是不被Unity支持的3D建模软件。

其缺点如下:

- 当用户使用这种导出的格式时,若需要反复修改,就需要反复地从3D建模软件中导出,这会很烦琐。
- 不容易做到版本控制。可能把导出文件和Unity中正在使用的文件弄混淆。

(2)对于3D建模软件的原生格式,例如3ds Max、Maya、Blender、C4D等所产生的MAX、BLENDER、MB等格式,在Unity中的优点如下:

- 当用户保存修改的文件之后，Unity会自动更新。
- 比较容易被掌握。

其缺点如下：

- 文件中可能包含了一些用户不需要的内容，例如灯光、摄像机等。
- 保存的文件会很大，会使Unity变得很慢。
- 在电脑中必须安装所用到的原生格式的软件。

通过上面两类文件的比较，在这里通过使用3ds Max导出FBX文件进行讲解。首先了解什么是FBX格式。FBX是Autodesk公司出品的一款用于跨平台的免费三维创作与交换格式的软件，用户能够通过FBX访问大多数三维供应商的三维文件。FBX文件格式支持所有主要的三维数据元素以及二维音频和视频媒体元素。FBX文件导入Unity编辑器中能包含的内容有：

- 所有的位置、旋转、缩放及轴心、名字等信息。
- 网格信息，包括网格顶点的颜色、法线、UV等信息。
- 材质球信息，包括贴图和颜色，也可以导入多维材质球。
- 各种动画。

在了解这些基本的信息之后，就可以着手从3ds Max中导出FBX文件，导出文件只需要以下几步。

步骤 01 设置3ds Max的系统单位为Centimeters（厘米），如图2-19所示。

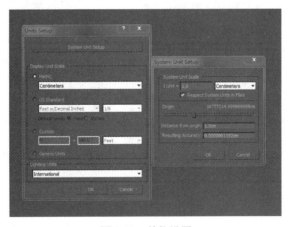

图2-19 单位设置

步骤 02 物体的坐标轴中心对齐世界坐标轴中心，如图2-20所示。选中物体，单击Affect Pivot Only（仅影响轴）按钮，再单击Align to World按钮对齐世界坐标。

步骤 03 因为3ds Max中的坐标系与Unity编辑器中的坐标系不是同一种坐标系，所以需要在3ds Max中对物体的轴进行旋转操作。选中物体，单击Affect Pivot Only按钮，再右击旋转按钮，在弹出的对话框的"X:"文本框中输入90，如图2-21所示。把X轴旋转90°，这样就能确保在Unity中物体的初始旋转角度为0°。

图 2-20　对齐世界坐标

图 2-21　轴向旋转

步骤 04　把模型转换为可编辑的多边形，如图 2-22 所示。

步骤 05　选择需要导出的物体或者导出场景中的所有物体，在导出格式时选择 FBX 格式，在导出的设置中按需求进行设置，如图 2-23 所示。在设置中包含三个方面："包含""高级选项""信息"。

图 2-22　可编辑多边形

图 2-23　FBX 导出

在"包含"选项中，只要根据模型的实际情况进行选择即可。一般情况下，不需要使用3ds Max中的摄像机与灯光，所以"摄影机"与"灯光"两个复选框可以取消勾选。需要强调的是，最好勾选"嵌入的媒体"复选框，确保贴图资源会一起导出，如图2-24所示。

在"高级选项"选项中，可以对FBX文件的单位、轴、界面、FBX文件格式进行设置。其中单位设置为默认的"厘米"，轴设置为与Unity轴向一致的"Y轴向上"，界面与文件格式保持默认即可，如图2-25所示。

最后一项"信息"保持默认即可。至此，3ds Max中导出FBX模型流程完毕。接下来介绍在Unity中导入FBX模型并对导入进行设置。

图 2-24 "包含"选项

图 2-25 "高级选项"选项

2.3.2 Unity 中模型的导入设置

在 2.3.1 节中导出了一个 FBX 格式的模型。本小节学习将 FBX 文件导入 Unity 编辑器中并进行设置。

导入 Unity 编辑器的方法有两种，一种是直接将 FBX 文件拖曳到编辑器中的 Project 面板中，另一种是在编辑器中右击 Project 资源面板，在弹出的快捷菜单中单击"Import New Asset…"命令进行导入，如图 2-26 所示。

在 FBX 文件被导入后，选中该 FBX 文件中的模型，在 Inspector 面板中对模型进行设置与预览，如图 2-27 所示。若预览视图中的模型没有显示贴图资源，则可能是贴图资源没有被导入，可以单击图 2-28 中的 Refresh 命令进行刷新，这样贴图资源就会被导入。

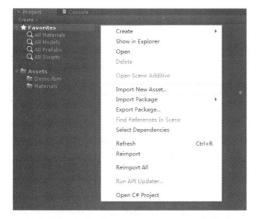
图 2-26 单击"Import New Asset…"命令

图 2-27 导入设置

在Inspector面板中的导入设置分为三类：Model（模型）、Rig（动画类型绑定）、Animations（动画）。下面先从Model中的选项开始讲解。

- Scale Factor（缩放因子）：Unity中默认一米为游戏世界中的一个单位。
- File Scale（文件缩放）：设置模型的缩放，一般保持默认。
- Mesh Compression（网格压缩）：通过这个选项改变网格的面数，但是网格有可能出错，一般保持默认OFF选项。
- Read/Write Enabled（模型读写开启）：建议开启。
- Optimize Mesh（优化网格）：建议开启。
- Import BlendShapes（导入表情控制器）：例如用May制作的BlendShapes或者3ds Max制作的Morpher动画表情。
- Generate Colliders（生成碰撞）：如果勾选此复选框，则会在模型上自动加上"Mesh Collider"网格碰撞组件，建议关闭。
- Keep Quads（保留四边形）：建议关闭。
- Swap UVs（交换UV）：若灯光贴图识别的UV通道不正确，可以勾选复选框交换第一和第二通道UV。
- Generate Lightmap UV（生成灯光贴图的UV）：建议关闭。
- Normals（法线）：法线的方式。
  - Import：到模型文件中导入，默认选项，建议使用。
  - Calculate：计算法线，配合Smoothing Angle计算。
  - None：禁用法线。
- Tangents（切线）：定义如何计算切线。
  - Import：从文件中导入，只有法线已从文件中导入时，此选项才能被启用。
  - Calculate：计算法线，默认选项。
  - None：关闭切线和法线，不再支持法线贴图着色器。
- Import Materials：是否从文件导入材质球，一般保持勾选状态。
- Material Naming：材质球的命名方式。
  - By Base Texture Name：使用导入的材质球中的漫反射贴图的名字来命名，若没有漫反射贴图，则使用导入的材质球的名字来命名。
  - From Model's Material：使用导入材质的名字做材质球的名字，建议使用。
  - Model Name + Model's material：使用导入的模型名加导入的模型材质球的名字来命名。
- Material Search：查找材质球的方式。
  - Local Materials Folder：Unity仅在局部材质球文件夹中搜索，例如和模型文件夹在同一个文件夹下的材质球子文件夹。
  - Recursive-Up：递归向上搜索，Unity将递归向上搜索直至Assets文件夹，建议使用。
  - Everywhere：任意地方，Unity将搜索整个工程文件。

接着介绍第二类Rig，如图2-28所示。Rig可以依据用户导入的物体指定或者创建一个Avatar控制器，从而为其制作动画。如果模型是一个人形的角色，可以选择Humanoid与Create from this model选项，创建一个匹配骨骼的Avatar。若模型不是人形的角色，就选择Generic选项。

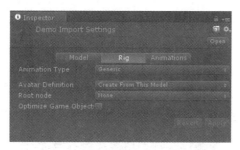

图 2-28　Rig 选项

- Animation Type：动画类型。
    - None：没有动画。
    - Legacy：旧版的动画系统，使用 Animation 组件播放。
    - Generic：通用动画系统，使用 Animator 组件控制播放。
    - Humanoid：人形动画系统，使用 Animator 组件控制播放。

第三类为 Animations，若 FBX 文件中没有动画则为提示信息，如图 2-29 所示；若有动画则为其设置选项，如图 2-30 所示。

图 2-29　没有动画的提示信息

图 2-30　有动画的设置选项

- Import Animation：导入动画。
- Bake Animations：烘焙动画，这个选项只对 Maya、3ds Max、Cinema4D 文件有效。
- Resample Curves：曲线重复采样，默认勾选。
- Anim.Compression：动画压缩方式。
    - Off：关闭动画压缩，导入时不减少帧数，保留最高的精确度。但是降低了执行效率以致文件和内存使用将变大，不建议使用。若想获得较高的精度，可以选择第二项 Keyframe Reduction。
    - Keyframe Reduction：减少关键帧，建议使用。
    - Optimal：使用 Rig。
- Rotation Error：旋转角度误差，定义多少旋转曲线将会被降低，值越小，精度越高。建议使用默认值。
- Position Error：位置误差，定义多少位置曲线将会被降低，值越小，精度越高。建议使用默认值。

- Scale Error：缩放误差，定义多少缩放曲线将会被降低，值越小，精度越高。建议使用默认值。

我们可以使用Animations选项下方的窗口进行动画预览，如图2-31所示，单击左上方的播放按钮进行预览。

图 2-31　动画预览

2.4　Unity 材质介绍

2.4.1　材质球、着色器之间的关系

对于Unity材质，有两样东西是许多初学者弄不清楚或者非常容易混淆的，一个是Material（材质球），另一个是Shader（着色器）。

Material定义了显示一个什么样的模型，包括这个模型使用的什么样的纹理信息、模型的颜色信息等内容，而这些纹理、颜色的应用方式和类型是由Shader进行定义的。举一个简单的例子，我们需要展示一个木质的柜子，首先要考虑的是使用什么样的Shader，这个Shader是不是支持需要的漫反射贴图、法线贴图、环境光贴图、高光贴图、法线贴图及高光贴图的强度调整以及颜色的调整等。当确认需要的Shader之后，就可以创建一个Material指定使用这个Shader，再对其中的各种贴图信息、颜色信息进行赋值。可以这样理解，材质球就是着色器的载体，而着色器用于配置该如何设置图形硬件进行渲染。

2.4.2　Unity 标准着色器

Unity已经给用户内置了许多不同的Shader，而Unity 5之后重点推出了一种新的渲染方式——基于物理的渲染。与之对应的是一套基于物理的着色（Physically Based Shading，PBS）的多功能、多用处的Shader。这就是Standard Shard（标准着色器），用于取代传统的着色器。在Unity中有两个标准着色器，一个是Standard（标准着色器标准版），另一个是Standard（Specular Setup）（标准着色器高光反射版）。我们可以看看官网提供的一个案例场景，其中所有的材质球都使用了标准着色器，如图2-32所示。

图 2-32　材质球使用了标准着色器

我们就其中的 Standard 进行讲解，首先在 Project 面板中右击，新建一个材质球，默认的着色器就是标准着色器，如图 2-33 所示。这里对其中的一些重要参数进行说明。

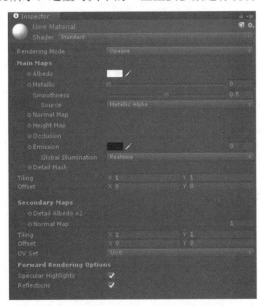

图 2-33　标准着色器

- Shader：着色器的选择，新建材质球的默认着色器就是标准版着色器。
- Rendering Mode：渲染模式选择。
  - Opaque：不透明模式。
  - Cutout：透明模式，在此模式下，没有半透明的过渡，纹理要么是完全透明的，要么是完全不透明的，适合使用在头发、碎布衣服上。
- Fade：透明模式，此模式下的纹理是淡入淡出的效果，其高光和反射也会是淡入淡出的效果。
- Transparent：透明模式，此模式下的透明度是根据纹理贴图的透明通道自动生成的，高光和反射也会完整保留。

- Albedo：物体表面的基本纹理和颜色信息。
- Metallic：金属感，可以通过贴图和数值来区分金属或者非金属以及金属的程度。
- Smoothness：平滑度，控制物体是否光滑。值越大物体越光滑，值越小物体越粗糙。
- Source：平滑度的控制来源。
  - Albedo Alpha：Albedo 的透明通道。
  - Metallic Alpha：金属度的透明通道。
- Normal Map：法线贴图。
- Height Map：高度图，用于表现高低信息，法线只能表现光照时的强弱，而高度图可以增加物理位置上的前后。
- Occlusion：遮挡贴图，用于控制物体明暗关系以及强度。
- Emission：自发光颜色，例如在制作一些自发光的灯带时，就可以调整这个颜色，默认黑色为关闭自发光。

在了解基本的参数意义之后，可以学习一下官方场景案例中非常逼真且细节丰富的木头材质球，如图2-34所示。可以看到，简单的木头也是用很多的纹理贴图合成的，在查看这些纹理时，可以按住Ctrl键并单击纹理进行预览。单击纹理会在Project视图中指向该纹理贴图，双击纹理时会在外部打开此纹理。

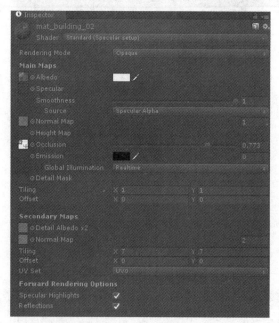

图2-34　木头的材质球

2.5 Unity 的光照

2.5.1 灯光的类型

我们知道灯光是游戏场景中不可或缺的部分，可以用来模拟手电筒、太阳、月亮等，起着照明、烘托气氛、物体表现等很重要的作用。在Unity中为用户提供了4种常用的灯光，分别是Directional Light（方向光）、Point Light（点光源）、Spot Light（聚光灯）、Area Light（区域光），下面分别来讲述这几种光源。

（1）Directional Light是场景中主要光源之一，如图2-35所示。这种光源放到场景中的任何位置，场景中的物体都会被照亮。不论物体与方向光的距离远近，都不会对光线产生衰减。只有旋转方向光的时候，灯光的方向才会受到影响。在一般的情况下，每个Unity的场景中都会有一盏方向光，作为场景中的主光源，场景中的阴影也是由其产生的。方向光可以用来模拟场景中的太阳光与月光。例如，场景中的日出日落的效果就是通过调整方向光的角度、光线强度、光线颜色来实现的。

图 2-35　场景中 Directional Light

（2）Spot Light如图2-36所示。光源被约束在一个圆锥形的范围内，而且光线是有方向性和衰减性的。圆锥形范围外的物体将极少受此灯光的影响，而且光线在这个圆锥形范围内会慢慢地变弱。这种灯光一般用来模拟人造光源，例如我们在场景中配合脚本控制灯光的开关及角度，就可以完美地模拟汽车的远光灯、近光灯，也可以用来模拟手电筒、家中的床头灯等。

（3）Point Light如图2-37所示。光源是位于空间中的一个点，并向各个方向均匀地发光。我们可以把点光源想象成一个球形的物体，越接近球形中心，光线越强；越接近球形边缘，光线越弱。在场景中我们可以用来模拟家中的灯泡、汽车的尾灯、爆炸等。

图 2-36　场景中的 Spot Light

图 2-37　场景中的 Point Light

（4）Area Light 如图 2-38 所示。此种光源只有在烘焙了的情况下才能起作用，它的范围是可以自定义的矩形框，并带有指定的方向。光源的强度会随着物体的距离而衰减，这种光源的阴影比较上面的三种光源的阴影更加的柔和，可以模拟小面积的光源，会比点光源更加的逼真。

图 2-38　场景中 Area Light

接下来看看怎么创建和设置这些灯光的参数。可以在Hierarchy面板中单击Create按钮，在下拉菜单中的Light选项中选择需要创建的灯光类型，在Inspector面板中设置参数。这里以Spot Light为例，如图2-39所示，其他类型的灯光参数也是大同小异。

图 2-39　灯光设置

- Type：灯光的类型。
  - Spot：聚光灯。
  - Directional：方向光。
  - Point：点光源。
  - Area（baked only）：区域光。
- Range：光照范围。
- Spot Angle：光照角度。
- Color：光照颜色。
- Mode：灯光作用方式。
  - Realtime：实时光照，烘焙场景时将不被烘焙。
  - Baked：烘焙光照。
  - Mixed：混合光照。
- Intensity：光照强度。
- Indirect Multiplier：灯光间接影响强度。
- Shadow Type：阴影类型。
  - No Shadows：不产生阴影。
  - Hard Shadows：硬阴影。
  - Soft Shadows：软阴影。
  - Strength：阴影的浓度。
  - Resolution：阴影质量设置，分为游戏设置中的低、中、高、非常高四种等级质量。
  - Bias：阴影的偏移值。
  - Normal Bias：偏移值，调整位置和定义阴影。
  - Shadow Near Plane：定义接近地面呈现的阴影裁切。
- Cookie：设置一张贴图，以贴图的透明通道为蒙版，灯光照射到地面就会产生对应的光影效果。
- Draw Halo：是否显示光晕。
- Flare：光斑例如镜头光晕。
- Render Mode：渲染的模式。
  - Auto：自动。
  - Important：重要，逐像素渲染，比较消耗性能，常用于场景中一些比较重要的效果。
  - Not Important：不重要，以顶点、对象方式进行渲染，渲染速度比较快。
- Culling Mask：灯光遮罩，可以选择某些Layers层级不受灯光影响。

2.5.2 环境光与天空盒

在Unity中，除了2.5.1节中所提到的常用的四种灯光外，还有一种比较常见的全局灯光设置Environment（环境光）可以用来调整场景中的光线的整体亮度、颜色等。设置环境光有三个选项，如图2-40中的Source（环境光来源）所示。

图 2-40　环境光来源

- Skybox：天空盒，在这种模式下，可以通过调整 Intensity Multiplier 来提亮或调暗场景，但环境光的颜色还是保持天空盒的颜色。
- Gradient：渐变模式，这种模式中用户可以选择三种不同的颜色，以这三种颜色的渐变构成环境光。三种颜色的含义分别为 Sky Color（天空色）、Equator Color（地平面色）、Ground Color（大地的颜色），如图2-41所示。我们可以通过调整三种颜色来改变整个环境光，如图2-42所示。

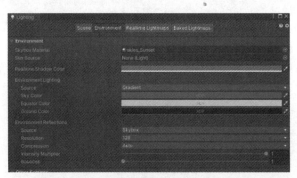

图 2-41　渐变模式

图 2-42　Gradient 渐变模式效果

- Color：颜色模式，在这种模式中用户可以自定义环境光颜色及强度，其效果如图 2-43 所示。

图 2-43　Color 模式效果

在场景中，天空盒也是不可或缺的部分。介绍天空盒之前，必须先说说天空盒材质。在Unity中的天空盒材质可以大致分为三种类型：6 Sided（6面贴图）、Cubemap（立方体贴图）、Procedural（合成贴图）。创建方式为新建材质球，选择材质球的着色器为Skybox，然后选择不同的类型，如图2-44所示。下面介绍常用的两种天空盒材质球：6 Sided和Cubemap。

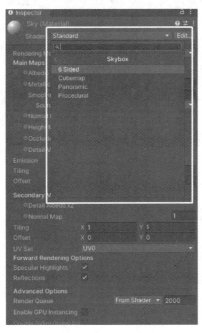

图 2-44　创建天空盒材质球

（1）6 Sided

步骤 01　导入 6 张用于制作天空盒的贴图，如图 2-45 所示（素材路径为"2/2.5.2/素材/Skybox.unitypackage"）。

步骤 02　选中6张贴图，在Inspector面板中，将Wrap Mode（纹理循环模式）从Repeat改为Clamp，否则贴图的边缘颜色将会不匹配，如图 2-46 所示。

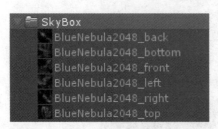

图 2-45　天空盒贴图

图 2-46　天空盒贴图设置

步骤03 将 6 张贴图贴入材质球的对应位置，如图 2-47 所示。

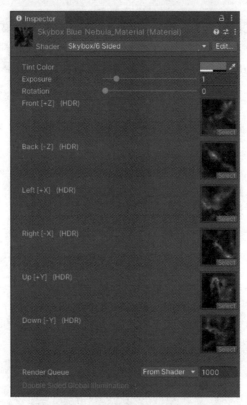

图 2-47　设置天空盒材质

（2）Cubemap

步骤01 导入一张适合的高动态范围图（素材路径为"2/2.5.2/素材/CubeMap.hdr"）。

步骤02 选中贴图，在 Inspector 面板中设置贴图的形状为 Cube，Wrap Mode 设置为 Clamp，如图 2-48 所示。

步骤03 将贴图贴入材质球的对应位置，如图 2-49 所示。

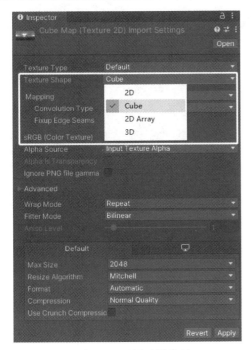

图 2-48　设置贴图类型

图 2-49　设置贴图

接着就可以在场景中使用新建的天空盒材质球，在Unity中，设置天空盒可以分为两种方式：一种是针对整个场景的天空盒，另一种是针对某个单独的摄像机的天空盒。二者的区别在于，若使用前者，则不论场景中的哪个摄像机观看都是同一个天空，而后者是针对每个不同的摄像机，观看的天空可能是不一样的。

（1）全局天空盒

打开菜单栏上的Window→Lighting面板。在Skybox Material选项中选择新建的天空盒材质球，如图2-50所示。

图 2-50　指定天空盒材质球

（2）针对摄像机的天空盒

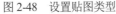 在 Hierarchy 面板中选中需要添加天空盒的摄像机，在 Inspector 面板中将 Camera 组件的 Clear Flags 选项选为 Skybox，如图 2-51 所示。

步骤02 单击 Inspector 面板中下方的 Add Component（添加组件）按钮。依次选择"Rendering→Skybox"选项，如图 2-52 所示。也可以直接在文本框中输入 Skybox。

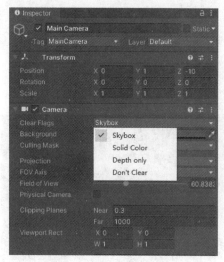

图 2-51 设置摄像机的清除标识

图 2-52 添加 Skybox 组件

步骤03 将天空盒材质球赋给 Skybox 组件中的 Custom Skybox 选项，如图 2-53 所示。

图 2-53 设置 Skybox 组件

第3章

UGUI 入门

在应用程序中,界面是程序与用户之间的桥梁。用户可以通过界面来完成程序中的交互,在界面的引领下,用户可以更方便地操作整个程序。所以界面在整个程序中占有非常重要的地位,友好的界面往往会让用户对应用产生好感;相反,糟糕的界面会导致用户的流失。

Unity给大家提供了两套非常完善的图形化界面解决方案:GUI与UGUI系统。其中,GUI系统现在主要运用在快速调试与拓展编辑器中,而UGUI系统运用在应用界面的展示中。UGUI为大家提供了一些常用的控件,包括文本显示、图片显示、按钮、复选框、滑动条、滚动条、下拉菜单、输入框、滚动视窗等,利用这些控件可以快速搭建界面。

本章将学习UGUI提供的基础控件,使用基础控件搭建用户登录界面,并结合第2章的知识制作一款火爆全球的2D游戏FlappyBird,通过这个案例了解2D游戏的制作流程。

3.1 UGUI 控件

3.1.1 基础控件 Text

Text(文本)是界面中常用的控件之一,用于文字的显示。Unity中的Text可以对字体、大小、颜色、对齐方式等进行设置。创建方式是在Hierarchy面板中,依次单击"Create→UI→Text"。创建完成之后,会发现在Hierarchy面板多出两个物体——Canvas(用于存放UI的画布)以及EventSystem(UGUI的事件控制系统)。我们创建的Text是Canvas的子物体,如图3-1所示。

选中创建的Text控件,在Inspector面板中显示控件有三个组件,分别为Rect Transform、Canvas Renderer 和 Text(Script)。我们就其中控制文字的 Text(Script)组件(见图3-2)进行说明。

图 3-1 创建 Text

图 3-2 Text 的属性面板

- Text：文本显示的内容。
- Font：文本的字体。
- Font Style：文字的风格。
  - Normal：正常字体。
  - Bold：粗体字。
  - Italic：斜体字。
  - Bold And Italic：加粗加斜字体。
- Font Size：字体大小。
- Line Spacing：文本的行距。
- Rich Text：是否作为富文本。勾选此复选框后，可以通过文本的内容来设置字体颜色、风格等。例如，在文本框内输入"Hello<i>Unity</i>"，意味着 Hello 为粗体字，Unity 为斜体字，效果如图 3-3 所示。

图 3-3 富文本

- Alignment：文字对齐方式。分为两组，第一组依次为左对齐、左右居中对齐、右对齐；第二组为上对齐、上下居中对齐、下对齐。
- Align By Geometry：是否对齐几何边框。
- Horizontal Overflow：文字内容在水平方向超出边框处理方式。
  - Wrap：允许换行处理。
  - Overflow：让文本不局限于几何框内，按水平方向继续显示。

- Vertical Overflow：文字内容在垂直方向超出边框的处理方式。
  - Truncate：截断，不显示超出部分。
  - Overflow：让文本不局限于几何框内，按照垂直方向继续显示。
- Best Fit：是否自适应，若勾选，则忽略字体大小设置。
- Color：字体颜色。
- Material：字体的材质球。
- Raycast Target：能否被射线检测。

3.1.2 基础控件 Image

Image（图片）用于展示一个非交互的图像，可以用来制作图标、背景等。其创建方式为在Hierarchy面板中依次单击"Create→UI→Image"。接着在Inspector面板中对Image（Script）组件进行设置，如图3-4所示。

图 3-4　Image 组件

- Source Image：图片来源。需要指出的是，这里的图片必须是 Sprite 格式。制作 Sprite 格式的图片方法如下。
  - 导入需要的图片。
  - 在该图片的 Inspector 面板中将 Texture Type 选择为 Sprite，如图 3-5 所示。

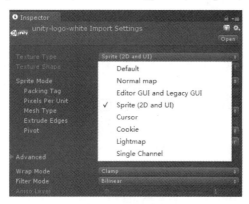

图 3-5　设置图片格式

- Color：指定图片的颜色。

- Material：指定图片的材质球。
- Raycast Target：能否被射线检测。
- Image Type：图片显示的方式。
  - Simple：一般的方式。
  - Sliced：切片模式。制作图片的切片方法为：在图片的属性面板中单击 Sprite Editor 按钮，在弹出的界面中可以看见图片的 4 个边界分别有 4 个绿色的点，在图片范围内拖动绿色的点，就会形成绿色的线。在 4 条绿色的线框中间会呈现一个九宫格，如图 3-6 所示。这意味着对 Image 进行缩放时，九宫格内的左上角、右上角、左下角、右下角的内容不会被拉伸。切割好之后，单击图 3-6 右上方的 Apply 按钮。
- Tiled：平铺模式。
- Filled：填充模式。可以使用这种模式制作图片显示的动画，例如游戏中的血条、技能的冷却等，如图 3-7 所示。

图 3-6　制作图片切片

图 3-7　填充模式

  - Fill Method：填充的方式。
    - ★ Horizontal：水平方向填充。
    - ★ Vertical：垂直方向填充。
    - ★ Radial 90：以 90 度的半径进行填充。
    - ★ Radial 180：以 180 度的半径进行填充。
  - Fill Origin：填充的起点。
  - Fill Amount：填充的进度。从 0 到 1，当值为 0 时，图片将不会显示；当值为 1 时，图片全部显示出来。例如，选择水平方向填充，填充的起点为左边，从 0 到 1 拖动进度值时，图片就会从左到右慢慢显示出来。
  - Preserve Aspect：确保图片以原始比例显示。
  - Set Native Size：设置图片为原始大小。

3.1.3　基础控件 Button

Button（按钮）是场景使用频率非常高的可交互性控件，其创建方式是在 Hierarchy 面板中依次单击"Create→UI→Button"。创建好之后，可以看到在Canvas下多了一个名为Button的物体，在其属性面板中有Image（Script）和Button（Script）组件；在Button物体下还有一个子物体Text，在其属性面板中有Text（Script）组件。可以理解为Button控件是由一个Image控件、一个Text控件以及可交互的组件Button（Script）组成的。如图3-8所示。

Image（Script）组件和Text（Script）组件在之前的内容中已经介绍了一些，下面介绍Button控件的交互核心Button（Script）组件，如图3-9所示。

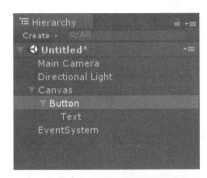
图3-8　Button组件

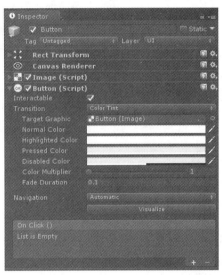
图3-9　Button（Script）组件

- Interactable：可交互性，若此复选框未被勾选，则Button（Script）组件将不起作用。
- Transition：过渡方式选项。
  - Color Tint：颜色过渡。
    - ★ Target Graphic：改变颜色的目标图片，默认为同一物体上的Image（Script）组件。
    - ★ Normal Color：当按钮处于一般状态下的颜色。
    - ★ Highlighted Color：高光颜色，即鼠标划过按钮时的颜色。
    - ★ Pressed Color：当按钮被按下时的颜色。
    - ★ Disabled Color：当按钮被禁用时的颜色，即取消勾选Interactable时按钮的颜色。
    - ★ Color Multiplier：颜色的增强系数。
    - ★ Fade Duration：褪色持续的时间，即一种颜色到另一种颜色的时间（以秒为单位）。
  - Sprite Swap：不同的Sprite精灵图片之间切换过渡。
    - ★ Highlighted Sprite：鼠标划过时的按钮图片。
    - ★ Pressed Sprite：鼠标按下时的按钮图片。
    - ★ Disabled Sprite：按钮禁用时的按钮图片。
  - Animation：播放不同的动画进行过渡。
    - ★ Normal Trigger：当按钮处于一般状态下的动画名称。
    - ★ Highlighted Trigger：高光颜色，即鼠标划过按钮时的动画名称。
    - ★ Pressed Trigger：当按钮被按下时的动画名称。

★ Disabled Trigger：当按钮被禁用时的动画名称。
● Navigation：不同可交互组件之间键盘导航切换设置，可以使用键盘中的方向键来选择控件。
  ➢ None：不使用键盘导航。
  ➢ Horizontal：水平导航。
  ➢ Vertical：垂直导航。
  ➢ Automatic：自动导航设置。
  ➢ Explicit：手动指定上下左右导航到的控件。
● Visualize：在 Scene 视图中显示出控件之间的导航信息，如图 3-10 所示。

图 3-10 控件之间的导航

● On Click()：按钮被单击时所触发的事件。在这里介绍三种使用的方法。

（1）通过编辑器指定需要实现的方法

步骤 01 在 Hierarchy 面板中新建一个 Button 控件，方法为依次单击"Create→UI→Button"。

步骤 02 在 Project 面板中创建一个文件夹，并命名为 Scripts，方法为依次单击"Create→Folder"，用来存放脚本。在文件夹中创建一个名为 ButtonClickTest 的 C#脚本，创建方法为依次单击"Create→C# Script"，如图 3-11 所示。

图 3-11 创建脚本

步骤 03 将 ButtonClickTest 脚本拖曳至新建的 Button 上面。

步骤 04 双击打开脚本，在该脚本中编写一段代码：

```csharp
using System.Collections;
using System.Collections.Generic;
using UnityEngine;

public class ButtonClickTest : MonoBehaviour {

    // Use this for initialization
    void Start () {

    }
    // Update is called once per frame
    void Update () {
```

```
    }
    public void ClickTest()
    {
        Debug.Log("使用第一种方法，按钮被单击了");
    }
}
```

我们新建了一个名为 ClickTest 的函数，其访问修饰符为 Public（公有的）。在函数中有一条输出到控制台的命令，我们可以将其改为按钮被单击后想要执行的任何命令，例如打开车灯、更改图片等。若函数被执行，则在控制台中输出"使用第一种方法，按钮被单击了"的字样。现在需要思考的问题是按钮被单击之后怎么才能触发这个函数。

步骤 05 返回 Unity 编辑器，在 Button 属性面板中的 Button（Script）属性中，单击 On Click()栏下方的加号，如图 3-12 所示。

步骤 06 将 Button 拖曳到"On Click()"栏中的 None（Object），单击"No Function"选项，依次选择"ButtonClickTest→ClickTest()"，如图 3-13 所示。这个步骤的含义为：当发生单击事件后，执行 Button 这个物体对应的 ButtonClickTest 脚本中的 ClickTest()函数。

> **注　意**
>
> 在脚本编辑的过程中，ClickTest()函数的访问修饰符必须为 Public，否则在指定执行函数时，列表中将不会罗列出来。

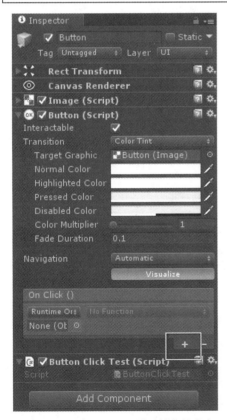

图 3-12　添加 OnClick 需要触发的内容

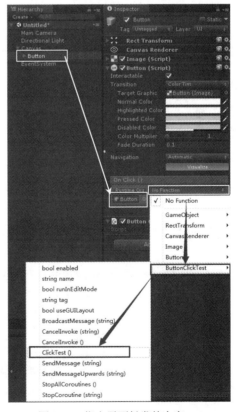

图 3-13　指定需要触发的内容

步骤07 设置好需要执行的函数后,单击运行游戏,控制台就会输出如图3-14所示的内容。

图3-14 输出的内容

(2)通过程序动态指定需要执行的内容

步骤01 创建一个新的Button控件。

步骤02 新建一个名为ButtonClickTwo的C#脚本,并把这个脚本拖曳到新建的Button控件上。

步骤03 双击打开脚本,在该脚本中编写一段代码:

```csharp
using UnityEngine;
using UnityEngine.UI;

public class ButtonClickTwo : MonoBehaviour {

    private Button Btn;

    void Start () {

        //获取Btn
        Btn = this.GetComponent<Button>();
        //为Btn的单击添加一个监听器
        Btn.onClick.AddListener(ButtonClick);
    }

    private void ButtonClick()
    {
        Debug.Log("使用第二种方法,按钮被单击了");
    }
}
```

① 我们声明了一个私有的Button变量Btn,引入Button所在的命名空间"using UnityEngine.UI;"。在Start()函数中为Btn赋值,赋值的方式为this.GetComponent<Button>()。其含义为在这个脚本所挂载的物体上获取Button组件。

② 为Btn添加一个监听事件,指定按钮被单击后需要执行的方法Btn.onClick.AddListener(ButtonClick)。在程序中,ButtonClick()就是单击按钮后需要执行的方法。

步骤04 保存脚本,返回Unity编辑器。单击运行游戏,控制台就会输出如图3-15所示的内容。

图3-15 输出的内容

（3）通过实现接口的方式实现

步骤 01 创建一个新的 Button 控件。

步骤 02 新建一个名为 ButtonClickThree 的 C#脚本，并把这个脚本拖曳到新建的 Button 控件上。

步骤 03 双击打开脚本，在该脚本中编写一段代码：

```
using System;
using System.Collections;
using System.Collections.Generic;
using UnityEngine;
using UnityEngine.EventSystems;
public class ButtonClickThree : MonoBehaviour,IPointerClickHandler {

    public void OnPointerClick(PointerEventData eventData)
    {
        Debug.Log("使用第三种方法,按钮被单击了");
    }
}
```

在脚本中添加接口 IPointerClickHandler，并添加接口的命名空间"using UnityEngine.EventSystems;"。然后实现接口（可以通过快捷键 Ctrl+.的方式快速实现接口），也就是 OnPointerClick 函数，即可往这个函数内添加需要操作的命令。

当按钮被单击时就会触发 OnPointerClick 函数。

步骤 04 保存脚本，返回 Unity 编辑器。单击运行游戏，控制台就会输出如图 3-16 所示的内容。

图 3-16　输出的内容

3.1.4　基础控件 Toggle

Toggle 也是场景中使用频率很高的一个可交互的控件。按照字面意思解释为"开关、触发器"，但是在场景中能做的不仅仅是这些，比如能够利用其特性制作多个状态按钮之间的切换等。

先创建一个 Toggle，在 Hierarchy 面板中依次单击"Create→UI→Toggle"，在 Canvas 的子物体中就能看见名为 Toggle 的控件。在图 3-17 中能够看到 Toggle 控件由三部分组成，第一部分是 Toggle 自身的 Toggle（Script）组件，第二部分是复选框 Background，第三部分是负责显示文字的 Label。

在 Toggle 控件中，最重要的组成部分是自身的 Toggle（Script）组件，如图 3-18 所示。组件中有一些参数在介绍 Button 控件时已经讲过，这里就不再重复。下面介绍 Toggle（Script）所特有的一些参数。

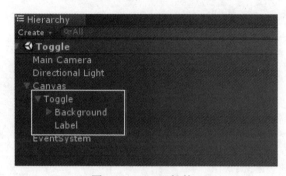
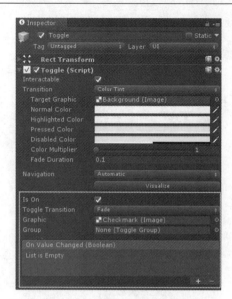

图 3-17　Toggle 控件　　　　　　　图 3-18　Toggle（Script）组件

- Is On：控件当前是否为选中状态。
- Toggle Transition：切换过渡方式。
  - None：没有切换效果。
  - Fade：切换时，Graphic 指定的内容淡入淡出。
- Graphic：指定一个 Image 作为复选框的图片。
- Group：为此控件指定一个带有 Toggle Group 组件的物体。若将此控件加入组中，则控件将处于该组的控制之下。在同一个组中，只能有一个 Toggle 控件处于选中状态。

步骤 01　在 Canvas 的层级下，新建一个 Create Empty 空物体并改名为 Group。

步骤 02　在空物体的 Inspector 面板中，通过 Add Component 添加一个名为 Toggle Group 的组件，如图 3-19 所示。

图 3-19　添加 "Toggle Group" 组件

步骤 03　在空物体 Group 的层级下，新建两个 Toggle 组件，如图 3-20 所示。

步骤 04　选中两个 Toggle，在其 Toggle（Script）组件中的 Group 中，选择新建的空物体 Group，如图 3-21 所示。

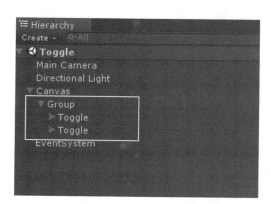

图 3-20　新建 Toggle 组件

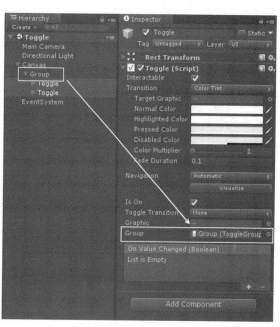

图 3-21　指定 Group

步骤 05　将第二个 Toggle 组件属性中 Toggle（Script）组件的 Is On 取消勾选，默认为未选中状态。

步骤 06　运行程序，会发现第一个 Toggle 为选中状态，第二个为未选中状态。若单击第二个 Toggle，则第二个 Toggle 将会为选中状态，而第一个 Toggle 变为未选中状态。

在"Toggle Group"组件中，除了能控制 Toggle 选中状态的单一性之外，还能让组中 Toggle 都处于不被选中的状态，如图 3-22 所示。若勾选"Allow Switch Off"（是否允许关闭）复选框，则单击当前已被选中的 Toggle 将会被设为未选中状态；若不勾选此复选框，则单击当前已被选中的 Toggle 将还是被选中状态，不会有什么改变。

图 3-22　Toggle Group

- On Value Changed（Boolean）：当 Toggle 的状态发生改变时触发的事件。这里事件的添加分为通过手动指定需要触发的事件和从程序动态地添加需要触发的事件两种情况。手动指定触发事件的方法与 Button 指定触发事件的方法类似，就不多做介绍了，这里介绍一下动态添加的方法。

步骤 01　新建一个名为 SetToggle 的 C#脚本，拖曳到 Hierarchy 面板中之前创建的 Toggle 控件上。

步骤 02　双击打开脚本，在该脚本中编写一段代码：

```
using System;
using System.Collections;
using System.Collections.Generic;
using UnityEngine;
//Toggle所在的命名空间
using UnityEngine.UI;
public class SetToggle : MonoBehaviour {
    /// <summary>
    ///  Toggle
    /// </summary>
    private Toggle toggle;
    /// <summary>
    ///  声明一个字符串，用以记录Toggle的状态
    /// </summary>
    private string toggleState;
    void Start()
    {
        //指定Toggle
        toggle = this.GetComponent<Toggle>();
        //动态添加事件
        //当Toggle的状态发生改变时触发ToggleChanged函数
        toggle.onValueChanged.AddListener(ToggleChanged);
    }
    /// <summary>
    ///  Toggle状态改变时被触发
    /// </summary>
    /// <param name="arg0">当前Toggle的状态，true为被选中，false为未选中</param>
    private void ToggleChanged(bool arg0)
    {
        //三元表达式
        //若arg0为true，则toggleState="被选中"
        //若arg0为false，则toggleState="未被选中"
        toggleState = arg0 ? "被选中" : "未被选中";
        //控制台输出
        Debug.Log("当前Toggle的状态为  " + toggleState);
    }
}
```

步骤 03 保存脚本，返回 Unity 编辑器。单击运行游戏，在场景视图中单击脚本所挂载的 Toggle 组件，控制台就会输出如图 3-23 所示的内容。

图 3-23　输出的内容

3.1.5 基础控件 Slider

Slider（滑动条）控件是Unity中一种可交互的控件，如图3-24所示。用户通过拖动鼠标来选择预定范围内的数值。可以利用这个控件在程序中实现调整音量大小、难度设置等功能。

图 3-24 Slider 控件

Slider控件的创建方式为在Hierarchy面板中依次单击"Create→UI→Slider"，在Canvas的子物体中就能看见名为Slider的控件。在图3-25中能够发现Slider是由四部分组成的，第一部分是Slider自身，第二部分是滑动条的背景图片，第三部分是为滑动条滑动后的填充部分，第四部分为滑动条的控制手柄。

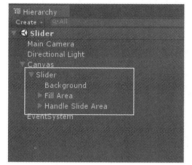

图 3-25 进度条展示

下面就Slider控件属性中核心的Slider（Script）组件，说明其中的重要参数，如图3-26所示。

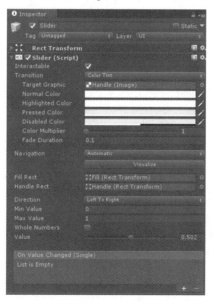

图 3-26 Slider（Script）组件

- Fill Rect:填充的图形,用作滑动条填充区域的图形。
- Handle Rect:手柄的图像,用作滑动条手柄的图形。
- Direction:滑动条的方向。
  - Left To Right:从左到右滑动。
  - Right To Left:从右到左滑动。
  - Bottom To Top:从下到上滑动。
  - Top To Bottom:从上到下滑动。
- Min Value:最小值,例如滑动方向为默认的从左到右,滑动条的控制手柄处于最左侧时的值。
- Max Value:最大值,例如滑动方向为默认的从左到右,滑动条的控制手柄处于最右侧时的值。
- Whole Numbers:是否为整数值。当被限制为整数时,滑动条将以整数值调整。
- Value:当前控制手柄的数值,最左端为最小值,最右端为最大值。这个数值可以控制手柄的位置,通过控制手柄也可以控制该数值。
- On Value Changed(Single):当手柄滑动产生数值变化时触发的事件。可以通过手动指定触发内容和通过程序动态指定触发内容。这里以动态指定为例进行介绍,操作如下:

步骤01 新建一个名为 SetSlider 的 C#脚本,拖曳到 Hierarchy 面板中之前创建的 Slider 控件上。

步骤02 双击以打开脚本,在该脚本中编写一段代码:

```csharp
using System;
using System.Collections;
using System.Collections.Generic;
using UnityEngine;
//Slider组件所在的命名空间
using UnityEngine.UI;

public class SetSlider : MonoBehaviour {
    /// <summary>
    /// 声明一个Slider
    /// </summary>
    private Slider slider;
    void Start ()
    {
        // 指定Slider
        slider = this.GetComponent<Slider>();
        //动态添加事件
        //当Slider的数值发生改变时触发OnValueChanged函数
        slider.onValueChanged.AddListener(OnValueChanged);
    }
    /// <summary>
    /// 数值发生改变时执行
    /// </summary>
    /// <param name="arg0">当前Slider的数值</param>
```

```
    private void OnValueChanged(float arg0)
    {
        Debug.Log("当前滑动条的数值为 " + arg0);
    }
}
```

步骤 03 保存脚本，返回 Unity 编辑器。单击运行游戏，在场景视图中拖动 Slider 组件的控制手柄，控制台就会输出如图 3-27 所示的内容。

图 3-27　输出的内容

3.1.6　基础控件 InputField

InputField（输入域）控件是Unity中与用户交互的重要手段，可以提供文本输入功能，如图3-28所示。我们可以利用这个控件在程序中实现用户的登录、聊天等功能。

图 3-28　InputField 控件

InputField的创建方式为在Hierarchy面板中依次单击"Create→UI→InputField"，在Canvas的子物体中就能看见名为InputField的控件。在图3-29中能够发现InputField是由三部分组成的，第一部分是InputField自身，第二部分是默认文字，如图3-28所示的"Enter text..."，第三部分是用户输入的文字Text。

在InputField控件中，两个负责显示文字的子物体Placeholder与Text都属于Text控件类型，在之前已经讲过，这里不再重复。最重要的是自身的InputField（Script）组件，如图3-30所示。下面讲讲该组件所特有的参数与使用方法。

- Text Component：文本组件，用于显示输入的文字信息的组件。
- Text：文本，用户输入的文字信息。
- Character Limit：字数限制，控制用户可以输入的字数。当"Character Limit"为 0 时，表示

字数将不受限制。

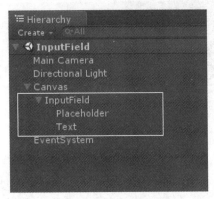

图 3-29　InputField 控件展示

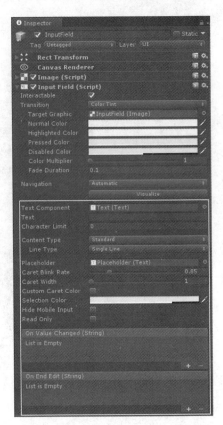

图 3-30　InputField（Script）组件

- Content Type：内容的类型，定义用户输入文本的类型。
  - Standard：标准类型，任何字符都可以输入。
  - Autocorrected：自动校正类型。
  - Integer Number：整数类型，仅允许输入整数。
  - Decimal Number：十进制类型，仅允许输入整数和小数。
  - Alphanumeric：字母数字类型，仅允许输入字母和数字，符号与中文都不能输入。
  - Name：名字类型，此类型下输入的第一个字母将会被大写。
  - Email Address：邮箱地址类型，在此类型下只允许输入数字、字母以及最多一个@符号且不能输入中文。
  - Password：密码类型，此类型下输入的所有文字信息将用"*"号隐藏，如图 3-31 所示。

图 3-31　密码类型

  - Pin：在此类型下，仅允许输入整数，并且输入的整数将用"*"号隐藏。
  - Custom：自定义类型。
- Line Type：换行方式。

- ➢ Single Line：所有输入的文本都在一行。
- ➢ Multi Line Submit：允许输入的文本多行显示，当文本超出边界时换行。
- ➢ Multi Line NewLine：允许输入的文本多行显示，当文本超出边界时换行或者当用户使用 Enter 键时换行。
- Placeholder：占位符，这是一个由用户指定的 Text（Script）组件类型。可以用以提醒用户这个文本输入框需要输入的内容。当用户输入文本后，占位符中的内容将会消失。
- Caret Blink Rate：定位符闪烁率，指定位符闪烁的速度，用来提醒用户输入文本。数值越大，闪烁频率越快。
- Caret Width：定位符宽度，指定位符显示的宽度，数值越大，定位符越宽。
- Custom Caret Color：是否自定义定位的颜色。
- Selection Color：指定选择输入文本的背景颜色。
- Hide Mobile Input：隐藏移动输入，当用户输入时，在屏幕键盘中不显示已输入的文本。
- Read Only：控件是否为只读控件。
- On Value Changed（String）：当 InputField 中文本发生变化时触发的事件，其中 String 为文本中内容。
- On End Edit（String）：当用户输入完毕按 Enter 键提交时或 InputField 组件未被选中时所触发的事件，其中 String 为文本中的内容。

On Value Changed（String）与 On End Edit（String）均可通过手动指定触发内容和通过程序动态指定触发内容。这里以动态指定为例进行介绍，操作如下：

步骤 01 新建一个名为 SetInputField 的 C# 脚本，拖曳到 Hierarchy 面板中之前创建的 InputField 控件上。

步骤 02 双击打开脚本，在该脚本中编写一段代码：

```csharp
using System;
using System.Collections;
using System.Collections.Generic;
using UnityEngine;
//InputField所在的命名控件
using UnityEngine.UI;

public class SetInputField : MonoBehaviour {
    /// <summary>
    /// InputField
    /// </summary>
    private InputField inputField;
    void Start ()
    {
        //指定InputField
        inputField = this.GetComponent<InputField>();

        //动态添加事件

        //当输入的值发生改变时触发 OnValueChanged 函数
```

```csharp
        inputField.onValueChanged.AddListener(OnValueChanged);
        //当完成输入时触发 OnEndEdit 函数
        inputField.onEndEdit.AddListener(OnEndEdit);
    }
    /// <summary>
    /// 当完成输入时触发
    /// </summary>
    /// <param name="arg0">用户输入的文本内容</param>
    private void OnEndEdit(string arg0)
    {
        Debug.Log("OnEndEdit  "+arg0);
    }
    /// <summary>
    /// 当用户输入时触发
    /// </summary>
    /// <param name="arg0">用户输入的文本内容</param>
    private void OnValueChanged(string arg0)
    {
        Debug.Log("OnValueChanged    "+arg0);
    }
}
```

步骤03 保存脚本，返回 Unity 编辑器。单击运行游戏，在场景视图中的 InputField 组件内输入 Unity 字样，控制台就会输出如图 3-32 所示的内容。

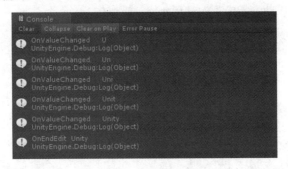

图 3-32　输出的内容

3.2　UGUI 开发登录界面

通过3.1节的学习，对Unity的UGUI界面有了一定的认识。在本节中通过一个实际案例深入学习UGUI系统。这个案例就是经常用到的登录界面，如图3-33所示。本案例中所用的所有UI资源及工程文件均可从本书提供的下载资源中获取。

3.2.1 登录界面介绍

在登录界面中设置了三种登录的方式，分别为账号密码登录、游客登录以及扫描二维码登录，如图3-34所示。二维码登录的方式为：扫描登录背景右上方的二维码图标进行页面的跳转。

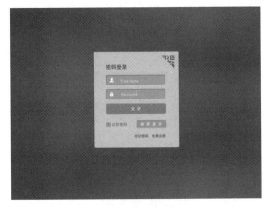

图3-33　登录界面

图3-34　二维码登录界面

在二维码登录页面中，需要实现的功能相对比较容易。

在密码登录页面中，需要实现的功能有：

- 账号、密码的输入以及选中时的高亮效果。
- 验证输入的账号密码是否匹配，并做弹窗提醒。
- "记住密码"复选框的创建。
- 若为游客登录，则创建游客登录须知界面。
- 创建"忘记密码""免费注册"按钮以及控制台输出。
- 切换到二维码登录界面。

从以上的功能分析中得出制作方法，可以把整个界面分为4个模块：

- 界面背景。
- 密码登录界面。
- 游客登录须知弹出框。
- 二维码登录界面。

3.2.2 创建登录界面背景

在3.2.1节已经分析了界面中的几个模块，本小节就从背景的创建开始制作。

步骤01 新建一个名为 UISample 的工程。

步骤02 将下载资源"3/3.2"文件夹中名为 UI 的文件夹放入工程文件的 Asset 文件夹内，并将 UI 文件夹内所有贴图的属性设置为 Sprite（2D and UI）。

步骤03 在 Unity 编辑器的 Project 面板中新建一个名为 Scenes 的文件夹，用来存放场景。

步骤04 保存当前场景，方式为依次单击菜单栏中的"File→Save Scenes"，快捷键为 Ctrl+S，将场景命名为 LoginUI_1 并存入新建的 Scenes 文件夹内。

步骤 05 在 Game 视图中，设置显示比例为 16:9，如图 3-35 所示。

步骤 06 在 Hierarchy 面板中创建一个 Image 控件作为整个界面的背景，并命名为 BG_01_Image。将其属性中 Image（Script）组件的 Source Image 指定为 BG_01 图片。

步骤 07 将 Rect Transform 组件中的 Anchor Presets（锚点预设），设置为自适应全屏。其设置方法为，单击"Anchor Presets"图标，在弹出的界面中按住 Alt 键，单击右下角的自适应全屏，如图 3-36 所示。

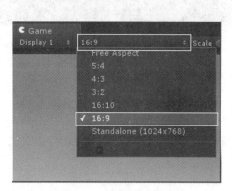
图 3-35 设置显示比例

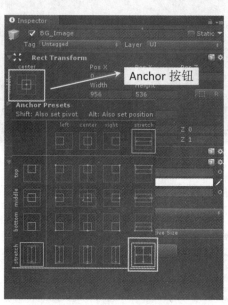
图 3-36 设置 Anchor 模式

步骤 08 在 Hierarchy 面板中创建一个名为 BG_02_Image 的 Image 控件，并设置为 BG_01_Image 控件的子物体。此时的层级关系如图 3-37 所示，此控件可以作为登录窗口背景。将其属性中 Image（Script）组件的 Source Image 指定为 BG_02 图片，将 Image Type 设置为 Sliced（切片模式）。

步骤 09 在 Project 中找到名为 BG_02 的图片。在其属性面板中单击 Sprite Editor 对图片进行切片处理，其处理结果如图 3-38 所示。在制作 UI 的过程中会反复使用到这种切片的方式，这样做的好处在于原始图片的尺寸一般比较小，而且切片出来的图片能够在不同的地方使用，因此可重复性非常强，避免了资源的浪费。

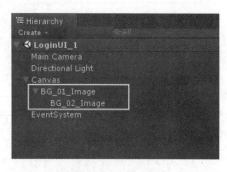
图 3-37 层级关系

图 3-38 切片

步骤 10 在 BG_02_Image 控件的 Rect Transform 组件中把其组件的大小设置为 250×285，如图 3-39 所示。

将以上步骤完成之后，在Game视窗内的效果如图3-40所示，界面中的背景部分已经完成。

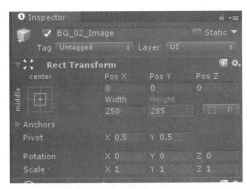

图 3-39　设置组件尺寸　　　　　　　　　　图 3-40　效果展示

3.2.3　创建用户名与密码界面

在3.2.2节中已经创建了登录界面的背景。根据3.2.1节的分析，把登录界面分为4个模块。现在介绍第二个密码登录模块，模块中包含登录界面中的用户名、密码输入框、登录按钮与记住密码的复选框。

步骤 01 在 Hierarchy 面板中创建一个空物体。把空物体命名为 PassWordPage，并设置为 Canvas 的子物体。对其属性 Rect Transform 组件中的 Anchor Presets 进行锚点预设，设置为自适应全屏。

步骤 02 创建一个 InputField 控件，用以输入用户名，命名为 UserName，并设置为空物体 PassWordPage 的子物体。

步骤 03 设置 UserName 控件的位置及大小信息，设置参数如图 3-41 所示。

步骤 04 选择 UserName 控件属性中 Image(Script)的 Source Image 为图片 InputFieldBackground，Color 值为 "R:138，G:146，B:163，A:255"，Image Type 为 Sliced。

步骤 05 设置 UserName 控件属性中 InputField（Script）的 Highlighted Color 与 Pressed Color 值为 "R:138，G:146，B:163，A:255"。

步骤 06 设置 UserName 的子物体 Placeholder 的位置及大小信息，设置参数如图 3-42 所示，并设置其 Text（Script）属性中 Text 内容为 UserName，用以显示输入框的默认提示信息。

步骤 07 设置 UserName 的子物体 Text 的位置及大小信息，设置参数与 Placeholder 物体一致。

步骤 08 创建一个 Image 控件，命名为 Icon，并设置为 UserName 物体的子物体，用以显示输入框的提示图片。设置其属性 Image（Script）中的 Source Image 为名为 UserName_Icon 的图片，并设置控件的大小及位置信息，如图 3-43 所示。

步骤 09 创建一个 Image 控件，命名为 Line，并设置为 UserName 物体的子物体，用以分割提示图片与输入框的文字。设置其属性 Image（Script）中的 Source Image 为名为 Input_01 的图片，Color 值为 "R:0，G:0，B:0，A:255" 的纯黑色，并设置控件的大小及位置信息，如图 3-44 所示。

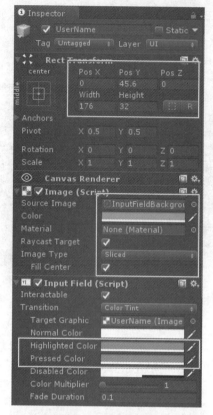

图 3-41 设置 UserName

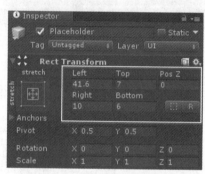

图 3-42 设置 Placeholder

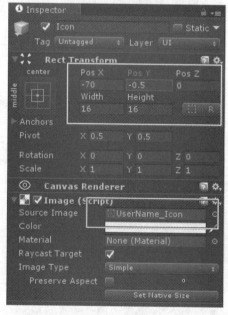

图 3-43 设置 Icon

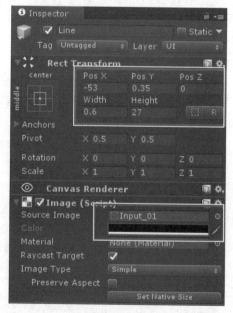

图 3-44 设置 Line

截至这一步，用户名输入框的内容已经完成，在 Hierarchy 面板中的层级如图 3-45 所示。

步骤 10 创建密码输入框，其实密码输入框与用户名输入框的样式一样。我们可以选中

UserName 物体，按 Ctrl+D 组合键复制一份出来，重命名为 PassWord，设置其属性 InputField（Script）中 Content Type 的类型为 Password，用"*"来代替显示用户输入的密码信息，并设置密码输入框的位置信息，参数如图 3-46 所示。

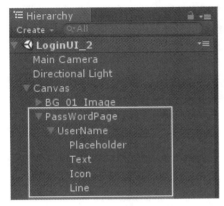

图 3-45　层级展示

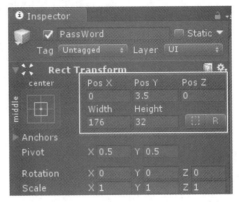

图 3-46　设置"PassWord"

步骤11　更改输入框的默认提示信息，把 PassWord 的子物体 Placeholder 属性中 Text（Script）组件的 Text 内容设置为 PassWord。

步骤12　更改输入框的提示图片，把 PassWord 的子物体 Icon 属性中 Image（Script）组件中的 Source Image 设置为 Password_Icon 图片。

步骤13　创建登录的按钮，在 Hierarchy 面板中创建一个 Button 控件，设置为 PassWordPage 的子物体并命名为 Login_Btn，将其 Image（Script）组件中的 Source Image 设置为 UISprite，将 Color 按钮颜色设置为"R:49，G:108，B:159，A:255"，并设置控件的大小及位置信息，具体的设置参数如图 3-47 所示。

步骤14　设置按钮的显示文字，选择 Login_Btn 的子物体 Text，设置其 Text（Script）组件中的 Text 内容为"登录"。Alignment（文字对齐方式）为上下居中、左右居中对齐，如图 3-48 所示。

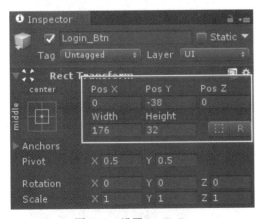

图 3-47　设置 Login_Btn

图 3-48　设置 Login_Btn 的子物体 Text 的 Text 组件

步骤15　创建记住密码的复选框，在 Hierarchy 面板中创建一个 Toggle 控件，设置为 PassWordPage 的子物体，并调整控件的大小及位置信息，具体的设置参数如图 3-49 所示。

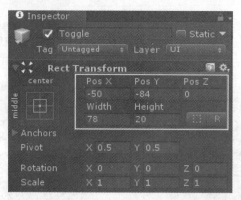

图 3-49 设置 Toggle

步骤⑯ 选择 Toggle 的子物体 Background，并设置属性中的 Image（Script）组件的 Color 为"R:47，G:104，B:153，A:255"。

步骤⑰ 选择 Toggle 的子物体 Label，并设置属性中 Text（Script）组件的 Text 内容为"记住密码"。

步骤⑱ 创建本页的标题显示文字，在 Hierarchy 面板中创建一个 Text 控件，命名为 Title，设置为 PassWordPage 的子物体，调整控件的大小及位置信息，设置参数如图 3-50 所示，并将属性中的 Text（Script）组件的 Text 内容设置为"密码登录"。

步骤⑲ 创建游客登录按钮，在 Hierarchy 面板中找到并复制 Login_Btn 物体，命名为 GuestLogin_Btn。将其 Image（Script）组件中的 Color 按钮颜色设置为"R:117, G:178, B:231, A:255"，并设置控件的大小及位置信息，具体的设置参数如图 3-51 所示。把其子物体 Text 属性 Text（Script）中的 Text 文本的显示内容设置为"游客登录"，Font Size 设置为 10 号。

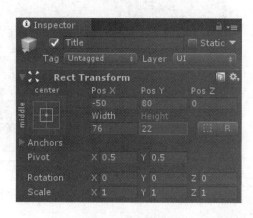

图 3-50 设置 Title

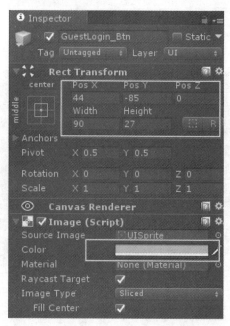

图 3-51 设置 GuestLogin_Btn

步骤 20 创建免费注册的按钮，在 Hierarchy 面板中创建一个 Text 控件，命名为 Register，设置为 PassWordPage 的子物体。在 Register 属性面板中添加 Button 组件，调整控件的大小及位置信息，具体设置参数如图 3-52 所示。把 Text（Script）组件中的 Text 显示内容设置为"免费注册"，对齐方式为左右居中、上下居中对齐，Color 为纯黑色，Font Size 为 10 号。

步骤 21 创建忘记密码的按钮，在 Hierarchy 面板中找到并复制 Register 物体，命名为 ForgetPwd，把 Text（Script）组件中的 Text 显示内容设置为"忘记密码"，调整控件的大小及位置信息，具体的设置参数如图 3-53 所示。

图 3-52 设置 Register

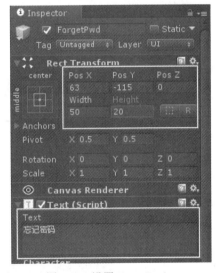

图 3-53 设置 ForgetPwd

步骤 22 创建切换到二维码登录界面的按钮，在 Hierarchy 面板中创建一个 Button 控件，设置为 PassWordPage 的子物体并命名为 SwitchToQRCodePage，将其 Image（Script）组件中的 Source Image 设置为 Switch_QR，并设置控件的大小及位置信息，具体的设置参数如图 3-54 所示。在其属性中添加 Button 组件。

至此，密码登录模块已经制作完毕，在 Hierarchy 面板中的层级关系如图 3-55 所示。在 Game 视图中的显示效果如图 3-56 所示。

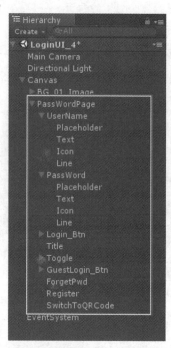

图 3-54　设置 SwitchToQRCodePage　　　　图 3-55　展示层级关系

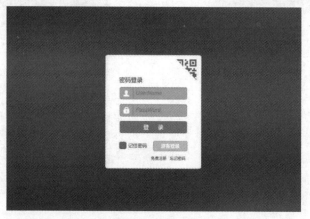

图 3-56　界面展示

3.2.4　验证用户名与密码

在3.2.3节中，已经创建好密码登录的页面，其中包括账号输入框、密码输入框、登录按钮与记住密码的复选框。在本小节中将进行单击登录按钮后用户名与密码的验证工作。

步骤01　创建用于存放脚本的文件夹。在 Project 面板中创建 Folder 并命名为 Scripts。

步骤02　创建用于控制登录的脚本。在 Project 面板中创建 C# Script，命名为 LoginControl。将该脚本放入 Scripts 文件夹内，并拖曳到 Hierarchy 面板中的 PassWordPage 物体上。

步骤 03 预设正确的用户名和密码，双击打开 LoginControl 脚本，在该脚本编辑一段代码。

```
using System.Collections;
using System.Collections.Generic;
using UnityEngine;

public class LoginControl : MonoBehaviour
{
    /// <summary>
    /// 预设用户名
    /// </summary>
    public string UsernameStr;
    /// <summary>
    /// 预设密码
    /// </summary>
    public string PasswordStr;
}
```

步骤 04 在 Hierarchy 面板中选择 PassWordPage 物体，并在 LoginControl 组件中输入我们需要预设的 UsernameStr 用户名与 PasswordStr 密码。这里设置用户名为 Unity、密码为 123，如图 3-57 所示。

图 3-57 设置 PassWordPage 脚本

步骤 05 判断输入的用户名和密码是否与预设的一致，继续编辑 LoginControl 脚本。

```
using System;
using System.Collections;
using System.Collections.Generic;
using UnityEngine;
using UnityEngine.UI;

public class LoginControl : MonoBehaviour
{
    /// <summary>
    /// 预设用户名
    /// </summary>
    public string UsernameStr;
    /// <summary>
    /// 预设密码
    /// </summary>
```

```csharp
public string PasswordStr;
/// <summary>
/// 登录按钮
/// </summary>
public Button LoginButton;
/// <summary>
/// 账号输入框
/// </summary>
public InputField UsernameInput;
/// <summary>
/// 密码输入框
/// </summary>
public InputField PasswordInput;
/// <summary>
/// 注册按钮
/// </summary>
public Button RegisterBtn;
/// <summary>
/// 忘记密码按钮
/// </summary>
public Button ForgetPwdBtn;
/// <summary>
/// 程序运行时执行,只执行一次
/// </summary>
void Awake()
{
    //动态添加登录按钮单击后触发的函数 LogionBtnClick
    LoginButton.onClick.AddListener(LogionBtnClick);
    //动态添加注册按钮单击后触发的函数 RegisterClick
    RegisterBtn.onClick.AddListener(RegisterClick);
    //动态添加忘记密码按钮单击后触发的函数 RegisterClick
    ForgetPwdBtn.onClick.AddListener(ForgetPwdClick);
}
/// <summary>
/// 单击忘记密码时触发
/// </summary>
private void ForgetPwdClick()
{
    Debug.Log("忘记密码");
}
/// <summary>
/// 单击注册时触发
/// </summary>
private void RegisterClick()
{
    Debug.Log("免费注册");
}
/// <summary>
/// 每一帧都会执行
/// </summary>
```

```csharp
        void Update()
        {
            //判断用户名、密码的输入框内容是否为空

            //如果用户名输入框及密码输入框中均输入了内容
            if (!String.IsNullOrEmpty(UsernameInput.text)
&& !String.IsNullOrEmpty(PasswordInput.text))
            {
                //打开登录按钮的可交互性,此时登录按钮可以单击
                LoginButton.interactable = true;
            }
            //用户名输入框或者密码输入框内容为空
            else
            {
                //关闭登录按钮的可交互性,此时登录按钮不可被单击
                LoginButton.interactable = false;
            }
        }
        //当用户单击登录按钮时执行这个函数
        private void LogionBtnClick()
        {
            //判断用户名输入框及密码输入框内容是否与预设内容一致

            //如果一致
            if (UsernameInput.text == UsernameStr && PasswordInput.text == PasswordStr)
            {
                //控制台输出"登录成功"
                Debug.Log("登录成功");
            }
            //如果不一致
            else
            {
                //控制台输出"你输入的密码和账户名不匹配"
                Debug.LogError("你输入的密码和账户名不匹配");
            }
        }
    }
```

步骤06 指定 PassWordPage 物体属性中 LoginControl 组件的 Login Button(登录按钮)、Username Input(用户名输入框)、Password Input(密码输入框)、Register Btn(免费注册按钮)、ForgetPwd Btn (忘记密码按钮)这几个参数,如图 3-58 所示。

步骤07 验证脚本程序是否正确。

① 运行程序,Game 视图中的登录按钮处于不可交互状态,按钮不能被单击,如图 3-59 所示。

② 当用户名输入框及密码输入框均有输入的内容时,登录按钮处于可交互状态,如图 3-60 所示。

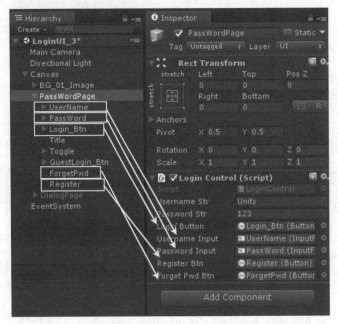

图 3-58 设置 LoginControl 脚本

图 3-59 不可交互

图 3-60 可交互

③ 当输入的用户名或密码与预设不一致时，控制台输出错误，内容为"你输入的密码和账户名不匹配"，如图 3-61 所示。

④ 当输入的用户名或密码与预设一致时，控制台输出"登录成功"，注意区分字母大小写，如图 3-62 所示。

⑤ 单击免费注册时，控制台输出"免费注册"。

⑥ 单击忘记密码时，控制台输出"忘记密码"。

图 3-61 不匹配

图 3-62 登录成功

3.2.5 游客登录设置

现在很多游戏都设置有游客登录的选项。在这里我们设定,若使用游客登录,将弹出一个提示框,提示用户尽快绑定账号,以保证账号安全,如图3-63所示。

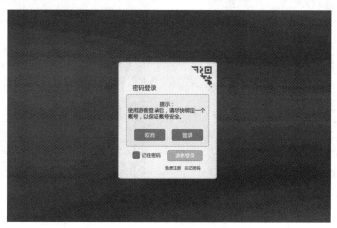

图 3-63　界面展示

步骤01　创建一个 UI 拦截层,防止鼠标单击事件单击到弹出的提示框下层的按钮。这里创建拦截层的方式使用最简单的一种。创建一个全屏自适应的 Image 控件,对这个控件不用指定任何 Sprite。在 Hierarchy 面板中依次单击"Create→UI→Image",将创建的 Image 控件命名为 DialogPage 并设置为 Canvas 的子物体。

步骤02　设置 DialogPage 物体属性中 Rect Transform 组件的 Anchor Presets 为全屏自适应,设置 Image(Script)组件的 Color 为 "R:255,G:255,B:255,A:0",让 Image 不再显示。

步骤03　创建提示框的背景图片,在 Hierarchy 面板中依次单击"Create→UI→Image",将创建的背景图片命名为 Dialog_BG,并设置为 DialogPage 的子物体。

步骤04　设置 Dialog_BG 物体属性 Image(Script)组件中的 Source Image 为 Background,并设置该物体的大小与位置,具体的设置参数如图 3-64 所示。

步骤05　创建弹出框的提示文字,在 Hierarchy 面板中依次单击"Create→UI→Text",将提示文字命名为 Dialog_Tip,并设置为 DialogPage 的子物体。

步骤06　设置 Dialog_Tip 物体属性 Text(Script)组件中的 Text 内容为"提示:使用游客登录后,请尽快绑定一个账号,以保证账号安全。",并设置该物体的大小与位置,具体的设置参数如图 3-65 所示。

步骤07　创建游客登录按钮,复制 PassWordPage 物体中的子物体 Login_Btn,将其设置为 DialogPage 的子物体,并命名为 Dialog_Login。

步骤08　设置 Dialog_Login 物体的大小与位置,具体的设置参数如图 3-66 所示。

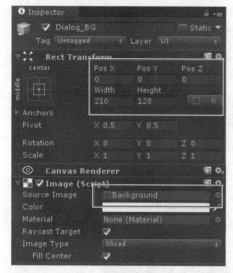

图 3-64 设置 Dialog

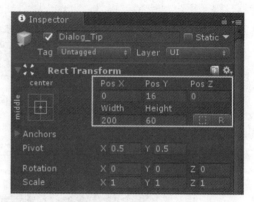

图 3-65 设置 Dialog_Tip

步骤 09 创建取消按钮。复制 Dialog_Login 并命名为 Dialog_Cancel,然后设置该物体的大小与位置,具体的设置参数如图 3-67 所示。设置其子物体 Text 属性 Text(Script)的 Text 文本显示内容为"取消"。

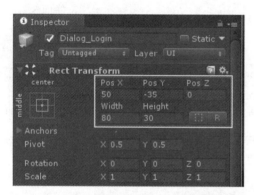

图 3-66 设置 Dialog_Login

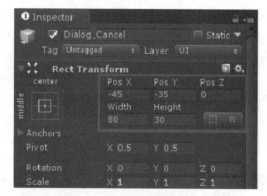

图 3-67 设置 Dialog_Cancel

至此,提示框制作完毕,在Hierarchy面板中的层级如图3-68所示。

图 3-68 展示层级关系

步骤 10 完成游客登录的功能。

① 将 DialogPage 物体设置为隐藏,在一般模式下不可见,如图 3-69 所示。

图 3-69 设置 DialogPage 状态

② 创建一个 C#脚本,命名为 GuestLogin,放入 Scripts 文件夹内,双击以打开并编辑该脚本。

```
using System;
using System.Collections;
using System.Collections.Generic;
using UnityEngine;
//UGUI所在命名空间
using UnityEngine.UI;
public class GuestLogin : MonoBehaviour {
    /// <summary>
    /// 游客登录按钮
    /// </summary>
    private  Button guestloginBtn;
    /// <summary>
    /// 提示框
    /// </summary>
    public GameObject GuestLoginGo;
    /// <summary>
    /// 提示框中取消按钮
    /// </summary>
    public Button CancelBtn;
    /// <summary>
    /// 提示框中登录按钮
    /// </summary>
    public Button LoginBtn;
    void Awake()
    {
        // 指定游客登录按钮为本脚本所挂载物体自身的按钮
        guestloginBtn = this.GetComponent<Button>();
        // 当单击游客登录按钮时,触发 GuestLoginBtnClick函数
        guestloginBtn.onClick.AddListener(GuestLoginBtnClick);
        // 当单击提示框中的取消按钮时,触发 CancelBtnClick函数
        CancelBtn.onClick.AddListener(CancelBtnClick);
        // 当单击提示框中的登录按钮时,触发 LoginBtnClick函数
        LoginBtn.onClick.AddListener(LoginBtnClick);
    }
    /// <summary>
    /// 单击提示框中的登录按钮时,控制台输出"游客登录成功"
    /// </summary>
    private void LoginBtnClick()
```

```
{
    Debug.Log("游客登录成功");
}
/// <summary>
/// 单击提示框中的取消按钮时,隐藏提示框
/// </summary>
private void CancelBtnClick()
{
    GuestLoginGo.SetActive(false);
}
/// <summary>
/// 单击游客登录按钮时,显示提示框
/// </summary>
private void GuestLoginBtnClick()
{
    GuestLoginGo.SetActive(true);
}
}
```

③ 将新建的 GuestLogin 脚本拖曳到 GuestLogin_Btn 物体上,并设置参数,如图 3-70 所示。

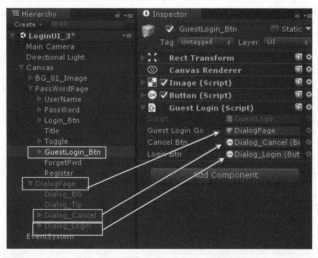

图 3-70 设置"GuestLogin"脚本

步骤 11 验证脚本程序是否正确。

① 运行程序,单击"游客登录"按钮,弹出提示框。
② 单击提示框中的"登录"按钮,控制台输出"游客登录成功"。
③ 单击提示框中的"取消"按钮,提示框将会被隐藏。
④ 当提示框显示时,密码登录界面的按钮不可被单击。

3.2.6 创建二维码登录界面

前面已经创建了密码登录界面,并实现了密码登录的功能。本小节开始创建二维码的登录界面。

步骤 01 在 Hierarchy 面板中创建一个空物体 Empty，把空物体命名为 QRCodePage，并设置为 Canvas 的子物体。将其属性 Rect Transform 组件中的 Anchor Presets 设置为自适应全屏。

步骤 02 创建二维码图片。在 Hierarchy 面板中创建一个 Image，设置为 QRCodePage 的子物体，并将这个 Image 命名为 QRCode。设置其属性 Image（Script）中的 Source Image 为名为 QRCode 的图片，并设置控件的大小及位置信息，如图 3-71 所示。

步骤 03 创建切换到密码登录页面的按钮。在 Hierarchy 面板中创建一个 Image，设置为 QRCodePage 的子物体，并将这个 Image 命名为 SwitchToPwd_Image。设置其属性 Image（Script）中的 Source Image 为名为 Switch_Desktop 的图片。设置控件的大小及位置信息，如图 3-72 所示，并在其属性面板中添加 Button 组件。

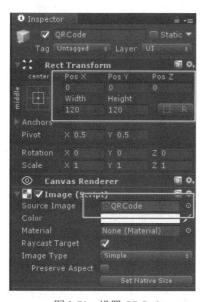
图 3-71 设置 QRCode

图 3-72 设置 SwitchToPwd_Image

步骤 04 创建扫一扫的图标。在 Hierarchy 面板中创建一个 Image，设置为 QRCodePage 的子物体，并将这个 Image 命名为 QR。设置其属性 Image（Script）中的 Source Image 为名为 QR_Icon 的图片。设置控件的大小及位置信息，如图 3-73 所示。

步骤 05 创建扫一扫的文字描述。在 Hierarchy 面板中创建一个 Text 控件，命名为 QR_Text，设置为 QRCodePage 的子物体。设置其属性 Text（Script）中的 Text 显示文字内容为"扫一扫登录"，Font Size 为 11，并设置控件的大小以及位置信息，如图 3-74 所示。

步骤 06 创建本页面的标题文字，在 Hierarchy 面板中创建一个 Text 控件，命名为 Title，设置为 QRCodePage 的子物体。设置其属性 Text（Script）中的 Text 显示文字内容为"手机扫码, 安全登录"，Font Size 为 16，并设置控件的大小及位置信息，如图 3-75 所示。

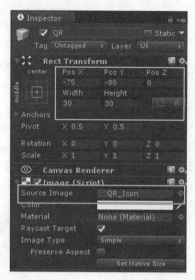

图 3-73　设置 QR

图 3-74　设置 QR_Text

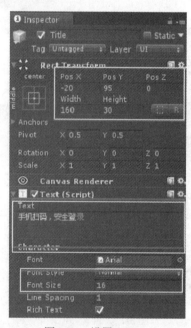

图 3-75　设置 Title

步骤 07　创建二维码登录页面的免费注册按钮。在 Hierarchy 面板中找到并复制 Register 物体，命名为 Register，设置为 QRCodePage 的子物体。

步骤 08　创建密码登录按钮，复制上一步中创建的 Register 物体，命名为 SwitchToPwd_Text。设置属性中 Text（Script）的 Text 显示内容为"密码登录"，并设置控件的大小及位置信息，如图 3-76 所示。

二维码登录界面制作完毕，在 Hierarchy 面板中的层级关系如图 3-77 所示。在 Game 视图中的显示效果如图 3-78 所示。

第 3 章 UGUI 入门 | 81

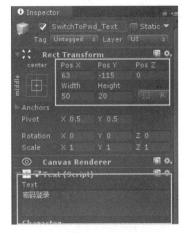

图 3-76 设置 SwitchToPwd_Text

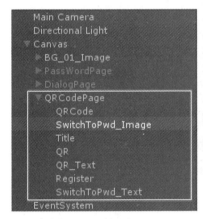

图 3-77 层级展示

图 3-78 界面展示

3.2.7 二维码登录与密码登录切换

在前面几小节中,界面已经被创建完成。本小节将制作二维码登录界面与密码登录界面之间的切换。

步骤 01 创建用于切换的脚本,在 Project 面板中创建 C# Script,命名为 LoginTypeSwitch,将该脚本放入 Scripts 文件夹内。

步骤 02 双击打开 LoginTypeSwitch 脚本,在该脚本中编辑一段代码:

```
using UnityEngine;
using UnityEngine.UI;

public class LoginTypeSwitch : MonoBehaviour
{
    /// <summary>
    /// 密码登录界面
    /// </summary>
```

```csharp
public GameObject PasswordPage;
/// <summary>
/// 二维码登录界面
/// </summary>
public GameObject QRCodePage;
/// <summary>
/// 切换到二维码的按钮
/// </summary>
public Button SwitchToQR;
/// <summary>
/// 切换到密码登录的图片按钮
/// </summary>
public Button SwitchToPwd_Image;
/// <summary>
/// 切换到密码登录的文字按钮
/// </summary>
public Button SwitchToPwd_Text;
void Start()
{
    //初始化时,隐藏二维码登录界面
    QRCodePage.SetActive(false);
    // 单击切换到密码登录的图片按钮时,触发 ShowPasswordPage函数
    SwitchToPwd_Image.onClick.AddListener(ShowPasswordPage);
    // 单击切换到密码登录的文字按钮时,触发 ShowPasswordPage函数
    SwitchToPwd_Text.onClick.AddListener(ShowPasswordPage);
    // 单击切换到二维码的按钮时,触发 ShowQRCodePage函数
    SwitchToQR.onClick.AddListener(ShowQRCodePage);
}
/// <summary>
/// 切换到二维码页面
/// </summary>
private void ShowQRCodePage()
{
    //密码登录页面隐藏
    PasswordPage.SetActive(false);
    //二维码登录页面显示
    QRCodePage.SetActive(true);
}
/// <summary>
/// 切换到密码登录页面
/// </summary>
private void ShowPasswordPage()
{
    //二维码登录页面隐藏
    QRCodePage.SetActive(false);
    //密码登录页面显示
    PasswordPage.SetActive(true);
}
}
```

步骤 03 创建一个空物体，用以挂载切换脚本。在 Hierarchy 面板中创建一个 Empty，命名为 LoginTypeSwitch，在其属性面板中添加上一步创建的脚本。

步骤 04 设置脚本中涉及的参数，如图 3-79 所示。

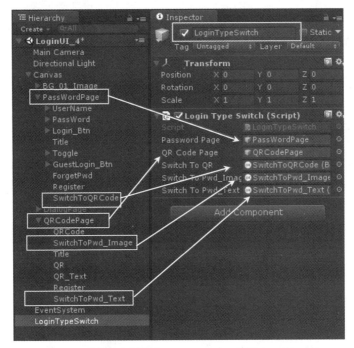

图 3-79　设置 LoginTypeSwitch 脚本

步骤 05 验证脚本程序是否正确。

① 运行程序，二维码登录界面被隐藏。

② 单击密码登录界面右上方的按钮后，如图 3-80 所示，密码登录界面被隐藏，二维码登录界面显示。

③ 单击二维码登录界面中右上方的按钮或者右下方的密码登录文字，如图 3-81 所示。二维码登录界面将被隐藏，密码登录界面将显示。

图 3-80　密码界面

图 3-81　二维码登录界面

3.3 使用可视化工具 Bolt 开发 FlappyBird 案例

3.3.1 FlappyBird 简介及设计

FlappyBird 是一款操作功能简单但可玩度很高的游戏，在游戏中，玩家必须控制一只胖乎乎的小鸟跨越由各种不同长度水管所组成的障碍。这款游戏上手容易，但是想通关却不简单。尽管没有精致的动画效果，没有有趣的游戏规则，没有众多的关卡，却火了一把，下载量突破 5000 万次。

操作指南：在 FlappyBird 这款游戏中，玩家只需要用鼠标左键来操控，单击屏幕，小鸟就会往上飞，不断地单击就会不断地往高处飞。若不单击，则会快速下降。所以玩家要控制小鸟一直向前飞行，然后注意躲避途中高低不平的管子。

- 在游戏开始后，单击屏幕，要记住是有间歇的单击鼠标，不要让小鸟掉下来。
- 尽量保持平和的心情，点的时候不要下手太重，尽量注视着小鸟。
- 游戏的得分是，小鸟安全穿过一个柱子且不撞上就是 1 分。当然，撞上就直接结束游戏，只有一条命。

在本案例中需要实现的功能如下。

- 开始游戏的界面，如图 3-82 所示。单击图中的 Tap 按钮，进行游戏。

图 3-82 开始界面展示

- 制作天空背景及地面背景的循环展示功能。
- 单击控制小鸟的飞行。
- 由程序动态添加水管障碍物，如图 3-83 所示。
- 添加小鸟的分数以及死亡判断功能。
- 制作小鸟死亡，游戏结束的界面以及重新开始的功能，如图 3-84 所示。

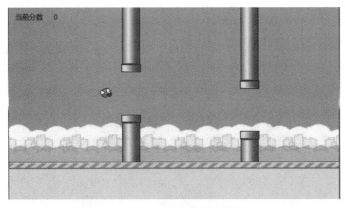

图 3-83　游戏过程展示

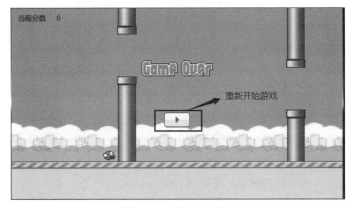

图 3-84　重新开始游戏

本案例旨在让读者了解 Unity 中的另一大功能——2D 游戏的制作，通过本案例可以学习：

- Unity 可视化编程工具 Bolt。
- 动态控制材质球的 UV 运动。
- Sprite 的单击事件。
- 2D 碰撞体、2D 触发器、2D 刚体等的使用。
- Prefab 的制作及 Prefab 的动态加载。
- 场景的动态加载。

案例中所用的所有资源及工程文件均在下载资源的 "3/3.3" 文件夹内。

3.3.2　Unity 可视化编程工具 Bolt

Bolt 是 Unity 的一个可视化编程插件，允许用户直接为游戏或应用编写逻辑，可以略过编程过程。软件带有节点式的编辑图表，即使非程序员都能用它来制定总体逻辑或快速搭建起原型。Bolt 还带有一个专门的 API，让程序员能编写高级行为、制作自定义节点、打造自己的程序为他人所用，如图 3-85 所示。

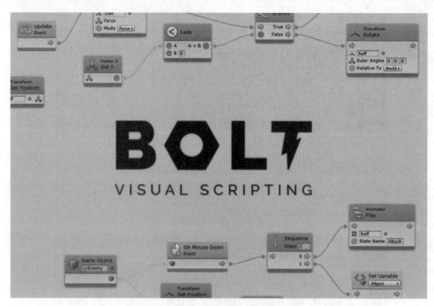

图 3-85　Bolt 的可视化编程插件

1. Bolt 的安装与配置

我们可以在 Unity 中的 Asset Store 中搜索 Bolt 进行下载，也可以通过网页找到资源，地址为 https://assetstore.unity.com/packages/tools/visual-scripting/bolt-163802。

步骤 01　将下载好的 Bolt 资源导入 Unity，如图 3-86 所示。

步骤 02　安装 Bolt，双击 Unity Project 面板中的 Install Bolt 中的 Bolt_1_4_13_NET4 文件，将 Bolt1.4.13 Net4 版本导入 Unity，如图 3-87 所示。

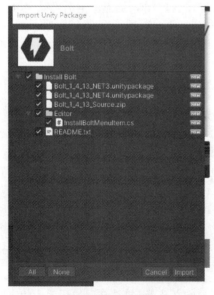

图 3-86　导入资源　　　　　　　　图 3-87　导入 Bolt1.4.13 Net4 版本

步骤 03　进入 Bolt 设置界面，如图 3-88 所示。

图 3-88　Blot 设置界面

① 单击 Next 按钮，进入 Naming Scheme（命名风格）选择界面，在其中有两种命名风格（见图 3-89）：

- Human Naming：普通人常规命名。
- Programmer Naming：程序员常规命名。

图 3-89　命名风格选择界面

在此案例中，我们以 Programmer Naming 为例。

② 进入 Assembly Options（程序集选项）界面，在此可以通过单击 "+" 号来增加第三方插件的程序集，如图 3-90 所示。一般情况下，我们保持默认选项，单击 Next 按钮进入下一步。

③ 进入 Type Options（变量选项）界面，Bolt 已默认添加了常用的变量。若有需要添加一些自定义的类（Class）或者结构体（Struct），可以通过单击 "+" 号来增加，如图 3-91 所示。单击 Generate 按钮生成配置。

④ 单击 Close 按钮完成对 Bolt 的设置。我们也可以通过菜单栏对 Bolt 的设置进行更改。依次选择菜单栏中的"Tools→Bolt→Setup Wizard..."进行重新配置。

图 3-90 程序集选项界面

图 3-91 变量选项界面

2. Bolt 基础

（1）Machines（机）

Machines是在Unity中给Game Object（游戏对象）添加的Bolt组件，其中可以分为两种：Flow Machines（流程机）与State Machines（状态机）。其添加方式为：选中场景中的某一个Game Object，在Inspector面板中单击Add Component添加组件按钮，在输入框中依次选择"Bolt→Flow Machines"或者State Machines，如图3-92所示。

- Flow Machines 是一套从前到后或者说是从上到下执行的瀑布式逻辑。比如"当触发或者发生了某种情况，我应该做一些什么事情，按照什么顺序来做这些事情"，如图 3-93 所示。

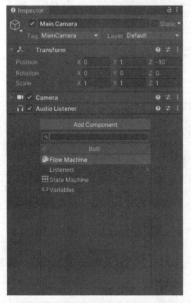

图 3-92　选择 Flow Machines　　　　图 3-93　Flow Machines

- State Machines 反应的是当一个事物有很多种状态，到达某一种情况时，触发其中的一些状态。比如"门有两种状态，分别是打开门和关闭门。当角色抵达门时，触发打开门这个状态。当角色离开门，触发关闭门这个状态。"状态机就是拿来解决"我现在的行为是什么，触发什么状态"，如图3-94所示。

图3-94　State Machines

通过上面两幅图的对比，我们不难发现流程机与状态机的参数基本一致，都有一个共同需要设置的参数：Source（来源），其中包含Macro（宏式）以及Embed（嵌入式）。

- Macro是一种可以重复使用的类型，保存在 Asset 文件夹中。可以在多个不同的 Machines 中被使用。创建 Macro 的方式为：在 Project 面板中右击空白处，依次选择"Create→Bolt →（Flow/State）Macro"。建议将创建的宏文件放入统一的文件夹中，以方便管理，如图3-95所示。

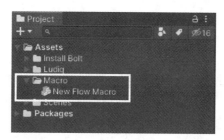

图3-95　创建Macro

- Embed是只能被当前Machines使用的类型。

Macro与Embed的区别如下：

① Macro可以被多个不同的Machines使用，而Embed只能被当前Machines使用。
② 如果删除Machines组件，Macro会被保留而Embed会一起被删除。

我们应该如何选择Macro与Embed？具体如下：

① 当前只使用一次时，可以选择Embed。
② 对于在多个Machines中都需要使用时建议选择Macro。

（2）Graphs（图表）

Graphs是对整个逻辑的可视化视觉表现形式，也是Bolt的核心内容。在Flow Machines中的Graphs对应的是Flow Graphs（流程图表），而在State Machines中Graphs对应的是State Graphs（状态图表）。

- Flow Graphs是一堆以特定的顺序连接着的单元和值。其中有一个或多个的起点,比如Start、On Button Input,代表着触发了这些条件后,将执行这些条件后的一系列逻辑操作,如图3-96所示。

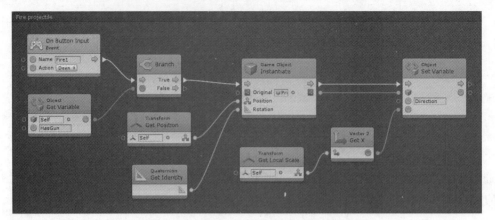

图 3-96　流程图表

- State Graphs 是在其中创建状态以及这些状态之间的互相转换，如图 3-97 所示。

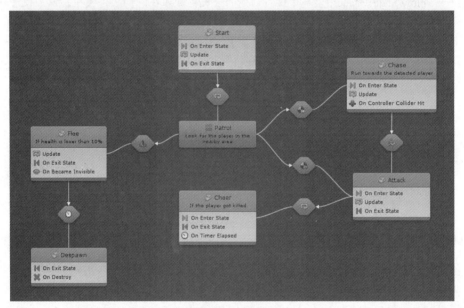

图 3-97　状态图表

（3）Unit（单元）

Unit是Bolt中一个基本的组成元素，它们可以在流程图中被表示为具有输入和输出的结点。一个Unit代表着一个操作命令，多个Unit按照一定的顺序组合起来就可以实现某个程序功能。在Bolt中已经有超过23000个不同的Unit，其中包括了整个的Unity脚本API，以及自定义脚本或者第三方插件的方法和类，还有一些数学运算、逻辑、变量、循环和事件等。

- 创建单元

在超过23000个Unit中，创建所需的Unit可不是一件容易的事情。但是Bolt为我们提供一种类似为Unity添加脚本的方法"模糊查找器"。

在Graph窗口的空白处右击，即可打开查找器，如图3-98所示。

图 3-98　打开查找器

例如，我们添加一个简单的相加——Add。

在打开查找器后，有两种方式可以找到需要的Unit。

① 通过分类来选择。在"模糊查找器"中依次选择"Math→Scalar→Add"，如图3-99所示。
② 在输入框中输入Unit的名称，如图3-100所示。

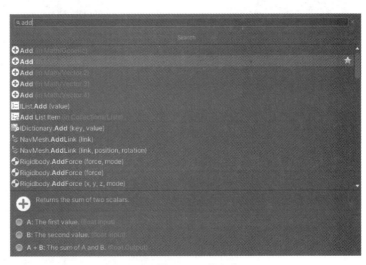

图 3-99　选择 Add　　　　　　图 3-100　输入 Unit 的名称

最终在空白处得到需要的Unit。此时Add这个单元处于灰色暗淡的状态，这是Bolt的提示功能，此Unit尚未被使用，如图3-101所示。此功能方便帮助查看Graph中哪些Unit处于未使用状态，我们也可以通过单击Graph窗口右上角的Dim按钮将此功能关闭。

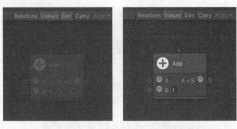

图 3-101　查看 Unit 是否被使用

- 重载

在使用第二种创建 Unit 的方法时不难发现在输入 Add 之后，罗列出了 5 个 Add，如图 3-102 所示。通过单元括号中的内容可以发现，每个 Add 单元的使用类型都不一样（见图 3-103），我们称这种某些单元有多重变化的形态为重载。

图 3-102　罗列了 5 个 Add

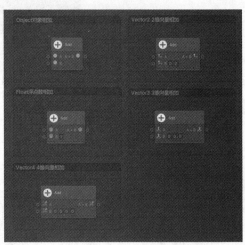

图 3-103　5 种 Add 的类型

- 查看单元属性

① 选择有多个重载的 Unit 时，可以通过"模糊查找器"下方的提示进行筛选。例如，需要一个三维向量相加的 Unit，如图 3-104 所示。

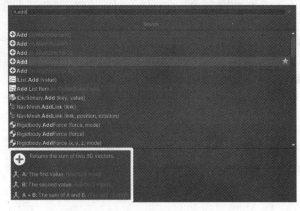

图 3-104　需要三维向量相加的 Unit

② 在Graph中有很多重载的Unit，或者不清楚某个Unit单元的用法时，可以通过选择该Unit在Graph Inspector面板中查看其属性，如图3-105所示。

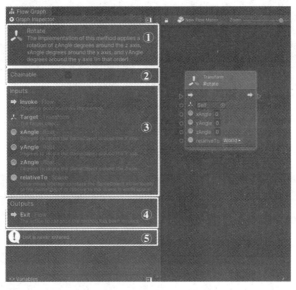

图3-105　查看Unit的属性

- 在图顶部的标注区域可以看到该Unit的标题和简介，描述了该单元实现的功能。
- 在下方的第2个标注区域是该Unit的设置，每个Unit的设置内容都不尽相同。
- 在第3个标注区域是该Unit的详细描述区域，包括了每个参数的名称、类型以及解释。
- 在第4个标注区域是Unit的输出描述。
- 在第5个标注区域，Bolt将显示该单元的所有警告信息。在此警告内容为该单元从未被使用过。

（4）Connections（连接）与 Ports（接口）

前面介绍了什么是Unit，这里将学习如何使用Unit。以之前使用的Rotate单元为例，如图3-106所示。

图3-106　Rotate单元

- 三角形图表所指的箭头部分，是单元输入与单元输出，用于连接不同的Unit。以图3-107为例，当程序开始时先执行Rotate单元，执行结束后再继续执行Translate单元。

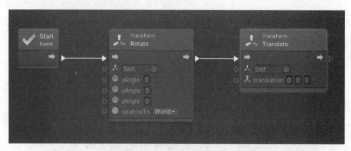

图 3-107　单元输入与输出

- 圆形图标后的图标是各种不同含义的 Ports，用来传递或者设置数据的端口，如图 3-108 所示。

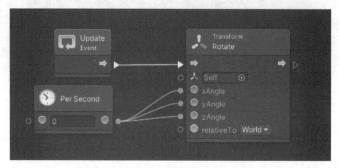

图 3-108　用来传递或者设置数据的端口

3. 实战第一个 Bolt 流程

通过前面的学习，我们对 Bolt 已有了初步的认知。现在将进入 Bolt 的第一个实战课程，先以 C# 脚本的方式来实现地球绕着太阳公转，公转的同时又在自转。通过这个小小的案例来进一步熟悉 Bolt。

步骤 01 在 Unity 场景中创建两个 Sphere 小球，分别命名为 Sun（太阳）与 Earth（地球）。将 Sun 的坐标都归为默认值，使其处于场景的正中心的位置，如图 3-109 所示。

将 Earth 拖曳到离 Sun 有一点距离的地方，将其缩小到 0.5，模拟地球远离太阳，如图 3-110 所示。

图 3-109　设置 Sun 的坐标

图 3-110　设置 Earth 的坐标

步骤 02 在 Unity 的 Project 面板中，创建名为 Materials 的文件夹，用以存放材质球。在 Materials 文件夹中创建名为 Sun 和 Earth 的两个材质球。

① 将 Sun 材质球的 Albedo 固有色设置为红色，将 Earth 材质球的 Albedo 固有色设置为蓝色。

② 将 Sun 材质球设置成场景中 Sun 物体的材质。
③ 将 Earth 材质球设置为场景中 Earth 物体的材质，如图 3-111 所示。

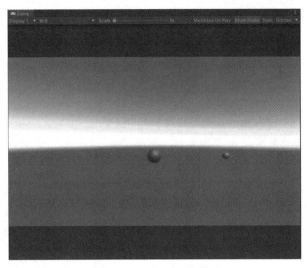

图 3-111　设置不同的材质

步骤 03　使用传统的 C#脚本实现地球绕着太阳公转，公转的同时又在自转。
① 在 Project 面板中创建名为 Scripts 的文件夹，用以存放 C#脚本。
② 在 Scripts 文件夹中创建名为 Rotate 的 C#脚本。
③ 将 Rotate 脚本拖曳到场景中的 Earth 物体上。
④ 双击 Rotate 脚本进行编辑。

```
using UnityEngine;

public class Rotate : MonoBehaviour
{
    /// <summary>
    /// 太阳
    /// </summary>
    public GameObject SunGo;
    /// <summary>
    /// 自转速度
    /// </summary>
    public float SelfSpeed;
    /// <summary>
    /// 公转速度
    /// </summary>
    public float WordSpeed;
    private void Start()
    {
    }
    // Update is called once per frame
    private void Update()
    {
```

```
        //物体绕着自身进行自转
        transform.Rotate(Vector3.down, SelfSpeed * Time.deltaTime, 
Space.Self);
        //物体绕着太阳的上方向进行公转
transform.RotateAround(SunGo.transform.position,Vector3.up,WordSpeed*
Time.deltaTime);
    }
}
```

⑤ 将 Rotate 脚本的 SunGo 属性指定为场景中的 Sun 物体,将 Self Speed(自转速度)设置为 30,将 World Speed(公转速度)设置为 3,如图 3-112 所示。

⑥ 运行程序,能发现 Earth 在绕着 Sun 旋转,同时 Earth 也在自转。

步骤 04 新建 Flow Machine 实现脚本功能。

① 在场景的 Main Camera 物体上添加名为 Flow Machine 的脚本。

② 单击 Flow Machine 组件的 New 按钮,在 Project 面板的 macro 文件夹内新建一个名为 Rotate 的流程机,如图 3-113 所示。

③ 单击 Edit Graph 按钮对流程机进行编辑,能够发现在流程机中已经有了两个单元,Start 和 Update,分别对应 C# 脚本中的 Start 函数和 Update 函数,如图 3-114 所示。

图 3-112 设置 Rotate 相关属性

图 3-113 新建名为 Rotate 的流程机

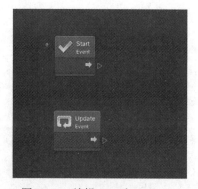

图 3-114 编辑 Start 和 Update

步骤 05 实现地球的自转功能。

① 在流程机空白处右击,通过输入关键字 Rotate 新建实现物体旋转的 Unit 单元 Transform Rotate(axis,angle,relativeTo),不难发现该 Unit 单元有 4 个参数,分别为 Target(旋转目标)、axis(轴)、angle(旋转角度)和 relativeTo(参考),如图 3-115 所示。

② 在 Variables 面板中的 Object 类中添加一个新的名为 Earth 的变量，如图 3-116 所示。

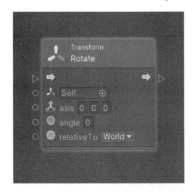

图 3-115　设置 Transform Rotate 参数

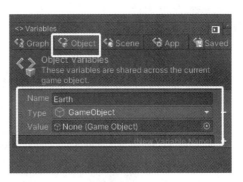

图 3-116　添加 Earth 变量

③ 在 Main Camera 的 Inspector 面板的 Variables 组件中指定 Earth 变量的类型为 Game Object，并指定 Value 为场景中的 Earth 物体。这样我们在流程机中就得到了外部的物体 Earth，如图 3-117 所示。

④ 在流程机的 Variables 面板中将 Earth 变量拖曳到视图中，当拖曳操作完成之后，我们发现多了一个名为 "Get Variable" 的单元，如图 3-118 所示。在默认的拖曳操作中，Get 即是获取当前拖曳物体的值。

图 3-117　外部的物体 Earth

图 3-118　生成 Get Variable 单元

⑤ 将 Get Variable 单元链接到 Transform Rotate 单元的 Target 接口。将 Transform Rotate 链接到 Update 单元，如图 3-119 所示。

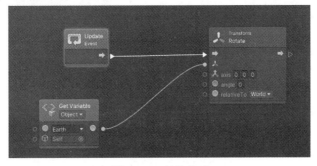

图 3-119　链接单元

⑥ 将 Transform Rotate 单元的第二个参数 axis 设置为 "0，1，0"，使其轴向为 Y 轴。

⑦ 设置 Transform Rotate 单元的第三个参数 angle。在此需要输入一个可以变化的值，让角度可以随着时间推移而增加。因此我们在空白处创建三个 Unit 单元：Time delta Time（时间）、float（速度）、Multiply（乘法）。将速度乘以时间即为物体每秒旋转的角度，如图 3-120 所示。

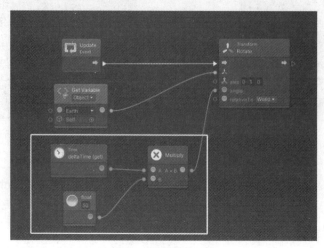

图 3-120　设置 angle

步骤 06 实现地球的公转功能。在上个步骤我们已经学会了地球的自转功能，公转是绕着太阳进行的旋转，在此需要一个新的 Unit 单元 Transform Rotate Around。

① 在流程机中创建 Transform Rotate Around 单元，并与 Transform Rotate 单元进行链接，使物体在自转的同时可以进行公转，如图 3-121 所示。

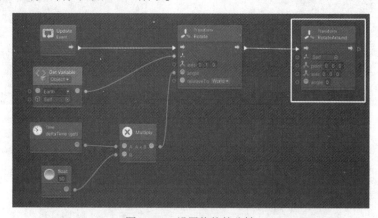

图 3-121　设置物体的公转

② 在 Transform Rotate Around 单元中需要设置 4 个参数，从上往下分别为 Target（谁需要旋转）、Point（绕着哪个位置旋转）、axis（哪个轴旋转）、angle（旋转角度）。与 Transform Rotate 单元不同的是，Point 需要指定为 Sun 物体，指定的方式和上一个步骤获取 Earth 物体的方式一样，在此不再赘述。最后公转模块如图 3-122 所示。

步骤 07 至此，Bolt 的第一个实战流程已经完成，最终 Flow Graph 流程机中的单元如图 3-123 所示。

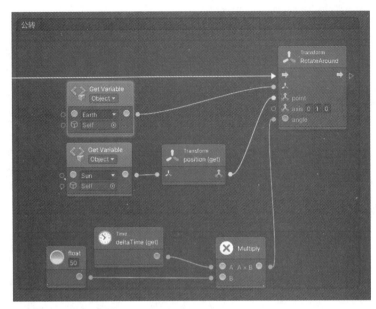

图 3-122 公转模块

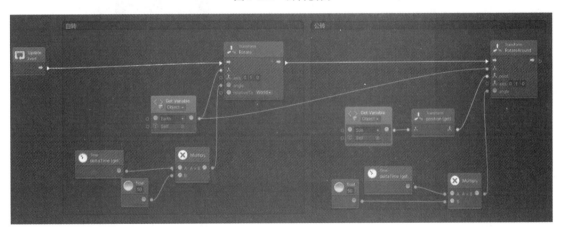

图 3-123 Flow Graph 流程机中的单元

3.3.3 背景图片的 UV 运动

通过3.3.2节已经对Bolt有了初步的认识，本小节开始创建项目工程以及使用Bolt制作背景图片的UV运动。

步骤 01 在创建项目工程的流程中需要注意的一点是，选择为 2D 项目，如图 3-124 所示。

在 Unity 中设置项目为 2D 项目除了上述方法外，还可以在 Unity 编辑器中进行设置，依次选择菜单栏中"Edit→Project Settings→Editor"，在 Inspector 面板中选择 Default Behavior Mode 为 2D，如图 3-125 所示。

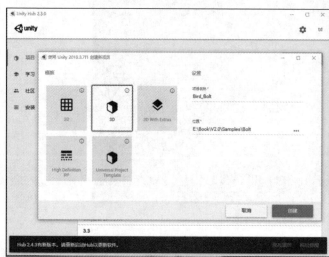
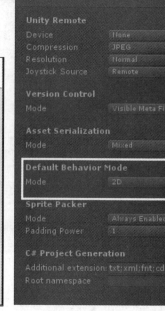

图 3-124　创建工程　　　　　　图 3-125　工程模式设置

建议使用第一种方法。如果使用第二种方法，则工程中导入的图片格式将不会自动转换成 Sprite。

步骤 02　设置 Unity 编辑器中的 Lighting 选项。

① 打开创建好的项目工程，依次选择菜单栏"Window→Lighting"，打开灯光烘焙选项。

② 设置 Ambient Source 为 Color。

③ 设置 Ambient Color 为"R:0.6，G:0.6，B:0.6"。

步骤 03　在 Unity 编辑器的 Project 面板中创建一个名为 Textures 的文件夹，用于存放图片资源。将下载资源中本案例的图片放入该文件夹内，地址为"3/3.3/素材/Texture"。在 Game 视图中设置游戏比例为"16:9"。

步骤 04　在 Project 面板中创建一个名为 Materials 的文件夹，用以存放所有新建的材质球。

① 在该文件夹内创建一个名为 Bg_Sky 的材质球，用于展示背景中的天空材质。设置材质球的 Shader 为 Legacy Shaders/Diffuse，设置材质球的图片为 bg_sky。

② 创建一个名为 Bg_Ground 的材质球，用于展示背景中的地面材质。设置材质球的 Shader 为 Legacy Shaders/Diffuse，设置材质球的图片为 bg_ground。

步骤 05　在 Hierarchy 面板中创建一个名为 BG 的空物体，用以存放所有背景图片。将物体 BG 的 Transform 属性进行重置，确保物体的位置旋转为 0，缩放比例为 1。

步骤 06　在 BG 物体下创建一个名为 Bg_Sky 的 Plane，用以显示天空。

① 设置其 Transform 属性，参数如图 3-126 所示。

② 指定材质球为 Bg_Sky，并设置材质球的 Tiling 参数，参数如图 3-127 所示。

图 3-126　设置 Transform 属性

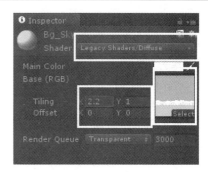

图 3-127　设置材质球

步骤 07 在 BG 物体下创建一个名为 Bg_Ground 的 Plane，用以显示背景中的地面。

① 设置其 Transform 属性，参数如图 3-128 所示。在 Position 属性中，设置 Z 轴为 –5，用于让本物体处于 Bg_Sky 物体的前方，遮挡住 Bg_Sky 物体的下半截画面。

② 指定材质球为 Bg_Ground，并设置材质球的 Tiling 参数，如图 3-129 所示。

图 3-128　设置 Transform 属性

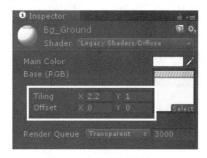

图 3-129　设置材质球

步骤 08 按照前几节的内容，导入并设置 Bolt 插件。

步骤 09 在 Project 面板中创建一个名为 Macro 的文件夹，用于存放流程机文件。

① 在 Macro 文件夹中创建一个名为 SetBGMove 的流程宏，用于控制背景图片的 UV 控制。

② 选择 Hierarchy 面板中的 Bg_Sky 与 Bg_Ground，为其添加 Flow Machine 的组件。

③ 将 Flow Machine 中的 Macro 宏设置为刚新建的 SetBGMove 宏，如图 3-130 所示。

图 3-130　新建的 SetBGMove 宏

步骤 10 编辑 SetBGMove 流程宏。为了使背景图片能够动起来，在这里使用一个名为 Material SetTextureOffset 的单元。

① 单击 Edit Graph 开始编辑流程机，在空白处添加 Material SetTextureOffset 单元。该单元有三个参数：Target 用于指定具体的材质球、name 用于指定材质的哪一张图、value 用于设置贴图的偏移值，如图 3-131 所示。

② 在 Variables 面板中的 Object 中创建两个变量：speed 变量类型为 float（浮点类型），用来控制 UV 移动的速度；offset 变量类型为 Vector2（二维向量类型），用来控制 UV 移动的方向，如图 3-132 所示。

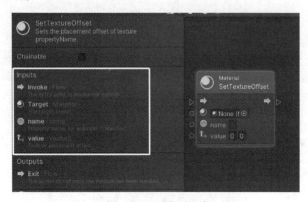 

图 3-131 编辑流程机　　　　　　　　　　　图 3-132 控制 UV 移动的方向

步骤 11 设置 Material SetTextureOffset 的参数，让背景动起来。

① 在流程机空白处添加名为 MeshRenderer material(get) 的单元，该单元用于从物体获取其材质球。在此可以获取到挂载该流程机物体 Bg_Sky 与 Bg_Ground 的材质球。将此单元与 Material SetTextureOffset 单元的 Target 接口相连接，如图 3-133 所示。

② 在流程机空白处添加名为 string literal 的单元，该单元用于文字的输入。将此单元与 Material SetTextureOffset 单元的 name 接口相连接，在单元中输入 _MainTex，用于指定材质球中的主贴图，如图 3-134 所示。

 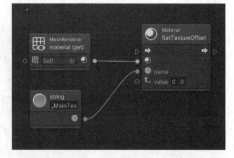

图 3-133 连接单元　　　　　　　　　　　图 3-134 指定材质球中的主贴图

③ 设置 Material SetTextureOffset 单元的 value 接口。在此我们的思路是 value 值随着时间变化而变化。实现的方法是在每一帧中偏移值等于原始的偏移值加上速度乘以增量变化的时间。我们需要用到 6 个单元：Get Variable 用来获取偏移值，Time delta Time(get) 用来获取增加时间，Multiply（乘法），Add（加法），new Vector2(x，y) 通过浮点数创建一个二维向量，Set Variable 用来设置偏移值。最后

将 offset 偏移值赋给 value 接口，如图 3-135 所示。

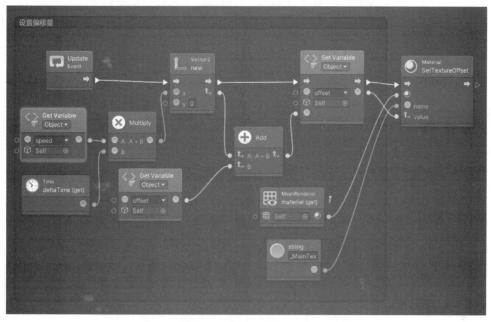

图 3-135　将 offset 偏移值赋给 value 接口

步骤 12　在场景中设置 Bg_Sky 与 Bg_Ground 两个物体的 Variables 组件的 speed（背景图片移动速度）参数，如图 3-136 所示。

图 3-136　设置背景图片移动的速度

步骤 13　保存当前场景，并验证制作结果。

① 在 Hierarchy 面板中的层级关系如图 3-137 所示。

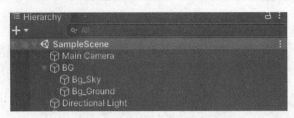

图 3-137 层级展示

② 在 Game 视图中，显示的内容如图 3-138 所示。

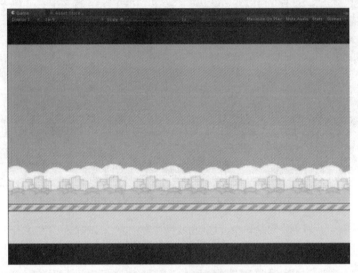

图 3-138 界面展示

③ 运行游戏，在 Game 视图中的两个背景以不同的速度向左移动。

3.3.4 完成小鸟飞行功能

本小节将完成小鸟的创建以及小鸟的飞行功能。具体操作步骤如下：

步骤 01 创建小鸟。在本案例中，小鸟是使用 Sprite 展示的。在这里介绍一种快速创建 Sprite 的方法。

① 在 Project 面板 Textures 文件夹中找到小鸟的图片 Bird。

② 将 Bird 图片拖曳到 Hierarchy 面板中，将会自动创建一个名为 Bird 的 Sprite。

步骤 02 设置 Bird 的 Transform 属性，参数如图 3-139 所示。

步骤 03 为 Bird 添加刚体组件。选中 Bird，添加 Rigidbody 2D（2D 刚体）组件，用以实现与其他物体发生碰撞、飞行等功能。

步骤 04 为 Bird 添加碰撞体组件。选中 Bird，添加"Box Collider 2D"（2D 的盒状碰撞体），设置其参数，如图 3-140 所示。

图 3-139　设置 Transform 组件

图 3-140　设置碰撞组件

步骤 05　用 Bolt 中的流程宏控制小鸟的飞行。

① 在 Project 面板 Macro 文件夹内创建一个名为 Bird 的流程宏。

② 在物体 Bird 上添加 Flow Machine 组件，并为其指定刚新建的 Bird 流程宏，如图 3-141 所示。

图 3-141　指定新建的 Bird 流程宏

③ 设置小鸟的飞行的操作为：单击，小鸟向上飞行；当不单击时，小鸟会随着重力向下飞行。为了能实现小鸟飞行的功能，需要用到 4 个 Unit：Input GetMouseButtonDown（获取鼠标的单击事件），Branch（分支），Rigidbody2D AddForce(force)（为刚体添加一个力），Vector2(x，y)（二维向量用来控制刚体的力）。

④ 设置 Input GetMouseButtonDown 单元，在 button 中输入 0。在 Unity 的鼠标事件中 0 代表左键，1 代表右键，2 代表中键。

⑤ Branch 单元是属于 Bolt 中的控制类单元，在输入端中粉色的圆形参数含义为"条件"。当条件为真时执行名为 True 的输出端，当条件为假时执行名为 False 的输出端。在此案例中，当单击鼠标左键时条件变为真，执行 True 的输出端，激活 Rigidbody2D AddForce(force) 单元，如图 3-142 所示。

步骤 06　验证制作结果、运行游戏。在 Game 视图中，每单击一次，小鸟就会上升一下，若不单击，则小鸟会一直掉落。

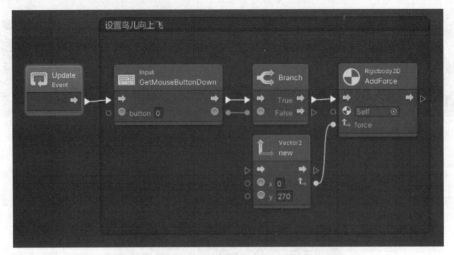

图 3-142　激活 Rigidbody2D AddForce(force)单元

3.3.5　动态添加管道障碍物

本小节将动态生成管道障碍物及控制管道障碍物的移动。具体操作步骤如下：

步骤 01　在 Hierarchy 面板中创建一个名为 Pipe 的空物体，用于存放所有的管道物体。

步骤 02　创建管道上半截的 Sprite。

① 在 Project 面板 Textures 文件夹中找到 pipe_up 图片并拖曳到 Hierarchy 面板，设置为 Pipe 的子物体。

② 设置其 Transform 属性，设置参数如图 3-143 所示。

③ 添加 Box Collider 2D 组件，设置其参数，如图 3-144 所示。

图 3-143　设置 Transform 组件　　　　图 3-144　设置碰撞组件

步骤 03　创建管道下半截的 Sprite。

① 在 Project 面板 Textures 文件夹中找到 pipe_down 图片并拖曳到 Hierarchy 面板，设置为 Pipe 的子物体。

② 设置其 Transform 属性，设置其参数，如图 3-145 所示。

③ 添加 Box Collider 2D 组件，设置其参数，如图 3-146 所示。

图 3-145　设置 Transform 组件

图 3-146　设置碰撞组件

管道Transform的Z轴为–3，让管道位于两个背景图中间，如图3-147所示。

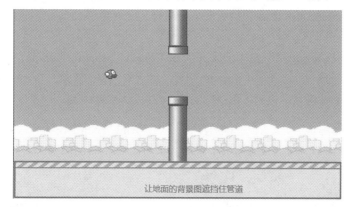

图 3-147　界面层级展示

步骤04 让管道在游戏中移动。

① 在 Project 面板 Macro 文件夹内创建一个名为 PipelineMove 的流程宏，如图 3-148 所示。

② 在物体 Pipe 上添加 Flow Machine 组件，并为其指定刚新建的 PipelineMove 流程宏。

③ 我们需要让管道一直向前移动，在 Bolt 中的实现方法和之前的背景移动的方法是一样的，在此不再赘述。

④ 把 Pipe 物体中 Variables 组件的 moveSpeed 速度设置为–1.8，如图 3-149 所示。

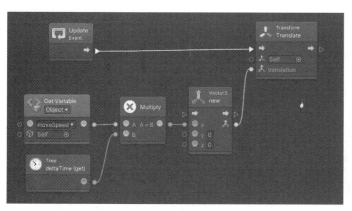

图 3-148　创建流程宏

图 3-149　设置 Pipe 组件

步骤05 创建管道的 Prefab。

① 在 Project 面板中创建一个名为 Resources 的文件夹。

② 将 Hierarchy 面板中的 Pipe 物体拖曳到 Resources 文件夹内，Hierarchy 面板中的 Pipe 物体将变为蓝色，如图 3-150 所示。

步骤06 动态批量生成管道。

① 在 Hierarchy 面板中创建一个名为 Pipelines 的空物体，重置其 Transform 组件，用于放置动态生成的所有管道。

图 3-150　创建 Prefab

② 在 Project 面板 Macro 文件夹内创建一个名为 CreatePipelines 的流程宏。

③ 在物体 Pipelines 上添加 Flow Machine 组件，并为其指定刚新建的 CreatePipelines 流程宏。

④ 分析动态批量生成管道需求，可以把功能拆分为五块进行实现。

- 每隔 3 秒生成执行一次生成管道的操作。通过 While Loop（循环单元）加 Wait For Seconds（等待单元），即可实现每隔 X 秒执行一次的效果，如图 3-151 所示。

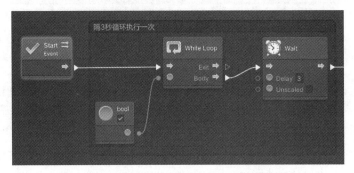

图 3-151　每隔 3 秒生成执行一次生成管道的操作

- 每次执行生成管道操作时，管道的序列自增 1。在 Variables 的 Object 变量中新建一个名为 indexName 的 Int 类型变量，用来存储管道的名称，如图 3-152 所示。每隔 3 秒当流程被激活时 indexName 的值自增 1，如图 3-153 所示。

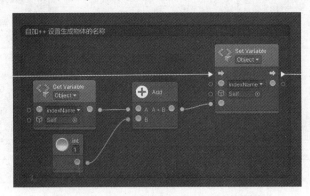

图 3-152　新建一个名为 indexName 的变量

图 3-153　每隔 3 秒当流程被激活时 indexName 的值自增 1

- 获取场景中管道的数量,若大于 4 个先销毁 1 个,使场景中的管道始终保持 4 个。在 Variables 的 Object 变量中新建一个名为 Pipelist 的 List<GameObject> 类型的物体集合变量,用来存储动态生成的管道,如图 3-154 所示。

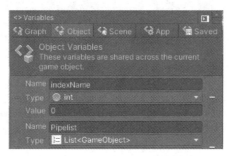

图 3-154　用来存储动态生成的管道

每 3 秒执行时,先获取 Pipelist 中的管道数量。使用 Comparison 单元对数量进行比较:若当前数量小于 3 个,则执行接下来生成管道的流程;若数量大于 3 个,则从 Pipelist 中取出第一个管道物体进行销毁并从 Pipelist 列表中删除该条记录,再执行接下来的生成管道流程,如图 3-155 所示。

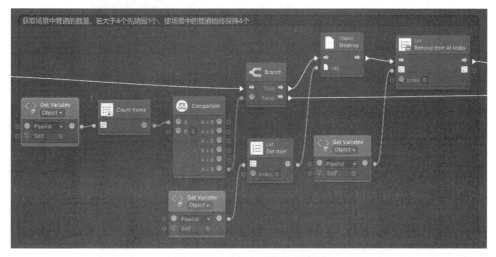

图 3-155　执行生成的管道流程

- 动态加载管道并设置管道的坐标属性。通过 Resource Load(Path) 单元选择需要从 Resource 文件夹中加载的管道,在 path 参数中填入 Pipe,即管道预制体的名称。通过 Object

Instantiate(original，position，rotation)物体实例化单元对加载的管道在场景中进行实例化生成，并设置管道的初始位置坐标与角度。在设置管道的初始坐标时，使用 Random Range(min，max)单元随机生成物体在 Y 轴上的位置，使物体有高度的变化。最后通过 Add List Item 单元，将生成的管道添加到 Pipelist 集合中进行统一管理，如图 3-156 所示。

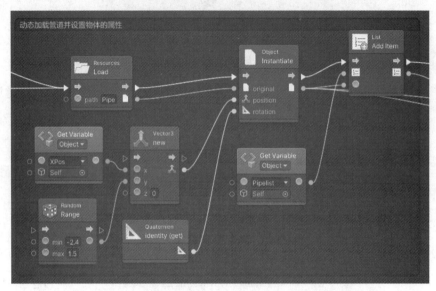

图 3-156　将生成的管道添加到 Pipelist 集合中进行统一管理

- 设置管道的父物体层级与管道的名称。通过 Transform SetParent(p)单元将动态生成的物体设置为自身的子物体，并将 indexName 设置为管道的名称，如图 3-157 所示。

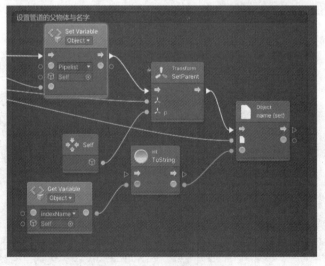

图 3-157　设置管道的名称

⑤ 将 Hierarchy 面板 Pipe 物体删除。
⑥ 完整的流程机截图如图 3-158 所示。

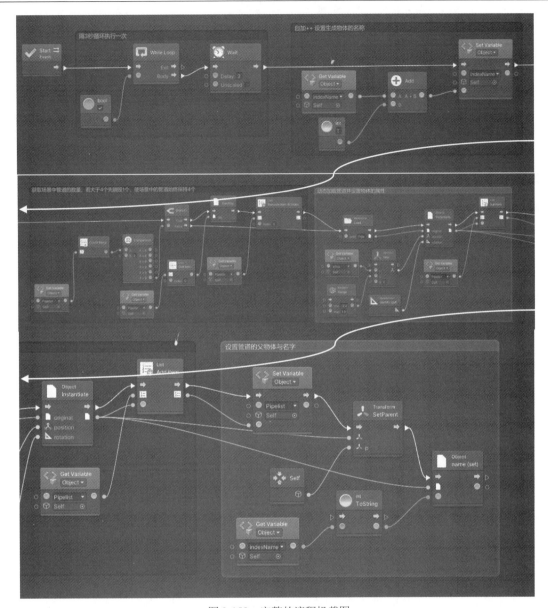

图 3-158　完整的流程机截图

步骤 07　验证制作结果。

① Hierarchy 面板中的物体如图 3-159 所示。

② Project 面板中 Resources 文件夹中的内容如图 3-160 所示。

③ 运行游戏每 3 秒会生成新的管道。管道的 Y 轴均不一样，场景中的管道一直保持在 4 个，如图 3-161 所示。

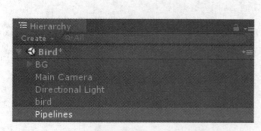
图 3-159　层级展示

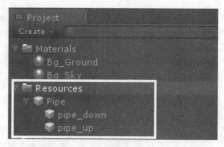
图 3-160　Resources 文件夹内容展示

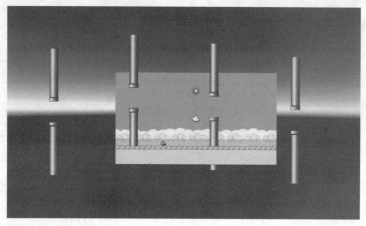
图 3-161　界面展示

3.3.6　完成小鸟得分及死亡功能

本小节将设置小鸟的得分与死亡。当小鸟穿过管道中间的空白处时加1分，若小鸟触碰到管道或界面顶端、地面则死亡。

步骤01 创建死亡与得分的两个 Tag。

① 在菜单栏中依次选择"Edit→Project Settings→Tags and Layers"。

② 在属性面板中添加 Death（死亡）与 Point（得分）两个 Tag，如图 3-162 所示。

步骤02 创建得分点。

① 选中 Project 面板中 Resources 文件夹中的 Pipe 预制体。

② 单击 Inspector 面板中的 Open Prefab 即可打开预制体，如图 3-163 所示。

③ 在 Hierarchy 面板中，创建一个名为 Point 的空物体，并设置为 Pipe 的子物体。

图 3-162　新增 Tag

④ 设置物体 Point 属性中的 Transform 参数。

⑤ 为物体 Point 添加 Box Collider 2D 组件，并设置其参数。

⑥ 设置 Box Collider 2D 碰撞体的类型为触发器。

⑦设置物体 Point 的 Tag 为 Point，如图 3-164 所示。

图 3-163　打开预制体

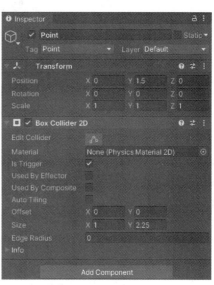

图 3-164　设置 Point

此时，Point 的碰撞体刚好处于上管道与下管道之间，如图 3-165 所示。

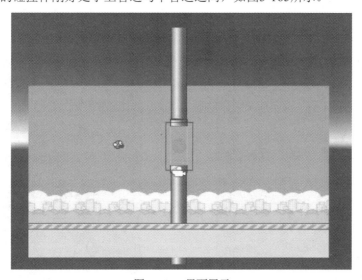

图 3-165　界面展示

步骤 03　创建管道的碰撞体。

① 选中 Hierarchy 面板中的 pipe_down 与 pipe_up 两个物体，对其添加 Box Collider 2D 组件。
② 对选中的两个物体，设置 Tag 为 Death。

步骤 04　保存对 Prefab 的更改，在 Hierarchy 面板中单击返回小三角形即可对 Prefab 进行保存，如图 3-166 所示。

图 3-166　修改 Prefab

步骤 05 添加天空与地面的碰撞体。

① 在 Hierarchy 面板中，创建一个名为 Collider 的空物体，重置 Transform 组件，当作天空和地面碰撞体的父物体。

② 创建一个名为 UpCollider 的空物体，设置为 Collider 的子物体，用以装载天空碰撞体。

③ 设置 UpCollider 的 Tag 为 Death，如图 3-167 所示。

④ 设置 UpCollider 的 Transform 属性，参数如图 3-167 所示。

⑤ 为 UpCollider 添加 Box Collider 2D 组件，设置参数如图 3-167 所示。

⑥ 创建一个名为 DownCollider 的空物体，设置为 Collider 的子物体，用以装载地面碰撞体。

⑦ 设置 DownCollider 的 Tag 为 Death，如图 3-168 所示。

⑧ 设置 DownCollider 的 Transform 属性，参数如图 3-168 所示。

⑨ 为 DownCollider 添加 Box Collider 2D 组件，设置参数如图 3-168 所示。

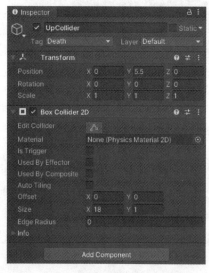

图 3-167　设置 UpCollider　　　　　图 3-168　设置 DownCollider

步骤 06 创建分数显示文字。

① 在 Hierarchy 面板中，创建一个名为 Score 的空物体，重置其 Transform 组件，当作显示分数物体的父物体。

② 创建一个名为 Tips 的 3D Text，设置为 Score 的子物体，并设置其 Transform 属性，具体的设置参数如图 3-169 所示。

③ 设置 Tips 中 TextMesh 组件显示的文字内容为"当前分数",对齐方式为居中对齐,并设置字体颜色为红色,如图 3-169 所示。

④ 创建一个名为 ScoreText 的 3D Text,设置为 Score 的子物体,并设置其 Transform 属性,设置参数如图 3-170 所示。

⑤ 设置 ScoreText 中 TextMesh 组件对齐方式为居中对齐,并设置字体颜色为红色,如图 3-170 所示。

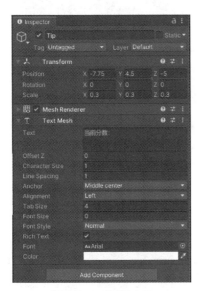 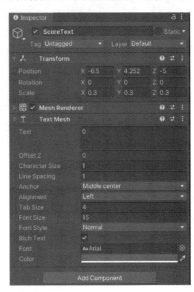

图 3-169　设置 Tips　　　　　　　图 3-170　设置 ScoreText

步骤 07　在 Bird 物体的 Flow Machine 组件中,单击 Edit Graph 按钮即可打开 Bird 流程机进行编辑。

① 判断小鸟的死亡。通过 On Collision Enter 2D 单元可以获取与小鸟碰撞物体的 Tag 是否是标记为 Death 的物体,如果是则在控制台输出"死亡"的字样,如图 3-171 所示。

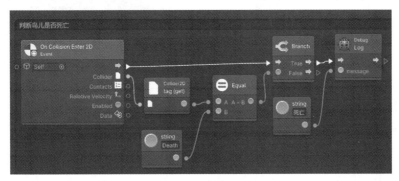

图 3-171　判断小鸟的死亡

② 判断小鸟的得分。通过 On Trigger Exit 2D 单元即可获取到小鸟穿过 Point 物体的信号。每穿过一次就将分数加 1,并将分数显示在 ScoreText 物体上。我们可以在 Variables 面板的 Object 中新建一个名为 scoreCount 的 Int 类型参数来记录当前的得分,如图 3-172 所示。

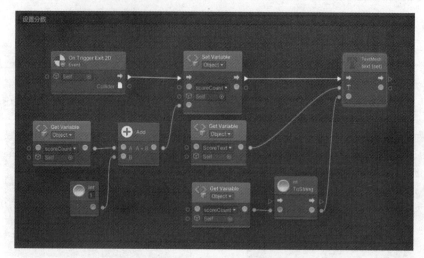

图 3-172　判断小鸟的得分

步骤 08 验证制作结果。

① 运行游戏，当小鸟碰到天空、地面、管道时，小鸟将坠落，不受控制。

② 若小鸟穿过管道，游戏视图左上角的分数将加 1 分。

③ Hierarchy 面板中物体如图 3-173 所示。

3.3.7　制作游戏开始和结束界面

通过之前几小节的学习，游戏的主体内容已经完成。本小节将完成游戏的收尾工作，主要包括：

① 制作游戏的开始界面。单击游戏开始图标，小鸟显示整个游戏开始运行。

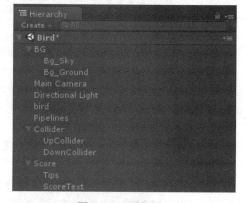

图 3-173　层级展示

② 制作游戏结束界面。当小鸟死亡时，整个游戏停止运行，显示游戏结束界面。

③ 当出现结束界面，单击开始按钮，重新开始新的游戏。

步骤 01 在 Hierarchy 面板中创建一个名为 StartGame 的空物体，重置其 Transform 组件，用以存放所有与开始游戏有关的物体。

步骤 02 创建游戏名称图标。

① 在 Project 面板 Textures 文件夹中找到 title 图片拖曳到 Hierarchy 面板，设置为 StartGame 的子物体。

② 设置其 Transform 属性，设置参数如图 3-174 所示。

步骤 03 创建开始游戏图标。

① 在 Project 面板 Textures 文件夹中找到 Start 图片并拖曳到 Hierarchy 面板，设置为 StartGame 的子物体。

② 设置其 Transform 属性。

③ 为其添加 Box Collider 2D 碰撞组件，设置参数如图 3-175 所示。

图 3-174　设置 title 的 Transform 属性

图 3-175　设置 Start

步骤 04　制作开始游戏功能。当未单击开始游戏图片时，小鸟是隐藏状态的；单击开始游戏后，小鸟被显示出来，游戏开始。

① 在 Project 面板中 Macro 文件夹内创建一个名为 StartGame 的流程宏。

② 在物体 Start 上添加 Flow Machine 组件，并为其指定刚新建的 StartGame 流程宏。

③ 在流程宏中需要建立两个变量 startGo 与 BridGo，分别指定 StartGame 和 Bird 物体，如图 3-176 所示。

④ 编辑流程宏，使用 On Mouse Down 单元按下鼠标激活整个流程。使用 Game Object SetActive 单元显示或隐藏物体，如图 3-177 所示。

图 3-176　在流程宏中建立两个变量

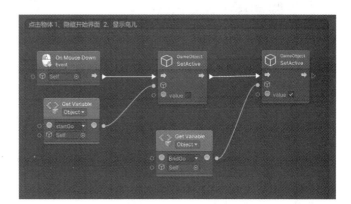

图 3-177　显示或隐藏物体

至此，开始游戏界面制作结束，效果如图3-178所示。

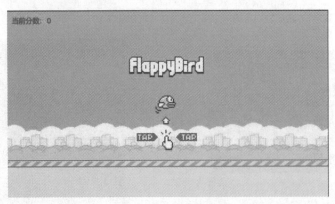

图 3-178　界面展示

步骤 05　在 Hierarchy 面板中创建一个名为 RestartGame 的空物体，重置其 Transform 组件，用以存放所有与游戏结束有关的物体。

步骤 06　创建游戏结束图标。

① 在 Project 面板 Textures 文件夹中找到 gameovertitle 图片拖曳到 Hierarchy 面板，设置为 GameOver 的子物体。

② 设置其 Transform 属性，设置参数如图 3-179 所示。

步骤 07　创建重新开始游戏图标。

① 在 Project 面板 Textures 文件夹中找到 restart 图片拖曳到 Hierarchy 面板，设置为 RestartGame 的子物体。

② 设置其 Transform 属性。

③ 为其添加 Box Collider 2D 碰撞组件，设置参数如图 3-180 所示。

图 3-179　设置 gameovertitle 的 Transform 属性

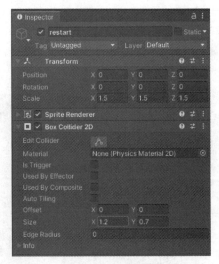

图 3-180　设置 restart

至此，游戏结束界面制作结束，效果如图3-181所示。

第 3 章 UGUI 入门 | 119

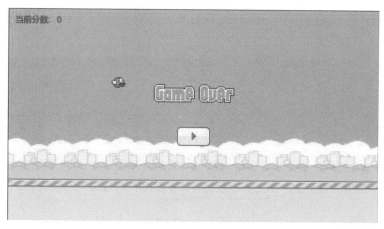

图 3-181　界面展示

步骤 08 设置当小鸟死亡时，显示游戏结束界面。

① 在之前我们已经完成了当小鸟死亡时输出"死亡"。现在接着输出之后，使游戏暂停并显示 RestartGame 物体。

② 选择物体 Bird 上的 Flow Machine 组件，单击 Edit Graph 对流程宏进行编辑。

③ 使用 Time timeScale(set)（游戏时间缩放设置）让游戏暂停，并使用 GameObject SetActive 单元显示 RestartGame 物体。

④ 在 Variables 面板的 Object 类中新建名为 RestartGo 的 GameObject 类变量，用以指定 RestartGame 物体，如图 3-182 和图 3-183 所示。

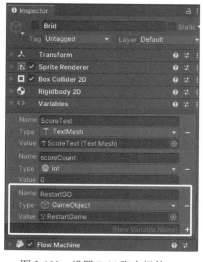

图 3-182　设置 Brid 脚本组件　　　　图 3-183　指定物体

步骤 09 制作重新开始游戏功能。

① 在 Project 面板中 Macro 文件夹内创建一个名为 Restart 的流程宏。

② 在物体 restart 上添加 Flow Machine 组件，并为其指定刚新建的 Restart 流程宏。

③ 使用 On Mouse Down 单元激活流程，使用 Scene Manager LoadScene(sceneName)单元来重新加载游戏，使用 Time timeScale(set)单元将游戏时间恢复。

④ 使用 Scene Manager LoadScene(sceneName)单元需要注意在 sceneName 参数中填入当前游戏场景的名称，如图 3-184 所示。

图 3-184　填入当前游戏场景的名称

步骤 10 验证游戏。至此，制作本游戏的流程全部结束，可以按照最初的游戏设计进行检验。

第4章

Unity 常用插件

Unity不仅功能强大,还提供了很多常用插件,如Post Processing(镜头后处理)、Unity Recorder(官方录屏)、Cinemachine(摄像机管理系统)、Timeline(时间线管理系统)、DOTween(补间动画)、AVPro Video(跨平台视频播放)、AVPro Movie Capture(跨平台视频录制)、Best HTTP/2(跨平台网络)等,可以灵活地将这些插件应用到实际开发中,从而提高工作效率。

4.1 Post Processing 插件

Post Processing是图像处理效果的术语,是发生在摄像机绘制场景之后并在真正显示在屏幕之前的处理。Post Processing可以在几乎没有感觉到延迟的情况下大大地改善产品的视觉效果。下面展示添加后处理前后效果的对比,如图4-1所示。

图4-1　添加后处理之前的效果

图 4-1　添加后处理之后的效果（续）

4.1.1　Post Processing 的安装

Post Processing插件由Unity官方提供，使用Package Manager程序包管理器进行安装或将已安装的程序包更新为最新版本。

步骤 01 新建一个 Unity 工程，在 Unity 的菜单栏依次选择"Window→Package Manager"进入程序包管理器。

步骤 02 在 Package Manager 窗口中选择 All packages，列出所有的程序包，如图 4-2 所示。

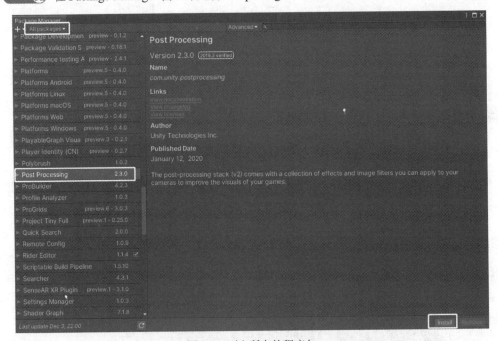

图 4-2　列出所有的程序包

步骤 03 在左侧列表中选择 Post Processing 插件，在右侧面板中能看到关于该插件的详细信息，包括当前的版本信息、包名、插件相关的链接等。单击右下方的 Install 按钮进行安装。当安装完成之后，左侧的 Post Processing 插件名之后会出现一个小勾，如图 4-3 所示。

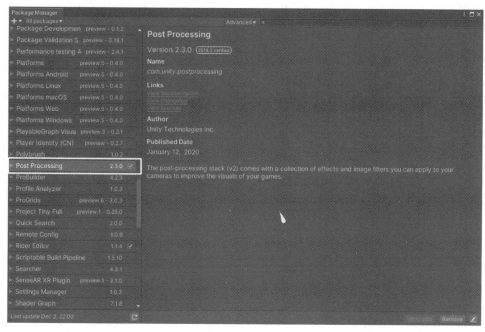

图 4-3　安装插件

4.1.2　使用方法

步骤01　在场景中新建一个名为 Post Processing 的空物体，用以管理后处理效果。在物体上添加 Post-process Volume 组件，如图 4-4 所示。

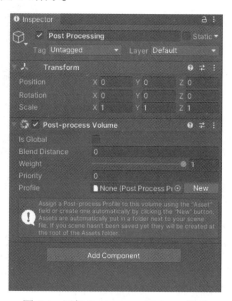

图 4-4　添加 Post-process Volume 组件

步骤02 勾选 Is Global（全局选项），单击 New 按钮新建一个后处理方案。

步骤03 单击 Add effect 按钮为后处理添加特效（关于特效会在下一小节专门讲解）。

步骤04 为后处理新建一个名为 Post Processing 的 Layer。

① 单击 Layer 右侧的小三角形，在弹出的下拉列表中选择 Add Layer（新建层），如图 4-5 所示。

② 在新界面中的 Layers 列表中添加名为 Post Processing 的层级，如图 4-6 所示。

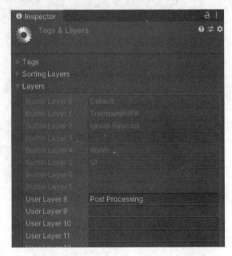

图 4-5　新建层　　　　　　　　　　　图 4-6　添加名为 Post Processing 的层级

步骤05 返回场景，找到 Post Processing 物体，并将其层级指定为刚刚新建的 Post Processing 层级。

步骤06 在场景中找到 Main Camera，为其添加 Post-process Layer 组件。将组件中 Layer 参数设为 Post Processing，如图 4-7 所示。

Anti-aliasing 是抗锯齿特效或称为边缘柔化、消除混叠、抗图像折叠有损等，是一种用于消除输出的画面中图物边缘凹凸锯齿的技术，可以柔化边缘场景中的外观。因此，它用相似的颜色点围绕图物的边缘。

从图 4-8 中能看出左侧的白色线条边缘锯齿十分明显，在右侧打开抗锯齿特效后白条的边缘变得柔和。在 Post Processing 插件中提供了三种抗锯齿的模式：

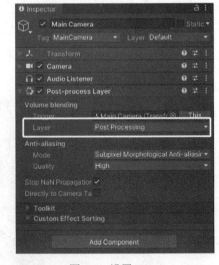

图 4-7　设置 Layer

- Fast Approximate Anti-aliasing（FXAA）：一种不支持运动矢量的快速算法，适用于移动端平台。
- Subpixel Morphological Anti-aliasing（SMAA）：一种不支持运动矢量的慢速算法（高质量画质），适用于移动端平台。
- Temporal Anti-aliasing（TAA）：一种需要运动矢量的先进技术，适用于桌面平台和游戏主机平台，如图 4-8 所示。

图 4-8 抗锯齿的模式

本小节讲解了Post Processing插件的基础使用方法,从下一小节开始将讲解常用的几种特效。

4.1.3　Ambient Occlusion（环境光遮罩）

Ambient Occlusion特效简称AO。在环境光遮蔽效果的计算下,会使光线遮挡的区域变暗,例如折痕、孔洞以及靠近的物体之间的空间,如图4-9所示。

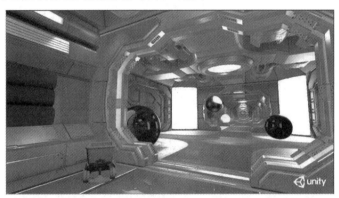

未添加"AO"效果

添加"AO"效果

图 4-9　未添加和添加"AO"的效果对比

AO的模式分为两种：Scalable Ambient Obscurance与Multi-scale Volumetric Occlusion，如图4-10所示。默认使用第二模式，第二种模式比第一种模式具有更好的图形计算以及更快的运算速度，当然第二种模式对电脑的硬件要求也更高。本书也以第二种模式进行举例说明。

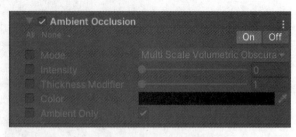

图4-10　选择AO的模式

- Intensity（强度）：用以调整AO产生的暗处变暗程度。
- Thickness Modifier（厚度修改）：用来调整暗部的区域。
- Color（颜色）：用来调整暗部的颜色。
- Ambient Only（仅环境）：勾选此复选框，使AO效果仅影响环境照明，在Deferred延迟渲染路径和HDR渲染中可用。

4.1.4　Auto Exposure（自动曝光）

Auto Exposure特效将模拟人眼调节以适应实时的亮度变化。它会动态调整图像的曝光度以匹配其中间色调，如图4-11所示。

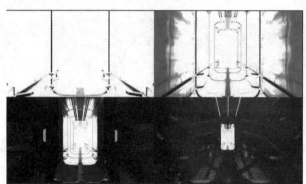

未使用自动曝光

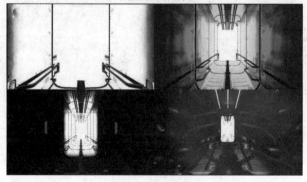

使用自动曝光

图4-11　自动曝光前后的对比

在Unity中，该特效会在每帧上生成一个直方图，并对其进行过滤以找到平均亮度值，如图4-12所示。

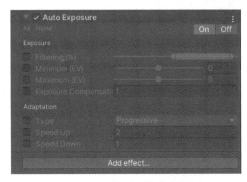

图4-12　找到平均亮度值

- Exposure：曝光。
  - Filtering（%）（百分比筛选）：通过滑动条的调整可以设置百分比区域，用来找到稳定的平均亮度。
  - Minimum（EV）（最低）：用来调整最小的平均亮度。
  - Maximum（EV）（最高）：用来调整最大的平均亮度。
  - Exposure Compensation（曝光补偿）：设置中间值用来补偿场景中的整体曝光度。
- Adaptation：适应。
  - Type（曝光类型）：在此有两种类型，Progressive（渐进式）和Fixed（固定式）。
  - Speed Up（增加速度）：从黑暗环境中到光亮环境中的适用速度。
  - Speed Down（减少速度）：从光亮环境中到黑暗环境中的适用速度。

4.1.5　Bloom（辉光）

Bloom特效使得图像中明亮的区域发光，如图4-13所示。它会产生从图像明亮区域延伸出来的条纹，这样可以模拟现实世界中的摄像机在光线淹没镜头时所产生的效果。在FPS游戏中常见这类效果。Bloom的参数如图4-14所示。

图4-13　明亮的区域发光

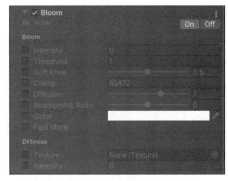

图4-14　Bloom的参数设置

Bloom中具体参数介绍如下:

- Intensity: 设置辉光效果的强度。
- Threshold: 过滤掉小于此光照强度的像素点。该值以伽马空间表示。
- Soft Knee: 在低于/高于阈值的渐变(0=硬阈值,1=软阈值)之间进行转换。
- Clamp: 限制辉光像素的数量,该值以伽马空间表示。
- Diffusion: 以与屏幕分辨率无关的方式改变遮蔽效果的程度。
- Anamorphic Ratio: 设置垂直缩放Bloom(在[−1,0]范围内)或水平缩放Bloom[在[0,1]范围内)模拟变形镜头的效果。
- Color: 辉光的色调。
- Fast Mode: 勾选此复选框,可以降低效果的质量来提升性能。
- Texture: 模拟污渍,为镜头添加污迹或者是灰尘。
- Intensity: 模拟镜头污渍的强度。

4.1.6 Color Grading(颜色分级)

Color Grading效果可以用于校正镜头中的颜色与亮度,从而实现电影或海报效果,有点类似于摄像机的滤镜或者是手机中的滤镜,如图4-15所示。

图4-15 Color Grading 效果

本特效有三种模式,可以通过Mode进行选择,如图4-16所示。

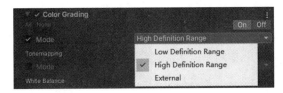

图 4-16　Color Grading 的三种模式

- Low Definition Range（LDR）：适用于低端平台。
- High Definition Range（HDR）：非常适合支持 HDR 渲染的平台。所有色彩操作都应用在 HDR 中，并存储在 3D 对数编码的 LUT 中，以确保足够的覆盖范围和精度。
- External：与外部软件中编写的自定义 3D LUT 一起使用。

Tonemapping（颜色映射）有四种模式可以选择（见图4-17）：

- None：不启用。
- Neutral：启用本功能，对色相和饱和度的影响是最小的。
- ACES：更加接近电影的效果，比 Neutral 对色调和饱和度的影响更大。
- Custom：自定义参数。

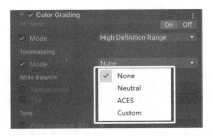

图 4-17　Tonemapping 的四种模式

White Balance（白平衡）：该参数可以调整图像的整体色调和色温，以在最终效果中产生冷淡或温暖的感觉，如图4-18所示。

图 4-18　White Balance 参数调整图像的色调和色温

- Temperature：自定义调整色调。
- Tint：自定义调整色温，用以补偿绿色或者是红色。

Tone：调整曝光、对比度、饱和度等参数，如图4-19所示。

图 4-19　调整曝光、对比度、饱和度等参数

- Post-exposure（EV）：在 HDR 模式中设置场景的整体曝光值。
- Color Filter：颜色滤镜。
- Hue Shift：自定义色相偏移，调整所有颜色的色调。
- Saturation：自定义饱和度，调整所有颜色的强度。
- Contrast：调整色调的整体范围。

Channel Mixer（颜色通道混合器）：选择需要调整的颜色通道，如图4-20所示。

图 4-20　Channel Mixer 参数

- Red：调整对红色的影响。
- Green：调整对绿色的影响。
- Blue：调整对蓝色的影响。

Trackballs（轨迹球）：用于调整轨迹球上该点的来设置色调，以在每个色调范围内将图像的色调移向该颜色，如图4-21所示。每个轨迹球都会影响图像中的不同范围。调整轨迹球下方的滑块以抵消该范围的颜色亮度。

图 4-21　Trackballs 的参数调整

- Lift：调整深的色调或者是阴影。
- Gamma：调整中间色调。
- Gain：调整高光。

Grading Curves（分级曲线）：可以调整色调、饱和度或亮度的特定范围，如图4-22所示。通过调整8种可用图形上的曲线，以获得特定的色相或使某些亮度、饱和度降低等效果。

4.1.7　Depth of Field（景深）

图 4-22　Grading Curves 参数设置

Depth of Field特效：当前视图中的对象保持聚焦

时，景深特效会模糊图像的背景，它模拟了真实世界摄像机镜头的聚焦特性（见图4-23），其参数如图4-24所示。在聚焦完成后，焦点前后的范围内所呈现的清晰图像的距离，这一前一后的范围，就叫作景深。

图 4-23　景深特效

图 4-24　Depth of Field 参数设置

现实世界中的摄像机可以在特定距离上清晰地聚焦在物体上，距离摄像机焦点较近或较远的物体看起来略微模糊或非常模糊。

- Focus Distance（聚焦的距离）：将距离设置为焦点。
- Aperture（光圈）：设置光圈的值，值越小景深越浅。
- Focal Length（焦距）：设置镜头与胶卷之间的距离，值越大景深越浅。
- Max Blur Size（最大的模糊值）：此选项决定景深效果的质量，并且也会影响到性能，值越大，CPU 计算的时间越长。

景深效果的计算速度与Max Blur Size的值息息相关，建议在中端以上的计算机上使用。如果是移动平台，建议使用最小值。

4.1.8　Motion Blur（运动模糊）

Motion Blur也称为动态模糊，可以模拟出真实世界的摄像机在镜头光圈打开的情况下，移动或捕获的物体移动速度超过摄像机的曝光时间镜头所产生的动态模糊效果。运动模糊用在大多数类型的游戏中产生微妙的效果（见图4-25），其参数设置如图4-26所示。

- Shutter Angle（快门角度）：设置角度，值越大曝光时间越长，模糊的效果也越强。
- Sample Count（取样数）：设置采样点的数量，数量越大性能消耗也会越多。

图 4-25　运动模糊特效　　　　　图 4-26　Motion Blur 参数设置

4.2　Unity Recorder 插件

在 Unity 的播放模式下，使用 Unity Recorder 插件录制和保存数据，如图 4-27 所示。Unity Recorder 可以用于录制视频、音频、序列帧等。

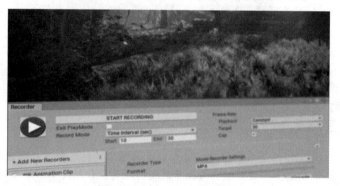

图 4-27　Unity Recorder 插件

> **注　意**
>
> 只能在 Unity 编辑器中使用记录器，它不适用于独立的 Unity Player 或发布后的应用。

4.2.1　Unity Recorder 的安装

Unity Recorder 插件也是由 Unity 官方所提供的，使用 Package Manager 程序包管理器进行安装或将已安装的程序包更新为最新版本。

步骤 01　新建一个 Unity 工程，在 Unity 的菜单栏依次选择"Window→Package Manager"进入程序包管理器。

步骤 02　在 Package Manager 窗口中选择 All packages，列出所有的程序包，如图 4-28 所示。

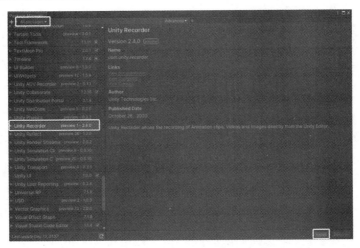

图 4-28　列出所有的程序包

步骤 03　在左侧列表中选择 Unity Recorder 插件，在右侧面板中能看到关于该插件的详细信息，包括当前的版本信息、包名、插件相关的链接等。单击右下方的 Install 按钮进行安装。

4.2.2　通用功能介绍

在Unity工程菜单栏依次选择"Window→General→Recorder→Recorder Window"，打开Recorder的设置面板，如图4-29所示。

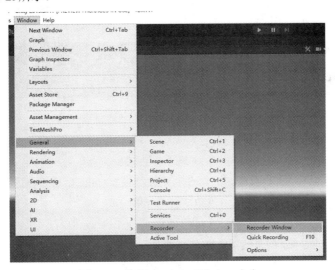

图 4-29　选择 Recorder Window 命令

若之前使用过本插件，当再次打开Recorder窗口时，Unity将恢复上一个记录会话值，如图4-30所示。

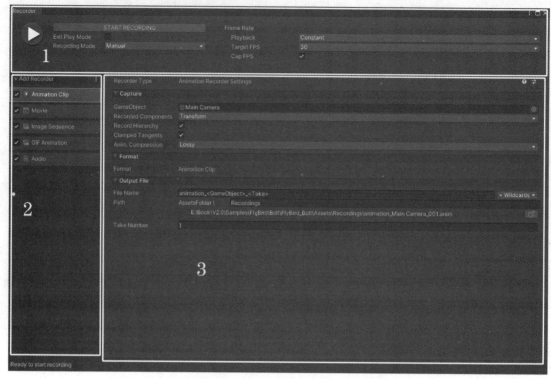

图 4-30 打开 Recorder 窗口

（1）常规录制属性：在此区域内可以开始或停止 Recorder 中所有活动记录器的记录。可以指定记录时间和帧率，如图 4-31 所示。

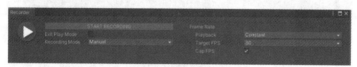

图 4-31 常规录制属性区域

- ▶按钮：用以开始/停止录制。
- Start Recording/Stop Recording：用以开始/停止录制。
- Exit Play Mode（退出播放模式）：当完成录制之后 Unity 编辑器会退出播放模式。
- Recording Mode（录制模式）：有以下几种选择。
  - Manual（手动模式）：手动选择开始与停止。
  - Single Frame（录制单帧）：可以设置需要录制的帧数。
  - Frame Interval（间隔帧）：录制一组连续的帧。
  - Time Interval（sec）（时间间隔）：以秒为单位录制特定的持续时间。
- Playback：指定如何在录制期间控制帧率。
  - Constant：恒定不变的特定帧率。
  - Variable：使用程序的帧率。
- Target FPS（目标 FPS）：设置录制的帧率，当 Playback 设置为 Constant 模式时显示此属性。无论程序是设置高帧率或低帧率运行时，录制的内容都会以设置的 FPS 值进行录制。例如程序设置的是60帧运行,但Target FPS设置的是30帧,录制时会以30帧的帧率进行录制。
- Max FPS（最大FPS）：设置最大的帧率，当Playback设置为Variable模式时显示此属性。当运行程序时的FPS超过设置的最大值时，录制会以设置的最大值进行录制。
- Cap FPS：当应用程序运行时的帧率高于Target FPS设置的帧率时，需要开启本选项。

（2）录制列表：使用此区域可以创建和管理记录器列表。可以同时使用多个录制列表进行录制。每个记录器控制单个记录，其属性取决于要记录的数据类型和要生成的输出类型。在录制列表窗口中可以添加、重命名、编辑、复制、删除录制列表。

（3）录制属性：此区域可以设置在Recorder列表中选择的录制属性。记录器属性包括录制名称、路径、格式和输出文件等。

4.2.3　输出文件属性

无论是哪一种形式的录制，其输出的文件属性都是在输出文件（Output File）中定义的，如图4-32所示。

图4-32　输出文件属性

- File Name（文件输出的名称）：<Take>为占位符，以便在文件名中包含自动生成的文本。"+Wildcards"的下拉菜单中为通配符，自动生成的文本添加到文件名中。
  - <Recorder>：记录器的名称，显示在录制列表中。例如：Image Sequence。
  - <Time>：录制的总时间，格式为00h00m。例如：1h20m。
  - <Take>：序列值，格式为000。例如：001。
  - <Date>：录制的生成时间，格式为yyyy-MM-dd。例如：2020-12-12。
  - <Project>：当前Unity的项目名。例如：My Project。
  - <Product>：在发布设置中的产品名。例如：My Product。
  - <Scene>：当前Unity场景的名称。例如：My Scene。
  - <Resolution>：输出文件的像素尺寸。例如：1920×1080。
  - <Frame>：当前帧，格式为0000。例如：0001。
  - <Extension>：输出文件的格式。例如：jpg。
- Path：录制路径保存的路径。Project下拉菜单中Unity常用的几种路径。文本输入框内的路径附加在Project路径之后。
  - Project：当前Unity工程文件的根目录路径。
  - Asset Folder：在当前Unity工程中的Asset文件夹下。
  - Streaming Assets：在当前Unity工程中的Streaming Assets文件夹下。
  - Persistent Data：在当前Unity工程的Persistent Data文件夹下。在编辑器模式下一般在C盘下，例如："C:\Users\tjdonald\AppData\LocalLow\DefaultCompany\Bolt"。

➢ Temporary Cache：在 Unity 工程的临时缓存文件夹中。
➢ Absolute：选择绝对路径。
● Take Number（序列号码）：每当录制一次后号码会自动加 1。

4.2.4 录制动画片段

可以录制成Unity的动画文件格式（.anim），如图4-33所示。需要注意的是，录制的动画物体只能是一个。

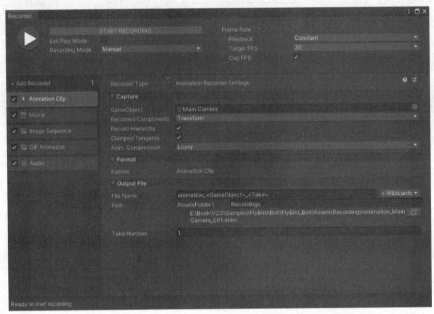

图 4-33 动画文件格式

Capture：录制内容设置。

- Game Object：需要录制的游戏物体。
- Recorded Components：需要录制的组件。
- Record Hierarchy：是否录制其子物体。
- Anim. Compression：动画的压缩级别。
    ➢ Lossy（有损）：关键帧缩减。删除 0.5％的关键帧，以简化曲线。这样可以减小文件，但会直接影响原始动画曲线的准确性。
    ➢ Lossless（无损）：仅将关键帧缩小应用于恒定的曲线。当动画曲线是一条直线时，记录器会删除所有不必要的关键点。只要动画不是恒定的，记录器就会保留所有已录制的关键点。
    ➢ Disabled（不压缩）：禁用动画压缩。即使动画曲线是直线，记录器也会保存整个记录中的所有动画关键点。这可能会导致文件过大和播放缓慢。

Format：录制格式。动画录制始终会生成.anim文件格式的Unity动画。

Output File:输出文件设置。文件输出模块与4.2.3节所提到的输出设置一致。

4.2.5 录制视频

该视频录制会生成H.264 MP4、VP9 WebM或ProRes QuickTime格式的视频,不支持可变帧率,如图4-34所示。

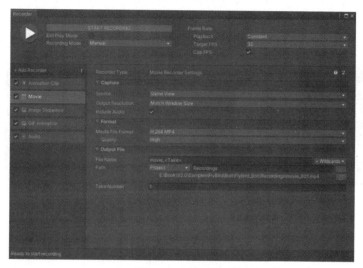

图 4-34 录制视频

Capture:录制内容设置。

- Source:录制视频的来源。
  - Game View:录制 Game 视图中的内容。
  - Targeted Camera:录制指定摄像机视角中的内容。
  - 360 View:录制全景 360° 视频。
  - Render Texture Asset:录制渲染图中的内容。
  - Texture Sampling:在录制的过程中对源摄像机进行采样,以录制抗锯齿图形。
- Output Resolution(输出的分辨率):当 Source 选项为 Game View 时出现,如图 4-35 所示。

图 4-35 输出的分辨率

  - Match Window Size:匹配当前游戏视图的分辨率和比例。
  - 240P 或 SD-480p:从多种标准视频分辨率中进行选择,例如 FHD(1080p)和 4K(2160p)。数值代表图像高度。要设置图像宽度,必须选择特定的长高比。
  - Custom:自定义分辨率。
- Aspect Ratio:可以选择或自定义长高比。

- Include Audio：是否录制音频，如图 4-36 所示。

图 4-36　是否录制音频

- Camera：当 "Source" 选项为选择 Target Camera 时，需要选择摄像机。
- Flip Vertical：是否垂直反转画面，如图 4-37 所示。

图 4-37　是否垂直反转画面

- Camera：选择输出全景的摄像机。
- Output Dimensions：输出全景视频的尺寸。
- Cube Map Size：全景视频的立方体贴图尺寸。
- Record in Stereo：是否启用左右眼立体模式。
- Stereo Separation：左右眼的间距。
- Render Texture：选择需要录制的渲染贴图，如图 4-38 所示。

图 4-38　选择需要录制的渲染贴图

- Size：当前渲染贴图的尺寸，如图 4-39 所示。

图 4-39　当前渲染贴图的尺寸

- Camera：指定摄像机。
- Aspect Ratio：指定长宽比。

- Supersampling Grid：超级采样的网格大小。
- Rendering Resolution：渲染分辨率。
- Output Resolution：输出的分辨率。

Format：录制的格式设置。

- Media File Format：视频格式选择。
  - H.264 MP4：录制格式为 .mp4。
  - VP9 WebM：录制格式为 .webm。
  - ProRes QuickTime：录制格式为 .mov。
- Include Alpha：当此选项出现时可以选择是否录制透明通道。
- Quality：选择录制的视频质量，分为"低""中""高"，质量越高输出的文件越大。
- Codec Format：选择编解码格式。仅当将媒体文件格式设置为 ProRes QuickTime 时，此属性才可用。
- Color Definition：选择录制的视频色彩空间。仅当将媒体文件格式设置为 ProRes QuickTime 时，此属性才可用。

Output File：输出文件设置。文件输出模块与4.2.3节所提到的输出设置一致。

4.2.6 录制序列帧与 GIF 动画

1. 录制序列帧

录制图像序列帧可以生成JPEG、PNG或EXR（OpenEXR）的文件格式，如图4-40所示。

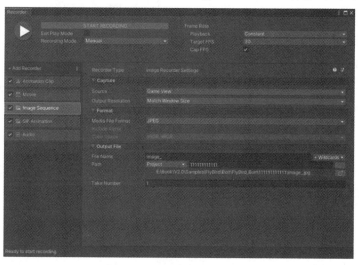

图 4-40 可以生成的文件格式

Capture：录制内容设置，设置方式与录制视频的设置相同，在此不再赘述。
Format：录制的格式设置。

- Media File Format：录制格式选择，包括 PNG、JPEG、EXR。

- Include Alpha：录制时是否录制透明通道，当关闭时只录制 RGB 通道。
- Color Space：颜色空间。
  - sRGB，sRGB：使用 sRGB 伽马曲线和 sRGB 的原色。
  - Linear，sRGB (unclamped)：使用线性曲线和 sRGB 的原色。

Output File：输出文件设置。文件输出模块与4.2.3节所提到的输出设置一致。

2. 录制 GIF 动画

录制GIF动画的格式设置如图4-41所示。

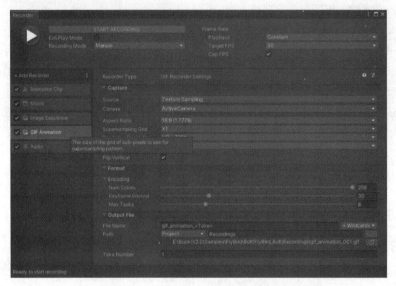

图 4-41　录制 GIF 动画的格式设置

Capture：录制内容设置，设置方式与录制视频的设置相同，在此不再赘述。
Format：录制的格式设置。

- Num Colors（颜色数）：在 GIF 中使用的颜色数量，最多为256色。色数越小录制出来的动画文件也会越小，随之动画的质量也会越低。
- Keyframe Interval（关键帧的间隔数）：增加这个参数可以减少动画文件的大小，同时动画的质量也会降低。
- Max Tasks（最大的任务并行量）：要并行编码的帧数，如果增加此数字，则可能会减少 Unity 编码 GIF 文件所需的时间。

Output File：输出文件设置。文件输出模块与4.2.3节所提到的输出设置一致。

4.3　Cinemachine 插件

Cinemachine是Unity官方提供的用于操作Unity摄像机的一个模块，可以帮助我们减少开发过程中耗时的手动操作和脚本的开发。

Cinemachine广泛应用于不同种类的游戏开发中,比如FPS、第三人称视角、2D等。同时也可以与其他Unity的工具配合使用,比如时间轴、动画、镜头后处理特效等,如图4-42所示。

图 4-42　Cinemachine 窗口

4.3.1　Cinemachine 的安装

Cinemachine插件也是由Unity官方提供的,使用Package Manager程序包管理器进行安装或将已安装的程序包更新为最新版本。

步骤 01　新建一个 Unity 工程,在 Unity 的菜单栏依次选择"Window→Package Manager"进入程序包管理器。

步骤 02　在 Package Manager 窗口中选择 All packages,列出所有的程序包,如图 4-43 所示。

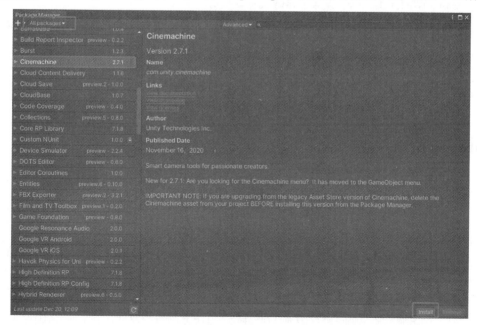

图 4-43　列出所有的程序包

步骤 03 在左侧列表中选择 Cinemachine 插件，在右侧面板中能看到关于该插件的详细信息，包括当前的版本信息、包名、插件相关的链接等。单击右下方的 Install 按钮进行安装。

4.3.2 使用虚拟摄像机

在Unity的Hierarchy层级面板中右击，依次选择"Cinemachine→Virtual Camera"，即可创建一个虚拟摄像机，如图4-44所示。

在任何时候，虚拟摄像机都可能处于以下状态之一：

（1）实时：虚拟摄像机主动控制具有Cinemachine Brain的Unity摄像机。当Cinemachine Brain从一个虚拟摄像机混合到另一个虚拟摄像机时，两个虚拟摄像机都处于活动状态。混合完成后，只有一台实时虚拟摄像机。

（2）准备：虚拟摄像机无法控制Unity摄像机。但是，它仍然跟随并瞄准其目标，并在每一帧进行更新。处于此状态的虚拟摄像机已激活，其优先级等于或低于实时虚拟摄像机。

（3）不启用：虚拟摄像机无法控制Unity摄像机，也不会主动跟随或瞄准其目标。在这种状态下的虚拟摄像机不消耗处理资源。

图 4-44　创建虚拟摄像机

- Status：虚拟摄像机的状态。Solo 为单独，切换虚拟摄像机是否暂时处于活动状态。
- Game Window Guides：是否开启游戏窗口指南。
- Save During Play：是否开启在播放模式下保存更改项，当启用该功能可以调整虚拟摄像机，而不必复制与粘贴属性。
- Priority：优先级，设置该虚拟摄像机的优先级，值越大优先级越高。
- Follow：跟随，可以为虚拟摄像机指定一个跟随的物体，摄像机会跟着该物体进行移动。
- Look At：注视，摄像机会一直注视着目标。
- Lens Vertical FOV：透视设置，负责调整 FOV 等参数。
  - Vertical FOV：垂直的视角。
  - Near Clip Plane：近距裁切。
  - Far Clip Plane：远距裁切。
  - Mode Override：模式覆盖，包括"None"（不覆盖）、"Orthographic"（正交投影）、"Perspective"（透视）、"Physical"（物理摄像机）。
  - Dutch：角度，Unity 摄像机在 z 轴上倾斜（以度为单位）。该属性是虚拟摄像机所独有的，Unity 摄像机中没有对应的属性。
- Body：使用 Body 模块可以在场景中移动虚拟摄像机，要使用此功能需要先选定 Follow 的目标。它的主要功能是处理场景中摄像机和它的目标之间的位置关系。我们可以用一个数学变量 Offset 来表示它，Offset 是一个向量，不仅有大小还有方向。由于 Offset 有不同的计算方式，因此可以带来不同的跟踪效果，如图 4-45 所示。

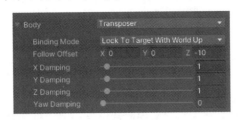

图 4-45　移动虚拟摄像机

- Transposer 的类型目前有以下几类：
  - Do nothing：不使用。
  - 3rd Person Follow：第三人称模式。
  - Framing Tansposer：在屏幕空间中计算摄像机和目标的 Offset。
  - Hard Lock To Target：把摄像机和目标的位置和朝向进行绑定，常用于第一人称模式。
  - Orbital Transposer：可以根据用户输入绕目标旋转。
  - Tracked Dolly：把摄像机设置到一个轨道上。
  - Transposer：基本类型。
- Aim：使用 Look At 属性指定如何旋转虚拟摄像机，如图 4-46 所示。要更改摄像机的位置，请使用 Body 属性。目前 Aim 有下几种不同的类型：

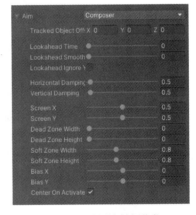

  - Do nothing：不旋转虚拟摄像机。
  - Composer：将 Look At 的对象保持在摄像机的框架中。
  - Group Composer：在摄像机的框架中保留多个 Look At 目标。
  - Hard Look At：强行将 Look At 的对象保持在摄像机的框架中央锁死。

图 4-46　设置旋转摄像机

  - POV：根据用户的输入旋转虚拟摄像机，类似于第一人称摄像机模式，没有具体的跟踪对象。
  - Same As Follow Target：保持同样的旋转和朝向。
- Noise（噪声）：使用虚拟摄像机中的噪声属性模拟摄像机抖动，如图 4-47 所示。该组件为虚拟摄像机的运动增加了 Perlin 噪声。Perlin 噪声是一种计算具有自然行为的随机运动的技术。

图 4-47　使用 Noise 属性模拟摄像机抖动

  - None：不抖动。
  - Noise Profile：一些预设的抖动方案。
  - Pivot Offset：中心点的偏移值。
  - Amplitude Gain：增加适用于噪声曲线中定义的幅度。将此设置为 0 可使摄像机不抖动。

➢ Frequency Gain：应用于噪声曲线中定义的频率的因子。使用较大的值可以更快地晃动摄像机。

4.3.3 Cinemachine Brain

Cinemachine Brain 是 Unity 摄像机本身的组件，用于监视场景中所有活动的虚拟摄像机。可以通过激活或者禁用虚拟摄像机物体来指定下一个活动的虚拟摄像机。

当在场景中新建虚拟摄像机时，会自动添加 Cinemachine Brain 组件到 Unity 摄像机的属性面板中，如图 4-48 所示。

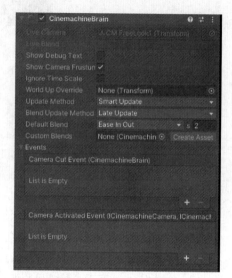

图 4-48　Cinemachine Brain 组件

- Show Debug Text：是否在界面上显示调试信息。
- Show Camera Frustum：是否在视图中显示摄像机的视图。
- Ignore Time Scale：是否忽略时间缩放，以使虚拟摄像机实时响应用户输入和延迟。
- World Up Override：覆盖世界坐标的 Y 轴方向，当设置为 None 时，使用默认的世界坐标。
- Update Method：更新虚拟摄像机的位置和角度的方式。
  ➢ Fixed Update：在 Fixed Update 中将虚拟摄像机更新和物理更新模块同步。
  ➢ Late Update：在 MonoBehaviour 的 LateUpdate 中进行更新。
  ➢ Smart Update：智能更新，根据其目标的更新方式来更新虚拟摄像机，推荐采用这种方式。
  ➢ Manual Update：手动更新，虚拟摄像机不会自动更新。需要调用 brain.ManualUpdate() 函数进行手动更新。
- Blend Update Method：混合更新方式，何时混合并且更新主摄像机。
  ➢ Late Update：在 MonoBehaviour 的 LateUpdate 中进行更新。这是推荐设置。
  ➢ Fixed Update：当更新方法为 Fixed Update 且混合时，若看到抖动，则使用此设置。
- Default Blend（默认的混合模式）：当在没有明确定义两个虚拟摄像机之间的混合时使用的混合模式。
  ➢ Cut：直接混合。
  ➢ Ease In Out：S 形曲线，给出柔和且平滑的过渡。
  ➢ Ease In：以慢速开始的过渡效果。
  ➢ Ease Out：以慢速结束的过渡效果。
  ➢ Hard In：以慢速开始快速结束的过渡效果。
  ➢ Hard Out：以快速开始慢速结束的过渡效果。
  ➢ Linear：以相同速度开始至结束的过渡效果（线性速度）。
  ➢ Custom：自定义混合曲线。
- Custom Blends：自定义场景中所有的虚拟摄像机混合。

- Camera Cut Event：当虚拟摄像机被激活并且没有混合时触发本事件。
- Camera Activated Event：当虚拟摄像机激活时触发本事件。如果涉及混合，则事件在混合的第一帧上触发。

4.3.4 Cinemachine Dolly

Cinemachine Doll为轨道虚拟摄像机。在一些游戏或者电影的开场中会有一些很炫酷的镜头动画，比如知名电影《阿甘正传》一开始镜头就跟随着一根羽毛在空中飞舞，随之引出了我们的主角阿甘。想要实现这样的效果，摄像机不能仅仅是跟随和对准目标，还需要摄像机跟随并沿着一条路径形成的轨道进行运动。在Unity中想要实现这个效果就必须提供给摄像机一条可以运动的轨道，而Cinemachine Doll就可以实现这一功能。

步骤01 在 Unity 中右击 Hierarchy 层级面板，依次选择"Cinemachine→Dolly Track with Cart"，创建两个物体，Dolly Track 1 和 Dolly Cart1。

① 选中 Dolly Track 1，在场景中会出现一条类似梯子的物体，这就是轨道。轨道的两头各有一个数字小球，代表着轨道的方向，如图 4-49 所示。

在物体 Dolly Track 1 的属性面板中有一个组件 Cinemachine Smooth Path，用以创建和设置路径，如图 4-50 所示。

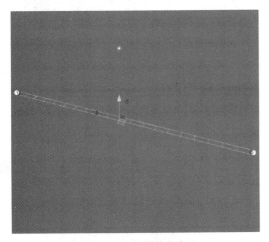

图 4-49　轨道的方向

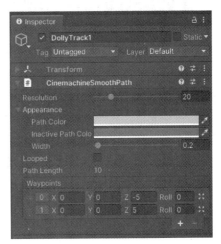

图 4-50　创建和设置路径

- Resolution：设置本条路径的精细度。类似于设置路径的段数，段数越高，路径越平滑。如图 4-51 所示，左侧图的精细度为 1，右侧图的精细度为 5。
- Appearance：路径外观参数设置。
  - Path Color：在 Scene 视图中设置当选中本条路径时的颜色。
  - Inactive Path Color：在 Scene 视图中设置未选中路径时的颜色。
  - Width：在 Scene 视图中设置路径的宽度。

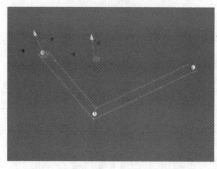 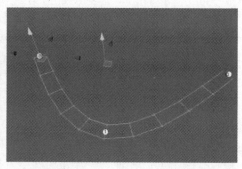

图 4-51　不同的精细度

- Looped：是否将本条路径设置为首尾相连的路径。如图 4-52 所示，左侧为不勾选状态，右侧为勾选状态。

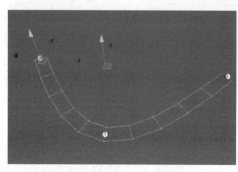 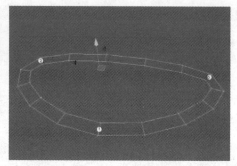

图 4-52　设置首尾相连的路径

- Path Length：本条路径的总长度。
- Waypoints：构成本条路径的所有点。可以通过 "+" 符号进行添加点位，通过 "-" 符号来删除点位。
  - Position：点的世界坐标位置。
  - Roll：点绕着 Z 轴的旋转角度。

② 选中场景中的 Dolly Cart1，会发现该物体处于轨道上的一个点上。在其属性面板中有一个 Cinemachine Dolly Cart 组件，该组件可以帮助物体在轨道上运动，如图 4-53 所示。

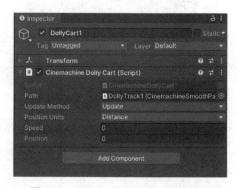

图 4-53　Cinemachine Dolly Cart 组件

- Path：指定需要跟随运动的路径。
- Update Method：运动时更新的方式，其中 Update、Fixed Update、Late Update 分别对应 MonoBehaviour 中的三种更新方式。
- Position Units：设定位置方式。
  - Path Units：单位长度，取值范围从 0 到路径点的总个数。当 Position 为 1 时，运动到路径的第一个点。
  - Distance：距离长度，取值范围从 0 到路径的总长度。当 Position 为 1 时，运动到路径的 1

个单位。
- Normalized：标准长度，取值范围为 0~1。当为 0 时处于路径的开端，当为 1 时处于路径的结尾。
- Speed：路径运动的速度。

步骤 02 至此，路径运动的创建和参数已经讲清楚了，下面可以进行实验。为了方便观察，在物体 Dolly Cart1 下创建一个 Cube 物体，并重置其 Transform 属性使其坐标归 0。

步骤 03 设置物体 Dolly Cart1 中 Cinemachine Dolly Cart 组件的 Speed 为 1。

步骤 04 运行游戏，会发现 Cube 会跟随路径进行运动。

步骤 05 若想实现 Unity 摄像机跟随着物体 Cube 进行运动，需要在场景中添加一个虚拟摄像机。右击层级面板，依次选择 "Cinemachine→Virtual Camera"，在场景创建了一个名为 CM vcam1 的虚拟摄像机。

步骤 06 设置物体 CM vcam1 的 Cinemachine Virtual Camera 组件中的 Follow 和 Look At 属性，将其指定为物体 Cube。

步骤 07 运行游戏，就能够发现摄像机跟随并对准目标。

4.4　Timeline 插件

Timeline 是一个线性的编辑工具，可以用于编辑不同的元素，包括动画、音乐、摄像机画面、复杂的粒子特效以及其他 Timeline 等，它主要是为实时播放而设计的。使用 Timeline 可以不用编写代码，只需使用自带的"拖曳"功能即可，大大减少了由于技术带来的上手难度，从而可以更专注于游戏或剧情本身，加快制作的流程，如图 4-54 所示。

图 4-54　Timeline 插件

4.4.1　Timeline 的安装

Timeline 插件也是由 Unity 官方提供的，使用 Package Manager 程序包管理器进行安装或将已安装的程序包更新为最新版本。

步骤01 新建一个 Unity 工程，在 Unity 的菜单栏依次选择"Window→Package Manager"进入程序包管理器。

步骤02 在 Package Manager 窗口中选择 All packages，列出所有的程序包。

步骤03 在左侧列表中选择 Timeline 插件，在右侧面板中能看到关于该插件的详细信息，如图 4-55 所示，包括当前的版本信息、包名、插件相关的链接等。单击右下方的 Install 按钮进行安装。

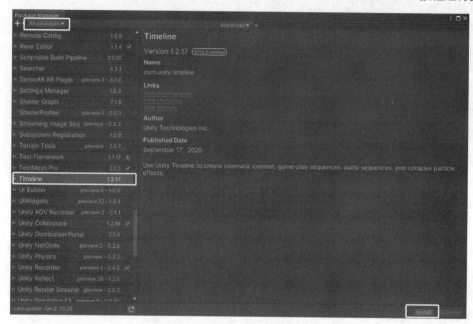

图 4-55　选择 Timeline 插件

4.4.2　Timeline 的简单使用

本小节希望实现一个简单的功能，通过Timeline控制一个立方体的显示和隐藏，由这个小案例引出Timeline的基础使用方法。

步骤01 创建一个 Timeline。

① 在 Unity 的 Hierarchy 层级面板中新建一个名为 Timeline 的空物体，用以集中管理。

② 选中刚刚新建的物体 Timeline，依次单击菜单栏中的"Window→Sequencing→Timeline"。

③ 在打开的 Timeline 窗口中单击 Create 按钮。在弹出的选择文件夹对话框中选择保存 Timeline。注意 Timeline 文件的后缀是 .playable。

创建成功之后，在物体 Timeline 的属性面板中会增加两个新组件：Playable Director 用于控制 Timeline 的播放，Animator 用于控制动画，如图 4-56 所示。

- Playable：用于指定 Timeline。
- Update Method：更新方式。
  ➢ Game Time：选择使用与游戏一致的时钟源，此时间将会受到 Time Scale 时间缩放的影响。此项为推荐选项。
- ➢ Unscaled Game Time：与 Game Time 的方式一致，区别在于不受 Time Scale 的影响。
- ➢ DSP Clock：将使用与处理音频的相同时钟源。DSP 代表数字信号处理。
- ➢ Manual：不使用时钟源，通过脚本手动进行设置时间。
- Play On Awake：当勾选时，场景一开始就播放。
- Wrap Mode：播放完之后的模式选择。
  - ➢ Hold：播放完 Timeline 后，保持在 Timeline 的最后一帧画面。
  - ➢ Loop：播放完后继续重复播放。
  - ➢ None：只播放一次。
- Initial Time：初始的时间，当播放 Timeline 时，从 Initial Time 时间进行播放。
- Current Time：当播放 Timeline 时会出现这个参数，显示当前播放到哪个时间。
- Bindings：显示 Timeline 中使用的物体。

图 4-56　Timeline 属性面板

步骤 02　在场景中创建一个立方体并重置其 Transform 属性，使其位置坐标和旋转都归 0。

步骤 03　打开 Timeline 窗口，不难发现其窗口与 Animation 窗口极其相似，如图 4-57 所示。

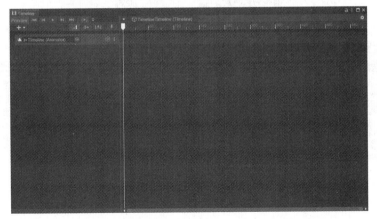

图 4-57　Timeline 窗口

步骤 04 单击左上角的"+"加号，在下拉列表框中选择 Activation Track。单击新增的轨道，选择"Cube"物体，如图 4-58 所示。

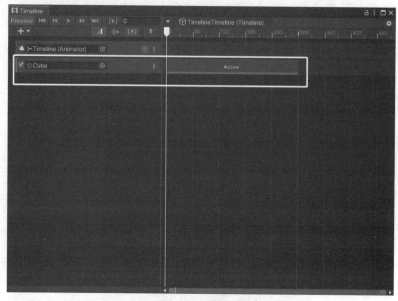

图 4-58　选择 Cube 物体

步骤 05 通过图 4-58 可以看到在 Activation Track 上有一个名为 Active 的切片，处于 0~300 帧之间，这意味着在游戏开始的 0~300 帧内物体 Cube 是被显示的。

步骤 06 右击 Activation Track，选择 Add Activation Clip（添加一个激活片段），将这个片段拖到 500~800 帧之间，如图 4-59 所示。理论上 0~300 帧物体 Cube 处于显示状态，301~499 帧物体 Cube 处于隐藏状态，500~800 帧物体 Cube 又处于显示状态。

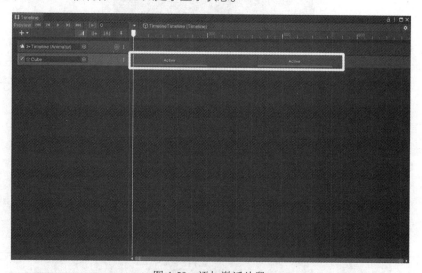

图 4-59　添加激活片段

步骤 07 运行游戏验证 Timeline 执行的结果。

4.4.3 Timeline 编辑

4.4.2节已经涉及Timeline的Activation Track，本小节将介绍其他的轨道以及Timeline中常用到的编辑功能，如图4-60所示。

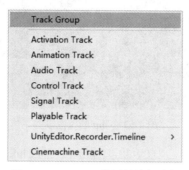

图 4-60　Timeline 常用的编辑功能

- Track Group：新建一个轨道组，可以用于将不同的轨道进行分类管理。
- Activation Track：新建一个用于控制物体显示/隐藏的轨道。
- Animation Track：新建一个用于控制播放动作的轨道。
- Audio Track：新建一个用于控制音频播放的轨道。
- Control Track：新建一个用于控制物体或粒子效果的轨道。
- UnityEditor.Recorder.Timeline：新建一个用于在编辑器状态下使用 Recorder 录制的轨道。
- Cinemachine Track：新建一个用于控制 Cinemachine 虚拟摄像机的轨道。

当我们添加轨道之后，就可以在轨道上添加Clip。不同的轨道上可以设置不同的Clip。比如Activation Track，右击新建的轨道，会出现轨道的编辑选项，如图4-61所示。

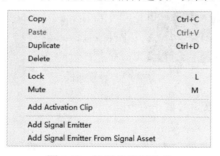

图 4-61　轨道的编辑选项

- Copy：复制当前这个轨道。
- Paste：粘贴复制的轨道。
- Duplicate：直接粘贴当前轨道。
- Delete：删除当前这个轨道。
- Lock：锁定当前轨道，让这个轨道不能被修改或编辑。
- Mute：禁用当前这个轨道。
- Add Activation Clip：添加当前轨道对应的 Clip。

当添加Clip之后可以对Clip进行编辑，这里以基础的Activation Clip为例进行说明。单击Activation Clip，在属性面板中可以对Clip的开始时间、结束时间、持续时间进行调整，如图4-62所示。当然，也可以直接在轨道上拖动Clip对其起始时间进行设置。

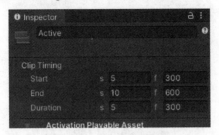

图 4-62　Clip 的属性设置

- Start：设置 Clip 的起始点。s 表示秒，f 表示帧。在 Timeline 中默认是每秒 60 帧。
- End：设置 Clip 的结束时间点。
- Duration：设置 Clip 的持续时间，当持续时间发生变化，End 结束时间也会自动的变化。

对于Timeline中的整体设置，比如帧率等，则单击Timeline窗口右上角的设置按钮，打开设置面板进行设置，如图4-63所示。

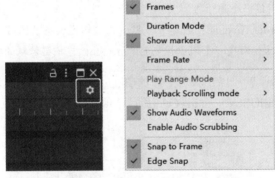

图 4-63　设置面板

- Seconds：设置轨道中显示的数字为秒。
- Frames：设置轨道中以帧数显示。
- Duration Mode：设置持续的方式，是以 Clip 片段长度为准还是以 Timeline 整体的长度为准。
- Show markers：是否显示轨道上标记点。
- Frame Rate：设置帧率，默认是每秒 60 帧。
- Show Audio Waveforms：是否显示音频播放的波形。
- Enable Audio Scrubbing：是否启用拖动时间轴时播放音频。
- Snap to Frame：当调整时是否自动捕捉对准到整数帧。
- Edge Snap：是否启用边缘捕捉。

4.5 DOTween 插件

DOTween是一款在项目开发中不可或缺的插件，它能很轻松地帮助我们完成一些补间动画。在DOTween的官网是这样介绍的："DOTween是一款针对Unity的快速、高效、具有安全类型、面向对象的动画引擎，针对C#进行了各种优化，而且是免费开源的。"

4.5.1 DOTween 的安装

获取DOTween的方式有两种：第一种从Unity商城下载，第二种是从DOTween的官网中下载。

在Unity工程的菜单栏中依次选择"Window→Asset Store（快捷键Ctrl+9）"以打开商城，在搜索栏中输入DOTween，可以发现有两款DOTween：一款是价值15美元的DOTween Pro专业版本，另一款是名为DOTween（HOTween v2）的免费版，如图4-64所示。专业版比免费版增加了可视化脚本快速设置功能。

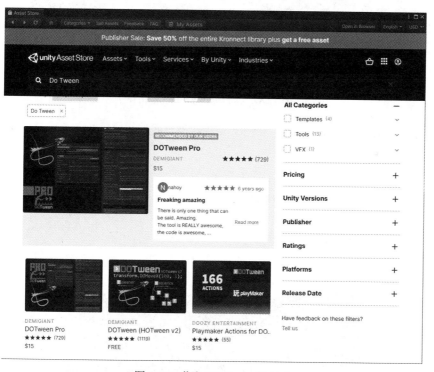

图 4-64 获取 DOTween 的方式

同样也可以在DOTween的官网中下载最新的免费版本，地址是http://DOTween.demigiant.com/download.php。本小节将以DOTween Pro专业版进行讲解。

步骤01 新建一个 Unity 工程，在 Project 面板中右击，依次选择"Import Package→Custom

Package"，选择 Do Tween.unitypackage 插件包。单击 Import 按钮将插件导入到 Unity 工程中。

步骤02 待插件导入完毕，会弹出一个 DOTween 插件的提示框。单击 Open DOTween Utility Panel 打开通用设置面板，如图 4-65 所示。

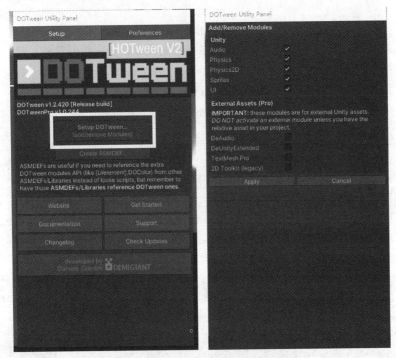

图 4-65 DOTween Utility Panel 通用设置

在通用设置面板中可以查看官网、使用文档等，不过我们在第一时间需要设置 DOTween 的组件，单击 Setup DOTween 进行设置。

4.5.2 DOTween Animation 入门

本小节将学习 DOTween 的基础创建方法与控制方法。

图 4-66 所示是一个 DOTween 的静态方法：static DOTween.To(getter, setter, to, float duration)，其作用是使某个属性从当前值在设定的时间内变更为目标值。

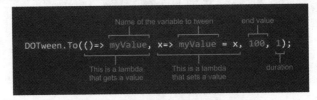

图 4-66 DOTween 的静态方法

- getter：这是一个委托类型，可以用 lambda 表达式：()=>myValue，其中的 myValue 是属性的名称。
- setter：也是一个委托类型，也是可以用 lambda 表达式：x=>myValue=x。

- to：最终需要达到的值。
- duration：持续的时间。

接下来通过一个案例进行说明：比如需要在5秒内让一个整数a从10慢慢变成0。

步骤 01 在工程中新建一个名为DOTweenTest的C#脚本。在脚本中新建一个名为a的整数变量，设置其初始值为10。

步骤 02 在Start函数中，使用DOTween的静态方法去创建一个补间动画，使整数a从10慢慢变成0。

步骤 03 在Update函数中，将整数a打印到控制台，这样就方便对数值的变化进行观察。完整代码如下：

```
using DG.Tweening;
using UnityEngine;

public class DOTweenTest : MonoBehaviour
{
    private int a = 10;

    private void Start()
    {
        DOTween.To((() => a), (x => a = x), 0, 5);
    }

    private void Update()
    {
        Debug.Log(a);
    }
}
```

步骤 04 将DOTweenTest脚本挂载到场景中的摄像机上。运行程序，将在控制台看见整数a的变化，如图4-67所示。

图4-67　运行结果

上面是一个简单的DOTween案例，仅仅实现了一个正常的播放。在实际项目中会有很多其他的需求，比如：延迟播放、暂停播放、循环播放、正播、反播、设置播放的曲线（先慢后快、先快后慢、匀速等）、当播放完成时触发一个函数、当暂停时触发一个函数、当重播时触发一个函数等。在此将列举一些常用的选项。

（1）设置动画的缓动类型

设置DOTween缓动的函数为：

SetEase(Ease easeType \ AnimationCurve animCurve \ EaseFunction customEase)

其中，常用的方式是使用Ease直接设置其类型。Ease的常见类型有：

- Linear：创建线性匀速动画。
- In/Out BackEase：略微收回动画的动作。
- In/Out BounceEase：创建弹跳效果。
- In/Out CircleEase：创建加速/减速的动画。
- In/Out ElasticEase：创建类似于弹簧来回弹跳直到静止的动画。
- In/Out SineEase：创建加速和/或减速使用正弦公式的动画。

推荐一个可以观察Ease动画类型的网站，地址为https://easings.net/，如图4-68所示。

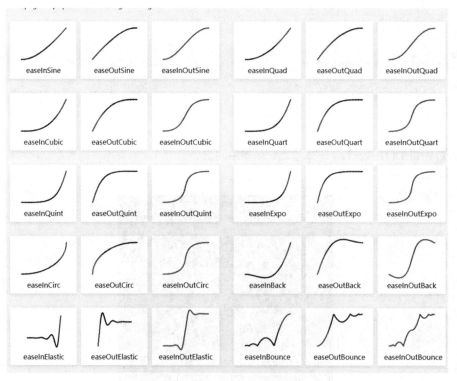

图 4-68　观察 Ease 动画类型的网站

在上面案例创建的动画代码中加入设置缓动的函数SetEase，修改代码如下：

```
DOTween.To((() => a), (x => a = x), 0, 5).SetEase(Ease.InQuad);
```

再次运行程序就能发现，整数a的变化是先慢后快的。

（2）设置动画的循环

设置DOTween循环的函数为：

SetLoops(int loops, LoopType loopType = LoopType.Restart)

其中，loops是设置循环播放的次数，当设置为-1时可以无限循环播放。LoopType有以下三种：

- LoopType.Restart：当播放结束时，再从头开始播放。例如在案例中增加代码：

```
DOTween.To((() => a), (x => a = x), 0, 5).SetLoops(-1,LoopType.Restart);
```

运行程序就能发现控制台输出的内容为：10、9、8、7、6、5、4、3、2、1、0、10、9、8、7、6、5、4、3、2、1、0……这种的循环。

- LoopType.Yoyo：当播放结束时，再往回倒播，当倒播完成再正向播放，像溜溜球一样依次反复。例如在案例中增加代码：

```
DOTween.To((() => a), (x => a = x), 0, 5).SetLoops(-1,LoopType.yoyo);
```

运行程序就能发现控制台输出的内容为：10、9、8、7、6、5、4、3、2、1、0、1、2、3、4、5、6、7、8、9、10、9、8、7、6……这种反复循环。

- LoopType.Incremental：当播放结束时，增量播放。将初始值加上增量的值再播放。例如在案例中增加代码：

```
DOTween.To((() => a), (x => a = x), 0, 5).SetLoops(-1,LoopType.Incremental);
```

运行程序就能发现控制台输出的内容为：10、9、8、7、6、5、4、3、2、1、0、-1、-2、-3、-4、-5、-6、-7、-8、-9、-10、-11、-12……这种累加的循环。

（3）设置动画的延时

当我们设置动画时不需要立即播放而是需要延迟一段时间再播放，在此就会用上一个方法：SetDelay(float delay)；delay即为需要延迟的时间。例如在案例中增加代码：

```
DOTween.To((() => a), (x => a = x), 0, 5).SetDelay(10);
```

这就意味着当程序开始运行10秒后再执行这个DOTween动画。

（4）当开始播放时触发

OnStart(TweenCallback callback)

当播放DOTween的时候触发一个callback回调函数，通知我们该动画已经播放。例如该动画设置了延迟5秒播放，当5秒播放时就会触发callback回调函数。例如在案例中增加代码：

```
DOTween.To((() => a), (x => a = x), 0, 5).SetDelay(5).OnStart((() =>
{
    Debug.Log("开始播放动画");
}));
```

运行程序，在控制台能发现先输出了"开始播放动画"字符再输出了整数a的DOTween动画，如图4-69所示。

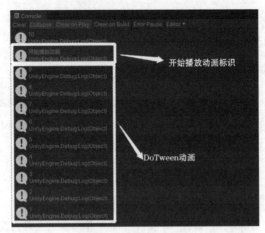

图 4-69　DOTween 动画

（5）当播放暂停时触发

OnPause(TweenCallback callback)

当播放被暂停时触发callback回调函数。

（6）当播放完成时触发

OnComplete(TweenCallback callback)

当播放完成时触发callback回调函数。注意，当循环播放进行中不会触发，当循环播放结束时才触发。

（7）播放/暂停/重播/反向播放动画

Play()为播放动画。

Pause()为暂停动画。

Restart(bool includeDelay = true, float changeDelayTo = –1)为重播，其中：includeDelay表示是否包含延迟，默认为包含。changeDelayTo表示重新设置延时。

PlayBackwards()为反向播放动画。

在案例中的使用方法为：

```
using DG.Tweening;
using DG.Tweening.Core;
using DG.Tweening.Plugins.Options;
using UnityEngine;

public class DOTweenTest : MonoBehaviour
{
    private int a = 10;
    /// <summary>
    /// DOTween对象
    /// </summary>
```

```
        private TweenerCore<int, int, NoOptions> tween;
        private void Start()
        {
            tween = DOTween.To((() => a), (x => a = x), 0, 5).SetLoops(-1,
LoopType.Restart);
        }
        private void Update()
        {
            Debug.Log(a);
            //当按A键时暂停播放
            if (Input.GetKeyDown(KeyCode.A))
            {
                tween.Pause();
            }
            //当按B键时播放
            if (Input.GetKeyDown(KeyCode.B))
            {
                tween.Play();
            }
            //当按C键时重新播放
            if (Input.GetKeyDown(KeyCode.C))
            {
                tween.Restart();
            }
            //当按D键时回播
            if (Input.GetKeyDown(KeyCode.D))
            {
                tween.PlayBackwards();
            }
        }
    }
```

4.5.3 DOTween Animation 的常见类型

4.5.2节提到了使用DOTween.To()这种方式创建补间动画，本小节将学习更加快捷的方式创建常见物体的补间动画。例如：Transform、Light、Material、Camera、Image、Text等。

1. 物体的 Transform 类

（1）Move

① DOMove(Vector3 to, float duration, bool snapping)：使物体整体进行位移。

② DOMoveX/DOMoveY/DOMoveZ(float to, float duration, bool snapping)：使物体朝着某一个轴进行位移。

③ DOLocalMove(Vector3 to, float duration, bool snapping)：使物体在局部坐标进行位移。

④ DOLocalMoveX/DOLocalMoveY/DOLocalMoveZ(float to, float duration, bool snapping)：使物体朝着局部坐标的某一个轴进行位移。

- Vector3 to：设置一个三维向量作为需要到达的目标坐标。

- float duration：设置一个浮点数作为整个动画的持续时间。
- bool snapping：是否需要将补间动画的每个值平滑地设置为整数。

（2）Rotate

① DORotate(Vector3 to, float duration, RotateMode mode)：使物体进行旋转。

② DOLocalRotate(Vector3 to, float duration, RotateMode mode)：使物体根据局部坐标进行旋转。

- Vector3 to：设置一个三维向量作为需要到达的目标坐标。
- float duration：设置一个浮点数作为整个动画的持续时间。
- RotateMode mode：设置一个旋转的模式。
  - Fast：默认为此模式，以最短的路径旋转，旋转不会超过360°。
  - FastBeyond360：快速模式但可以超过360°。
  - WorldAxisAdd：使用世界坐标轴，在这种模式下，最终值是相对的。
  - LocalAxisAdd：将旋转值添加到局部坐标轴上。在这种模式下，最终值是相对的。

③ DOLookAt(Vector3 towards, float duration, AxisConstraint axisConstraint = AxisConstraint.None, Vector3 up = Vector3.up)：旋转目标朝向某个位置。

- Vector3 towards：设置一个三维向量作为目标坐标。
- float duration：设置一个浮点数作为整个动画的持续时间。
- AxisConstraint axisConstraint：旋转的轴约束。
- Vector3 up：定义向上的方向。

（3）Scale

① DOScale(float/Vector3 to, float duration)：使物体进行缩放。

② DOScaleX/DOScaleY/DOScaleZ(float to, float duration)：让物体朝某个轴进行缩放。

- float/Vector3 to：设置一个浮点数/三维向量作为目标坐标。
- float duration：设置一个浮点数作为整个动画的持续时间。

使用一个案例对动画进行说明：在Unity场景中新建一个物体Cube，并重置其Transform属性。在Cube上创建一个脚本DOTween_Transform，对脚本进行如下编辑：

```
using DG.Tweening;
using UnityEngine;

public class DOTween_Transform : MonoBehaviour
{
    private void Update()
    {
        //当按A键时位移
        if (Input.GetKeyDown(KeyCode.A))
        {
            transform.DOMove(new Vector3(2, 2, 2), 3);
        }
        //当按B键时旋转
```

```
        if (Input.GetKeyDown(KeyCode.B))
        {
            transform.DORotate(new Vector3(50, 50, 50), 5);
        }
        //当按C键时缩放
        if (Input.GetKeyDown(KeyCode.C))
        {
            transform.DOScale(new Vector3(3, 3, 3), 5);
        }
    }
}
```

运行程序，按下A键Cube将会在3秒内移动到（2, 2, 2）这个坐标处，按下B键Cube将在5秒内旋转到（50, 50, 50）这个角度，按下C键Cube将在5秒内放大3倍。

2. Light 类

（1）Color

DOColor(Color to, float duration)

- Color to：设置一个新的灯光颜色。
- float duration：设置一个浮点数作为整个动画的持续时间。

（2）Intensity

DOIntensity(float to, float duration)：改变灯光光照强度。

- float to：设置一个新的灯光强度。
- float duration：设置一个浮点数作为整个动画的持续时间。

3. Material 类

（1）Color

① DOColor(Color to, float duration)：改变材质球颜色。

- Color to：设置一个新的材质球颜色。
- float duration：设置一个浮点数作为整个动画的持续时间。

② DOColor(Color to, string property, float duration)：改变材质球的指定属性颜色。

- Color to：设置一个新的灯光颜色。
- string property：设置需要更改材质颜色的属性名称。
- float duration：设置一个浮点数作为整个动画的持续时间。

（2）Fade

① DOFade(float to, float duration)：改变材质球透明度。仅对支持透明的材质球有效。

- float to：设置材质球透明度。
- float duration：设置一个浮点数作为整个动画的持续时间。

② DOFade(float to, string property, float duration)：改变材质球的指定属性颜色的透明度。

- float to：设置透明度。
- string property：设置需要更改材质透明度的属性名称。
- float duration：设置一个浮点数作为整个动画的持续时间。

（3）Offset

① DOOffset(Vector2 to, float duration)：改变材质球的偏移。

- Vector2 to：设置材质球的偏移值。
- float duration：设置一个浮点数作为整个动画的持续时间。

② DOOffset(float to, string property, float duration)：改变材质球的指定属性颜色的透明度。

- float to：设置材质球的偏移值。
- string property：设置需要更改材质偏移值的属性名称。
- float duration：设置一个浮点数作为整个动画的持续时间。

（4）Tiling

① DOTiling (Vector2 to, float duration)：改变材质球中贴图的偏移。

- Vector2 to：设置材质球的拼接值。
- float duration：设置一个浮点数作为整个动画的持续时间。

② DOTiling (float to, string property, float duration)：改变材质球的指定贴图的偏移。

- float to：设置材质球的拼接值。
- string property：设置需要更改材质拼接值的属性名称。
- float duration：设置一个浮点数作为整个动画的持续时间。

案例说明如下：

① 在Unity场景中新建一个物体Cube，并重置Transform属性。

② 在工程面板中创建一个Standard标准材质球，将材质球的渲染模式设置为Fade。在工程中找一张图片设置为Albedo的贴图，如图4-70所示。

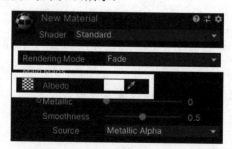

图4-70　设置Albedo贴图

③ 将材质球赋给新建的Cube。

④ 在工程面板中创建一个名为DOTween_Material的C#脚本，并挂载在Cube物体上。对脚本进行如下编辑：

```
using DG.Tweening;
```

```csharp
using UnityEngine;
public class DOTween_Material : MonoBehaviour
{
    private Material Mat;

    private void Start()
    {
        //指定材质球
        Mat = GetComponent<MeshRenderer>().material;
    }

    private void Update()
    {
        //当按A键时改变颜色
        if (Input.GetKeyDown(KeyCode.A))
        {
            Mat.DOColor(Color.red, 3);
        }
        //当按B键时改变透明度
        if (Input.GetKeyDown(KeyCode.B))
        {
            Mat.DOFade(0, 3);
        }
        //当按C键时改变偏移
        if (Input.GetKeyDown(KeyCode.C))
        {
            Mat.DOOffset(new Vector2(3, 3), 3);
        }
        //当按D键时改变拼接值
        if (Input.GetKeyDown(KeyCode.D))
        {
            Mat.DOTiling(new Vector2(3, 3), 3);
        }
    }
}
```

运行程序，按下A键Cube将会在3秒内变成红色，按下B键Cube将在3秒内消失，按下C键Cube的贴图将在3秒内偏移到（3,3），按下D键Cube的贴图的拼接将在3秒内变成到（3,3）。

4. Camera 摄像机类

（1）Aspect

DOAspect(float to, float duration)：设置摄像机的宽、高的比例，比如16:9等。

- float to：摄像机的宽、高比。
- float duration：设置一个浮点数作为整个动画的持续时间。

（2）Color

DOColor(Color to, float duration)：设置摄像机的背景色，注意摄像机的Clear Flags需要设置为

Solid Color模式。

- Color to：设置摄像机的背景色。
- float duration：设置一个浮点数作为整个动画的持续时间。

（3）ShakePosition

DOShakePosition(float duration, float/Vector3 strength, int vibrato, float randomness, bool fadeOut)：模拟相机的位置抖动。

- float duration：设置一个浮点数作为整个动画的持续时间。
- float/Vector3 strength：设置震动的强度，使用 Vector3 类型可以选择不同的轴向的震动强度。
- int vibrato：震动的次数。
- float randomness：震动的随机值。
- bool fadeOut：若为真时震动会平滑地退出。

（4）ShakeRotation

DOShakeRosition(float duration, float/Vector3 strength, int vibrato, float randomness, bool fadeOut)：模拟摄像机的旋转抖动。

- float duration：设置一个浮点数作为整个动画的持续时间。
- float/Vector3 strength：设置震动的强度，使用 Vector3 类型可以选择不同的轴向的震动强度。
- int vibrato：震动的次数。
- float randomness：震动的随机值。
- bool fadeOut：若为真时震动会平滑地退出。

5. Image 类

（1）Color

DOColor(Color to, float duration)：设置Image的颜色。

- Color to：设置 Image 的颜色。
- float duration：设置一个浮点数作为整个动画的持续时间。

（2）Fade

DOFade(float to, float duration)：改变Image的透明度。

- float to：设置 Image 的透明度。
- float duration：设置一个浮点数作为整个动画的持续时间。

6. Text 类

（1）Color

DOColor(Color to, float duration)：设置Text的颜色。

- Color to：设置 Text 的颜色。
- float duration：设置一个浮点数作为整个动画的持续时间。

（2）Fade

DOFade(float to, float duration)：改变Text颜色。

- float to：设置 Text 的透明度。
- float duration：设置一个浮点数作为整个动画的持续时间。

（3）Text

DOText(string to, float duration, bool richTextEnabled = true, ScrambleMode scrambleMode = ScrambleMode.None, string scrambleChars = null)：设置文本有一字一字输入的效果。

- string to：需要输入的完整文字。
- float duration：设置一个浮点数作为整个动画的持续时间。
- bool richTextEnabled：是否支持使用富文本。
- ScrambleMode scrambleMode：干扰模式。
- string scrambleChars：自定义一个字符串。

4.5.4　DOTween Animation 的可视化编辑

前面学习了使用脚本的方式来控制DOTween动画，本小节将以物体的位移为例学习如何使用可视化的方式进行编辑。

步骤01 在 Unity 工程中创建一个物体 Cube，重置其 Transform 属性。

步骤02 在物体 Cube 上添加名为 DOTween Animation 的组件，如图 4-71 所示。

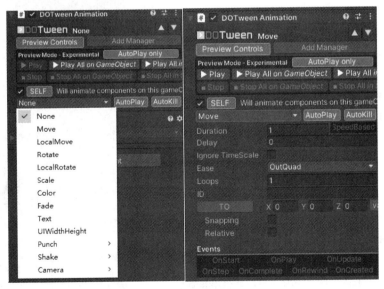

图 4-71　DOTween Animation 组件

在下拉列表中可以看到DOTween的动画类型，在此选择Move。此时面板上的参数和脚本创建动画中的参数大同小异。

- Duration：持续时间。
- Delay：延迟播放时间。
- Ignore TimeScale：忽略时间比例。
- Ease：设置缓动类型。
- Loops：设置循环次数和循环类型。
- ID：设置动画的 ID。
- To：设置目标的坐标/目标物体的坐标。

设置完成之后，单击 Play 即可在不运行程序时预览这个动画。

4.5.5　DOTween Path（动画路径）

DOTween 的另一项功能就是 DOTween Path（动画路径），本小节将从一个小案例进行学习，让一个 Cube 沿着一条路径进行运动。

步骤 01　在 Unity 场景中新建一个空物体，将其命名为 Empty。重置其 Transform 属性，并加上一个名为 DOTween Path 的脚本，如图 4-72 所示。

接下来先看看 DOTween Path 的参数：

- Shift + Ctrl：在 Scene 视图中同时按住 Shift 和 Ctrl 键加上鼠标左键即可添加一个路径点。
- Shift + Alt：在 Scene 视图中同时按住 Shift 和 Alt 键并单击路径点即可对其删除。
- Info：信息。
  - Path Length：路径的长度。
- Tween Options：动画选项。
  - Auto Play：是否自动播放。
  - Auto Kill：播放完成之后是否自动销毁。
  - Duration：路径动画持续时间。
  - Delay：路径动画延迟播放时间。
  - Ease：路径动画缓动效果。
  - Loops：循环次数及循环方式。
  - ID：路径动画的序列号。
  - Update Type：更新方式。
    - ★ Normal：正常更新 Update()。
    - ★ Late：晚于正常更新 LateUpdate()。
    - ★ Fixed：固定更新 FixedUpdate()。
    - ★ Manual：手动更新。
- Path Tween Options：路径动画选项。

图 4-72　DOTween Path 脚本

- ➢ Path Type：路径的类型。
  - ★ Liner：直线型。
  - ★ Catmull Rom：曲线类型插值平滑。
    - ▲ Path resolution：路径的分辨率，路径点之间的曲线由多少个点构成，数值越大曲线就越圆滑。
- ➢ Close Path：路径是否形成闭环。
- ➢ Local Movement：是否使用局部坐标移动。
- ➢ Path Mode：路径的模式，可用于确认朝向。
  - ★ Ignore：忽略。
  - ★ Full3D：在三维的场景中物体可以看任意的方向。
  - ★ TopDown2D：只能上下旋转看向物体。
  - ★ Sidescroller2D：只能左右旋转看向物体。
- ➢ Lock Rotation：锁定旋转的轴向。
- ➢ Orientation：朝向。
  - ★ Path：路径。
    - ▲ LookAhead：取值范围为 0~1，为 0 时看向下一个路径点，为 1 时看向最后一个路径点。
  - ★ Look At Transform：看向一个物体。
    - ▲ Look At Target：设置需要看向的物体。
  - ★ Look At Position：看向一个坐标点。
    - ▲ Look At Position：设置需要看向的三维坐标。
- Path Editor Options：路径编辑选项。
  - ➢ Move/Rotate W Target：移动/旋转第一个路径点时是否移动/旋转整条路径。
  - ➢ Color：路径线路的颜色。
  - ➢ Show Indexes：是否显示每个路径点的序号。
  - ➢ Show WPs Length：是否显示路径点的长度。
  - ➢ Live preview：添加或修改路径时，是否实时显示。
  - ➢ Handles Type/Mode：控制路径点的方式。
    - ★ Full：使用三维坐标轴控制。
    - ★ Free：自由模式，没有三维坐标，可以随意拖动。
- Events：路径动画的事件。
  - ➢ OnStart：开始时触发，只会触发一次，在 OnPlay 之前。
  - ➢ OnPlay：播放时触发，暂停后重新播放也会调用。
  - ➢ OnUpdate：每帧更新时触发。
  - ➢ OnStep：步进时触发。
  - ➢ OnComplete：当完成播放时触发。
  - ➢ OnRewind：当倒播时触发。
  - ➢ OnCreated：被创建时触发。
- Extras：附加设置。

➢ Reset Path：重置整条路径，路径点会被全部删除。
➢ Drop To Floor (Offset Y)：将整条路径对齐地面，需要在路径下方有一个带碰撞体的物体
➢ Waypoints：所有的路径点列表（可以手动的新增、删除、修改和调整路径点的顺序）。

步骤 02 按照上面参数的讲解对 DOTween Path 组件的参数进行设置，添加几个路径点。

步骤 03 创建一个 Cube 并重置其 Transform 属性，将 Cube 设置为 Empty 的子物体。这样当 Empty 沿着路径运动时 Cube 也会随之运动。

步骤 04 运行程序，Cube 会随着路径进行移动。

4.6 AVPro Video 插件

在 Unity 中播放视频的方法有很多，比例 Unity 自带的 Movie Texture、Video Player 等。在实际项目中使用最多的方式还是 AVPro Video 插件，如图 4-73 所示。这是一款支持 Windows、macOS、iOS、tvOS、Android 和 UWP 的跨平台视频播放器，同时支持播放本地视频、远程视频、流媒体、VR 视频、360°全景视频、180°全景视频、单声道视频、立体声视频、8K+视频解码、透明视频等，功能十分强大。

图 4-73　AVPro Video 插件

4.6.1 AVPro Video 的安装

在 Unity 工程的菜单栏中依次选择 "Window→Asset Store" 打开商城，在搜索栏中输入 AVPro Video，就能发现至少有 5 款 AVPro Video，分别为：

- AVPro Video - Ultra Edition
- AVPro Video - Core Edition
- AVPro Video - Core Windows Edition
- AVPro Video - Core Android Edition
- AVPro Video - Core macOS/iOS/tvOS Edition

不同版本的区别详见表4-1。

表 4-1 AVPro Video 不同的版本

详　情	版本				
	Ultra Edition	Core Edition	Core Windows Edition	Core Android Edition	Core macOS/iOS/tvOS Edition
Window 平台	支持	支持	支持	水印	水印
UWP 平台	支持	支持	支持	水印	水印
macOS 平台	支持	支持	水印	水印	支持
tvOS 平台	支持	支持	水印	水印	支持
iOS 平台	支持	支持	水印	水印	支持
Android 平台	支持	支持	水印	支持	水印
Hap 解码	支持	水印	水印	水印	水印
NotchLC 解码	支持	水印	水印	水印	水印
自定义 Http 头	支持	不支持	不支持	不支持	不支持
AES-128 方式 HLS 加密	支持	不支持	不支持	不支持	不支持
空间音频	支持	不支持	不支持	不支持	不支持

除了上述的5个版本之外还有一个免费的试用版，上述的所有功能全都能支持，但是也都添加了水印。试用版的下载地址为https://github.com/RenderHeads/UnityPlugin-AVProVideo/releases。

AVPro Video插件在各平台对不同格式的视频音频类型的支持如表4-2所示。

表 4-2 AVPro Video 插件在各平台对不同格式的视频音频类型的支持

视频音频类型	平台			
	Windows	Android	macOS	iOS/IPADS/TVOS
MP4	支持	支持	支持	支持
MOV	支持	不支持	支持	支持
MKV	支持（需要 Windows 10 版本）	支持	不支持	不支持
WebM	支持（需要 Windows 10 的 1607 版本）	支持	不支持	不支持
AVI	支持	不支持	不支持	不支持
MP3	支持	支持	支持	支持
AAC	支持	支持	支持	支持
WAV	支持	不支持	不支持	不支持
CAF	不支持	不支持	支持	不支持

4.6.2 AVPro Video 的基础设置

新建一个Unity工程，将下载好的插件包导入到工程中。在Hierarchy面板中右击，会发现Video中新增了两个小项：AVPro Video - Media Player与AVPro Video - Media Player with Unity Audio，两者的区别在于音频输出设置是否为Unity。其中视频播放控制的核心还是在于Media Player组件，如图4-74所示。

组件主要是由两部分构成：

（1）视频预览与视频信息

当新建组件时为棋盘格背景，单击时间轴下面的文件夹图标 可以选择视频。

- Media References：工程中视频。
- Browse：打开 Windows 的选择窗自由选择。
- StreamingAsset：StreamingAsset 文件夹中的视频。
- Recent Files：最新使用的文件。
- Recent URLs：最新使用的网页链接。

当选择视频后棋盘格背景就会变成视频内容，通过 播放、暂停、是否循环以及音量大小来预览视频。

在 Media Info 栏中就可以看到关于视频的详细信息，如图4-75所示。

图 4-74　Media Player 组件

图 4-75　视频的详细信息

- 640×360@30：当前视频的分辨率以及码率。
- 0.00FPS：播放视频时的 FPS 值。
- Video Tracks：视频的轨道。
- Audio Tracks：音频的轨道。

（2）视频设置

① Source（来源）

- Media Source（视频来源）分为两类：Reference 引用与 Path 路径。两者的区别在于 Reference

是提前在 Project 目录中新建一个 media Reference 媒体引用来指定视频来源。两者指定的方式都一样，均有 5 种类型（见图 4-76）：

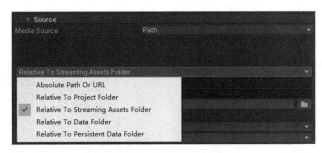

图 4-76　视频来源

- ➢ Absolute Path Or URL：绝对路径或者 URL 链接，可以用来播放在线视频。
- ➢ Relative To Project Folder：相对于当前项目文件夹的路径，当发布之后不同平台需要设置不同参数。
- ➢ Relative To StreamingAssets Folder：位于项目中的 StreamingAssets 文件夹中。
- ➢ Relative To Data Folder：对应 Application.dataPath()文件夹，在 windows 环境下一般是工程目录"/Assets"。
- ➢ Relative To Persistent Data Folder：对应 Application.persistentDataPath()文件夹，在 windows 环境下一般在"C:\Users\username\AppData\LocalLow\company name\product name"。
- Transparency：视频是否使用透明通道。
- Stereo Packing：视频是否使用立体模式。
  - ➢ Top Bottom：上下模式。
  - ➢ Left Right：左右模式。
  - ➢ Custom UV：自定义模式。

② Main（主要）

Main 设置如图 4-77 所示。

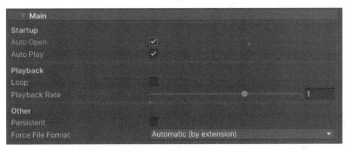

图 4-77　Main 设置

- Auto Open：当指定视频之后是否自动打开。
- Auto Play：当视频准备就绪之后是否自动播放。
- Loop：是否循环播放。
- Playback Rate：播放的速率。

- Persistent：是否不销毁这个物体。
- Force File Format：视频的格式，一般保持默认，自动获取。

③ Audio（音频）

Audio设置如图4-78所示。

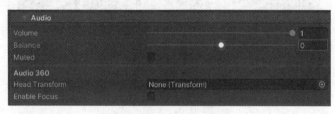

图 4-78　Audio 设置

- Volume：设置视频的音量。
- Balance：音频均衡器。
- Muted：是否静音。
- Head Transform：用以模拟360°音效的头部。
- Enable Focus：是否开启聚焦模式。

④ Events（播放事件）

自定义播放时触发的一些事件，如图4-79所示。

图 4-79　Events

- MetaDataReady：媒体数据准备完成时触发。
- ReadyToPlay：准备播放时触发。
- FirstFrameReady：第一帧准备好时触发。
- Started：开始播放时触发，每次暂停再播放时也会触发。
- Closing：关闭播放器时触发。
- Error：播放错误时触发。
- PlaylistFinished：播放列表播放完毕时触发。
- ResolutionChanged：分辨率发生改变时触发。

4.6.3　AVPro Video 的四种呈现方式

4.6.2节中已经学习AVPro Video基础组件的用法，本小节将学习如何播放视频。视频播放的载体大体可以分为4大类：UGUI界面中播放、GUI界面中播放、物体的Mesh（网格）中播放、材质球中播放。

这4种呈现方式都需要用一个Media Player来控制视频的播放。首先新建一个AVPro Video - Media Player播放组件并命名为MP，并且按照上一小节的知识选择一个需要播放的视频。

1. 第1种呈现方式：在UGUI界面中播放

步骤01 新建一个 Canvas，再在画布下创建一个 AVPro Video uGUI 并将其命名为 Video Panel，调整尺寸为 800×600，如图 4-80 所示。

步骤02 将 Display uGUI 组件中的 Media Player 属性指定为新建的物体 MP。运行程序即可在界面上播放视频。下面对组件的重要参数进行说明：

- Media Player：需要播放的视频播放器。
- Display In Editor：在编辑器状态下图标是否显示。
- No Default Display：在界面中是否显示默认 AVPro Video 的图标。
  - Default Texture：当选择不显示默认图标时，可以使用此参数指定显示的图标。当播放时图标会消失。
- Color：播放视频时叠加的一层颜色。
- Raycast Target：当前这个物体是否可以被鼠标单击。
- UV Rect：设置视频画面的偏移和重复次数，一般保持默认。
- Set Native Size：是否将当前界面的尺寸设置为视频的尺寸。例如视频是 800×600，如果勾选此选项，当运行程序时当前界面的尺寸会自动变成 800×600。
- Scale Mode：当界面缩放时，视频的缩放模式（当勾选 Set Native Size 时本选项没效果）。
  - Stretch To Fill：将视频进行拉伸，如图 4-81 所示。
  - Scale And Crop：保持视频的长宽比，界面之外的内容将被裁切，如图 4-82 所示。
  - Scale To Fit：保持视频的最小长宽比以适应界面，如图 4-83 所示。

图 4-80　新建 Canvas 画布

图 4-81　将视频拉伸

图 4-82　裁切视频

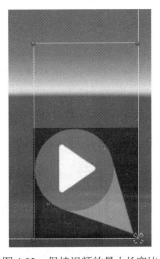

图 4-83　保持视频的最小长宽比

2. 第2种呈现方式：无须创建UGUI，直接在GUI界面中播放

步骤01 创建一个名为GUI Video的空物体，在空物体上添加名为Display IMGUI的组件，如图4-84所示。

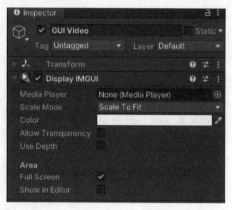

图4-84 创建名为GUI Video的空物体

步骤02 将Display IMGUI组件中的Media Player属性指定为物体MP。运行程序时即可在界面上播放视频。下面对组件的重要参数进行说明：

- Media Player：需要播放的视频播放器。
- Scale Mode：视频缩放模式，与Display UGUI组件一样。
- Color：在视频上叠加一层颜色。
- Allow Transparency：是否总是使用透明模式（需要视频有透明通道）。
- Use Depth：是否使用深度层级（GUI层级默认高于UGUI层级，所有GUI的内容默认覆盖UGUI的界面）。
  - Depth：视频层级，例如同时有两个GUI视频重叠在一起播放，层级高的会覆盖层级低的。
- Full Screen：是否全屏播放，当不勾选时，会出现下面的参数可以调节视频的位置和尺寸。
  - X：视频在水平轴上的位置。0为屏幕的最左侧，1为屏幕的最右侧。
  - Y：视频在垂直轴上的位置。0为屏幕的顶部，1为屏幕的底部。
  - Width：视频的宽度，0为屏幕宽度的0倍即宽度为0，1为屏幕宽度的1倍即左右撑满。
  - Height：视频的高度，0为屏幕高度的0倍即高度为0，1为屏幕高度的1倍即上下撑满。
- Show in Editor：只有勾选此项时，调整视频的位置和尺寸的操作才能在编辑器状态下可见，否则只能在运行时才能看到。

3. 第3种呈现方式：在三维物体的Mesh上播放视频

步骤01 创建一个名为Cube Video的立方体，在立方体上添加名为Apply To Mesh的组件，如图4-85所示。

步骤02 将Apply To Mesh组件中的Media Player属性指定为物体MP。

步骤03 将Apply To Mesh组件中的Renderer属性指定立方体的Mesh Renderer。

运行程序后即可在立方体上播放视频。下面对组件的重要参数进行说明：

- Media Source：需要播放的视频播放器。
- Default Texture：默认需要显示的图片，当运行时会先显示该图片再播放视频。
- Renderer：需要播放视频的网格载体。
- All Materials：是否是网格中所有材质球都播放视频。
  - Material Index：需要播放视频的材质球序列号。
- Texture Property：材质球中哪一张贴图用来显示视频（一般使用默认的_MainTex）。
- Offset：视频的偏移。
- Scale：视频的缩放。
- Automatic Stereo Packing：是否自动识别立体类型。
- Stereo Red Green Tint：是否为红蓝立体模式。

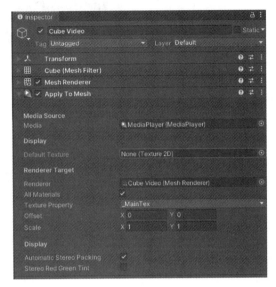

图 4-85　创建名为 Cube Video 的立方体

4. 第 4 种呈现方式：将视频在材质球上显示

此种方式可以用在天空盒播放视频、多个物体共用一个材质球等情况下。本案例将在天空盒中播放视频，其原理是将视频在材质球上显示，再将材质球设置为天空盒的材质。

步骤 01　创建一个名为 Mat Video 的空物体，在空物体上添加名为 Apply To Material 的组件，如图 4-86 所示。

步骤 02　新建一个材质球名为 SkyMat，指定着色器为 AVProVideo/Skybox/Sphere。

步骤 03　将 Apply To Mesh 组件中的 Media Player 属性指定为物体 MP，将 Material 属性指定为刚刚新建的天空盒材质球 SkyMat。

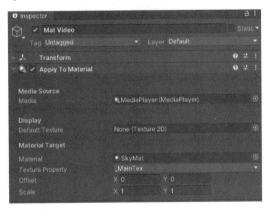

图 4-86　创建名为 Mat Video 的空物体

步骤 04　在场景的 Main Camera 上添加一个名为 Skybox 的组件，用来显示天空盒。将 Custom Skybox 属性指定为刚刚新建的天空盒材质球 SkyMat，如图 4-87 所示。

图 4-87 将 Custom Skybox 属性指定为天空盒材质球 SkyMat

当运行程序时，天空盒就会播放视频。下面对 Apply To Material 组件的重要参数进行说明：

- Media：需要播放的视频播放器。
- Default Texture：默认需要显示的图片，当运行时会先显示该图片再播放视频。
- Material：需要显示视频的材质球。
- Texture Property：材质球中哪一张贴图用来显示视频（一般使用默认的_MainTex）。
- Offset：视频的偏移。
- Scale：视频的缩放。

4.6.4 AVPro Video 的常用 API

4.6.3 节已经了解到 AVPro Video 的 4 种播放方式，在实际项目中可以根据具体的需求进行选择。本小节将学习如何通过脚本控制视频的播放、暂停、停止、音量的大小、视频的进度等。

我们将分成三个部分进行学习：视频控制、视频信息、视频事件。

1. 视频控制

编辑代码如下：

```
MediaPlayer MP = GetComponent<MediaPlayer>();
//打开视频
MP.OpenMedia(MediaPathType.RelativeToStreamingAssetsFolder, "视频路径", true);
//视频播放
 MP.Control.Play();
//视频暂停
MP.Control.Pause();
//视频停止
MP.Control.Stop();
//视频重播
MP.Control.Rewind();
//视频静音
MP.Control.MuteAudio(true);
//视频取消静音
MP.Control.MuteAudio(false);
//视频循环播放
MP.Control.SetLooping(true);
//视频取消循环播放
MP.Control.SetLooping(false);
```

```csharp
//设置视频的音量
MP.Control.SetVolume(0.5f);
//设置视频跳转到25帧
MP.Control.SeekToFrame(25);
//设置视频调整到25秒
MP.Control.Seek(25);
//设置音频的类型
MP.Control.SetAudioChannelMode(Audio360ChannelMode.INVALID);
//获取音频的声道数量
int audioChannelCount = MP.Control.GetAudioChannelCount();
//获取视频播放时当前播放到的时间
double currentTime = MP.Control.GetCurrentTime();
//获取视频播放时当前播放到的帧
int currentTimeFrames = MP.Control.GetCurrentTimeFrames();
//视频是否为循环播放
bool loop = MP.Control.IsLooping();
//视频是否静音
bool muted = MP.Control.IsMuted();
//视频是否暂停
bool paused = MP.Control.IsPaused();
//视频是否正在播放
bool playing = MP.Control.IsPlaying();
//视频是否已经播放结束
bool finished = MP.Control.IsFinished();
//视频是否可以播放
bool canplay = MP.Control.CanPlay();
//视频是否已经准备好
bool hasMetDate = MP.Control.HasMetaData();
```

2. 获取视频信息

编辑代码如下：

```csharp
MediaPlayer MP = GetComponent<MediaPlayer>();
 //视频的总时长（秒）
double duration = MP.Info.GetDuration();
//视频的总帧数
int frames = MP.Info.GetDurationFrames();
//视频显示的帧率（每秒的帧数）
float displayRate = MP.Info.GetVideoDisplayRate();
//视频的帧率
float frameRate = MP.Info.GetVideoFrameRate();
//视频的高度
int height = MP.Info.GetVideoHeight();
//视频的宽度
int width = MP.Info.GetVideoWidth();
//视频播放器中是否有视频
bool hasVideo = MP.Info.HasVideo();
//视频播放器中是否有音频
bool hasAudio = MP.Info.HasAudio();
```

3. 视频播放器事件

编辑代码如下:

```
MediaPlayer MP = GetComponent<MediaPlayer>();
MP.Events.AddListener((mediaPlayer, eventType, errorCode) =>
    {
      switch (eventType)
        {
           case MediaPlayerEvent.EventType.MetaDataReady:
               //当视频数据准备好
               break;
           case MediaPlayerEvent.EventType.ReadyToPlay:
               //当视频加载好并且准备好播放
               break;
           case MediaPlayerEvent.EventType.Started:
               //当视频开始播放
               break;
           case MediaPlayerEvent.EventType.FirstFrameReady:
               //当视频的第一帧准备就绪
               break;
           case MediaPlayerEvent.EventType.FinishedPlaying:
               //在处于非循环状态下,视频完成播放时触发
               break;
           case MediaPlayerEvent.EventType.Closing:
               //当视频关闭时
               break;
           case MediaPlayerEvent.EventType.Error:
                //当播放发生错误时
                 break;
           case MediaPlayerEvent.EventType.SubtitleChange:
               //当字幕发生改变时
               break;
           case MediaPlayerEvent.EventType.ResolutionChanged:
               //当分辨率发生改变时
               break;
           case MediaPlayerEvent.EventType.StartedSeeking:
               //当开始改变播放的时间时
               break;
           case MediaPlayerEvent.EventType.FinishedSeeking:
               //当改变时间结束时
               break;
           case MediaPlayerEvent.EventType.StartedBuffering:
               //当缓冲开始时
               break;
           case MediaPlayerEvent.EventType.FinishedBuffering:
               //当缓冲结束时
               break;
           case MediaPlayerEvent.EventType.PropertiesChanged:
               //当属性发生变化时,这个需要手动触发
               break;
```

```
                case MediaPlayerEvent.EventType.PlaylistItemChanged:
                    //当播放列表发生改变时
                    break;
                case MediaPlayerEvent.EventType.PlaylistFinished:
                    //当播放列表播放完时触发
                    break;
                case MediaPlayerEvent.EventType.TextTracksChanged:
                    //当文字追踪发生改变时
                    break;
                default:
                    throw new ArgumentOutOfRangeException(nameof(eventType), eventType, null);
            }
        });
```

4.7 AVPro Movie Capture 插件

AVPro Movie Capture是用于Unity的一款可以跨平台录制音视频的插件，该插件和4.6.3节中的AVPro Video均由RenderHeads公司出品，如图4-88所示。该插件具有以下的特点：

- 可以保存的格式有 AVI、MP4、MOV、PNG、JPG。
- 可以实时录制也可以离线录制音视频。
- 目前版本的 AVPro Movie Capture 支持 Unity 5.6+、2017.x、2018.x、2019.x。
- 能够录制高达 8K 分辨率的视频。
- 可以录制 360° 和 180° 的视频。
- 可以录制拥有运动模糊效果的视频。
- 可以录制带有透明度的视频。

图 4-88　AVPro Movie Capture 插件

4.7.1 AVPro Movie Capture 的安装

在Unity工程的菜单栏中依次选择"Window→Asset Store"打开商城,在搜索栏中输入AVPro Movie Capture,就能发现有4款AVPro Movie Capture,分别为:

- AVPro Movie Capture(Windows):仅供 Windows 平台使用。
- AVPro Movie Capture(macOS):仅供 macOS 平台使用。
- AVPro Movie Capture(IOS):仅供 IOS 系统使用。
- AVPro Movie Capture 完整版:Windows、macOS、iOS 均可使用。

除了上述的4款之外还有一款免费试用版,下载的地址为:
https://github.com/RenderHeads/UnityPlugin-AVProMovieCapture/releases

4.7.2 录制屏幕画面

步骤 01 新建一个 Unity 工程,将下载好的插件包导入到工程中。在 Hierarchy 面板中新建一个名为 Capture 的空物体并添加上 Capture From Screen 组件,用来录制屏幕。

步骤 02 在 Hierarchy 面板中新建一个名为 Create 的空物体。

步骤 03 创建一个名为 Create Obj 的 C#脚本,并挂载到刚刚新建的 Create 空物体上。此脚本主要用来动态生成立方体。对脚本进行如下编辑:

```csharp
using System.Collections.Generic;
using UnityEngine;

public class CreateObj : MonoBehaviour
{
    //动态生成的Cube集合
    private List<GameObject> _cubes = new List<GameObject>();
    private void Start()
    {
        //隔一秒执行一次
        InvokeRepeating("Create", 0, 1);
    }
    /// <summary>
    /// 创建Cube
    /// </summary>
    private void Create()
    {
        //如果生成的Cube大于5个
        if (_cubes.Count > 5)
        {
            //销毁集合里的第一个Cube物体
            GameObject.Destroy(_cubes[0].gameObject);
            //从集合里将第一个Cube移除
            _cubes.RemoveAt(0);
        }
```

```
            //动态生成Cube
            GameObject go = GameObject.CreatePrimitive(PrimitiveType.Cube);
            //随机设置Cube的坐标
            go.transform.position = new Vector3(Random.Range(-5, 5), 0,
Random.Range(-10, 10));
            //将Cube设为挂载脚物体的子物体
            go.transform.parent = this.transform;
            //为Cube添加一个爆炸力让Cube可以动起来
            go.AddComponent<Rigidbody>().AddExplosionForce(Random.Range(10, 15),
go.transform.position, Random.Range(0, 10), 0f, ForceMode.Impulse);
            //将Cube添加到集合中
            _cubes.Add(go);
        }
    }
```

在脚本中有三个重要的函数：

- 延时重复执行某个方法：void InvokeRepeating(string methodName, float time, float repeatRate)
  - methodName：需要执行的方法名。
  - time：延迟执行的时间。
  - repeatRate：重复执行的时间间隔。
- 动态创建物体：GameObject CreatePrimitive(PrimitiveType type)
  - PrimitiveType .Capsule：胶囊体。
  - PrimitiveType .Cube：立方体。
  - PrimitiveType .Cylinder：圆柱体。
  - PrimitiveType .Plane：平面。
  - PrimitiveType .Quad：四方体。
  - PrimitiveType .Sphere：球体。
- 为物体添加一个爆炸力：void AddExplosionForce(float explosionForce, Vector3 explosionPosition, float explosionRadius, [DefaultValue("0.0f")] float upwardsModifier, [DefaultValue("ForceMode. Force)")] ForceMode mode)
  - explosionForce：爆炸力的大小。
  - explosionPosition：爆炸的位置。
  - explosionRadius：爆炸的半径，当半径为 0 时范围为无穷。
  - upwardsModifier：爆炸时向上的力度。
  - ForceMode：力的类型。

步骤04 至此前期的准备工作已经完成，运行程序就能发现不断有立方体生成并向上爆炸。选中 Capture 空物体，在 Capture From Screen 组件上单击 Start Capture 即可开始录制视频，再次单击 Stop 按钮即完成视频的录制。单击 View Last Capture 就可以看到刚刚录制的视频。

通过简单的操作已经能够录制视频了，接下来介绍 Capture From Screen 组件的重点参数（见图 4-89）。

- Capture Mode：录制方式。

- ➢ Realtime Capture：实时渲染进行录制。
- ➢ Offline Render：离线渲染模式。当某些非常复杂的录制任务在 Unity 中渲染非常慢时就适合用这种方式进行渲染，可以将其录制设置到比较高的帧率。但是不适于场景中有实时的输入情况。
- Start/Stop：开始/停止。
  - ➢ Toggle Key：设置开始录制/结束录制的快捷键。
  - ➢ Start Mode：开始录制的方式。
  - ➢ On Start：当运行程序时自动录制。
  - ➢ Manual：手动控制开始录制。
- Start Delay：开始录制的延迟类型。
  - ➢ None：不延迟。
  - ➢ Real Seconds：真实的秒数。
  - ➢ Game Seconds：游戏秒数。
  - ➢ Manual：手动延时。

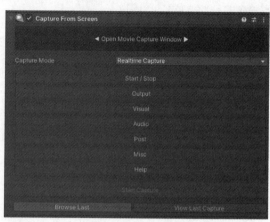

图 4-89　Capture From Screen 组件

- Stop Mode：结束录制的方式。
  - ➢ None：不停止。
  - ➢ Frames Encoded：以多少帧编码的形式停止。
  - ➢ Seconds Encoded：以多少秒编码的形式停止。
  - ➢ Seconds Elapsed：以多少秒时间的形式停止。
- Output：录制输出设置，如图 4-90 所示。
  - ➢ Output Target：输出的类型。
    - ★ Video File：输出视频。
    - ★ Image Sequence：序列帧图片。

图 4-90　Output 设置

  - ➢ Folder：保存的位置
    - ★ Relative To Project：相对于项目文件夹。
    - ★ Relative To Persistent Data：沙盒目录，当程序发布运行时就会出现。
    - ★ Absolute：指定一个绝对路径。
    - ★ Relative To Desktop：项目对桌面路径。
  - ➢ Subfolder(s)：子文件夹名称。
  - ➢ Prefix：文件的前缀。

- ➢ （Video File）Append TimeStamp：是否追加时间戳。
- ➢ （Video File）Manual Extension：是否设置手动文件后缀。
- ➢ （Video File）Extension：文件后缀。
- ➢ （Image Sequence）Start Frame：序列帧图片的起始帧序号。
- Down Scale：录制画面的尺寸（见图4-91）。
  - ➢ Original：原始尺寸，与Game视图设置的尺寸保持一致。例如Game视图尺寸为1920×1080，录制的尺寸也是1920×1080。
  - ➢ Half：录制的尺寸为Game视图设置的尺寸的1/2。
  - ➢ Quarter：录制的尺寸为Game视图设置的尺寸的1/4。
  - ➢ Eighth：录制的尺寸为Game视图设置的尺寸的1/8。
  - ➢ Sixteenth：录制的尺寸为Game视图设置的尺寸的1/16。
  - ➢ Custom：自定义录制的尺寸。

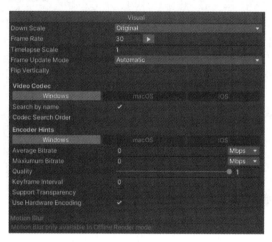

图4-91　设置录制画面的尺寸

- Frame Rate：设置帧率，建议保存25帧以上。
- Timelapse Scale：延时摄影，一般保持默认。
- Frame Update Mode：更新帧的模式，一般保持默认。
- Flip Vertically：画面是否上下翻转。

4.7.3　录制摄像机画面

4.7.2节已经介绍了录制屏幕的基础内容，本小节将学习如何录制摄像机拍摄到的画面，这种可以指定不同摄像机进行录制的功能在项目中有非常大的用处。本小节仍以上一小节创建的动态画面为基础进行录制。

步骤01　在Hierarchy面板中新建一个名为Capture的空物体并添加上Capture From Camera组件，用来录制摄像机所看到的画面。

步骤02　在Capture From Camera组件上单击Start Capture即可开始录制视频，再次单击Stop按

钮即完成视频的录制。单击 View Last Capture 就可以看到刚刚录制的视频。

Capture From Camera 组件的参数和 Capture From Screen 的参数大致相同，只是在其基础上新增了一个 Capture From Camera 的模块（见图 4-92），下面针对这个模块进行说明。

- Camera Selector：摄像机选择器，下面会专门进行介绍。
- Camera：手动指定一个摄像机。
- Resolution：画面的分辨率，在列表中罗列出常用的分辨率从 8K 到 320×240。
- Anti-aliasing：抗锯齿参数，建议根据电脑配置进行选择。默认为 2X，若电脑性能比较好，可以选择 8X。

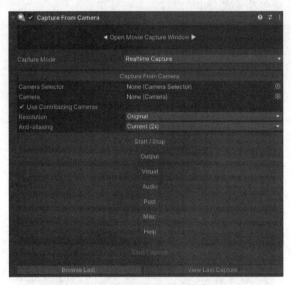

图 4-92　Capture From Camera 模块

在Capture From Camera模块中的Camera Selector（摄像机选择器），我们可以快速地从众多摄像机中筛选出需要的一个摄像机，如图4-93所示。

图 4-93　Camera Selector

- Scan Frequency：摄像机的扫描频率。
  - Scene Load：当场景加载时。
  - Manual：手动获取。
  - Frame：每帧获取。
- Scan Hidden Cameras：扫描隐藏的摄像机。
- Select By：选择摄像机的方式。
  - Highest Depth Camera：层级最高的摄像机。
  - Main Camera Tag：拥有 Main Camera 标签的摄像机。

> Editor Scene View：将Scene视图的画面作为指定的摄像机画面。
> Tag：指定拥有特定标签的摄像机。
> Name：指定摄像机的名称。
> Manual：手动指定摄像机。

4.7.4 录制全景画面

本小节将了解两种全景录制：一种是常规的360°全景，另一种是立体的360°全景。

常规360°全景效果如图4-94所示。

图4-94 常规360°全景效果

立体360°全景效果如图4-95所示。

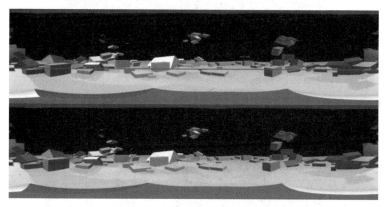

图4-95 立体360°全景效果

录制常规的360°全景需要用到Capture From Camera 360(VR)组件，其参数与Capture From Screen大致相同，仅增加了Capture From Camera 360 + Stereo模块，如图4-96所示。

- Camera Selector：指定一个摄像机选择器。
- Resolution：最终输出的分辨率，在列表中罗列出常用的分辨率从8K到320×240。
- Anti-aliasing：抗锯齿参数。
- Cubemap Resolution：在渲染全景过程中使用立方体的分辨率。

- Cubemap Depth：立方体的深度值。
- Capture GUI：是否录制界面，若开启时录制的速度会慢一点点。
- Camera Rotation：是否支持摄像机的旋转。
- Render 180 Degrees：是否渲染 180°的全景（默认是渲染 360°全景）。
- Stereo Rendering：是否渲染立体模式，如果需要质量更高的立体全景，则要使用 Capture From Camera 360 Stereo ODS(VR)组件。
  - ➢ Top Bottom：上下模式，默认是左眼在上。
  - ➢ Left Right：左右模式。

图 4-96　Capture From Camera 360 + Stereo 模块

当录制效果较好的立体全景时就需要用到Capture From Camera 360 Stereo ODS(VR)组件，其特有的Capture From Camera 360 + ODS模块，如图4-97所示。

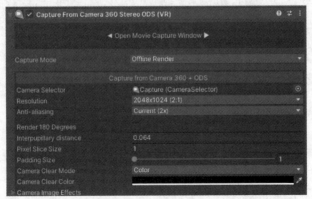

图 4-97　Capture From Camera 360 + ODS 模块

- Camera Selector：指定一个摄像机选择器。

- Resolution：最终输出的分辨率，在列表中罗列出常用的分辨率从 8K 到 320×240。
- Anti-aliasing：抗锯齿参数。
- Render 180 Degrees：是否渲染 180° 的全景（默认是渲染 360° 全景）。
- Interpupillary distance：调整双眼瞳孔间距。正常成年男性的瞳孔间距为 0.064。
- Pixel Slice Size：像素切片的大小，值越大渲染越快效果越差，建议保持默认的 1 个像素。
- Padding Size：如果在场景中使用了 bloom 效果，必须将这个值调整到 1 以上才会有效。
- Camera Clear Mode：当渲染时摄像机的背景剔除模式。
  - Skybox：渲染天空。
  - Color：渲染一个颜色。
  - Solid Color：渲染一个纯色。
  - Depth：使用摄像机的深度。
- Camera Clear Color：摄像机背景颜色。
- Camera Image Effects：可以添加图像特效，当渲染完成时，加上这些特效。

4.7.5 AVPro Movie Capture 的常用 API 封装

前面已经学习了如何使用 AVPro Movie Capture 插件，但是在使用时都是在组件上手动进行录制操作。本小节中学习如何将一些常用的方法进行提取，方便在项目实战中使用。

在 Project 面板中新建一个名为 Capture Manager 的 C# 脚本。将脚本打开，对其进行编辑：

```csharp
//AV Pro Movie Capture的命名空间
using RenderHeads.Media.AVProMovieCapture;
using UnityEngine;

/// <summary>
/// 渲染参数设置管理
/// </summary>
public class CaptureManager : MonoBehaviour
{

    /// <summary>
    /// 指定录制的组件
    /// 例如: Capture From Screen
    /// 例如: Capture From Camera
    /// 例如: Capture From Camera 360 (VR)
    /// </summary>
    public CaptureBase _movieCapture;

    /// <summary>
    /// 开始渲染
    /// </summary>
    public void StartCapture()
    {
        if (_movieCapture != null)
        {
```

```csharp
            _movieCapture.StartCapture();
        }
    }

    /// <summary>
    /// 停止渲染
    /// </summary>
    public void StopCapture()
    {
        if (_movieCapture != null)
        {
            _movieCapture.StopCapture();
        }
    }

    /// <summary>
    /// 取消渲染
    /// </summary>
    public void CancelCapture()
    {
        if (_movieCapture != null)
        {
            _movieCapture.CancelCapture();
        }
    }

    /// <summary>
    /// （暂停后）重新开始渲染
    /// </summary>
    public void ResumeCapture()
    {
        if (_movieCapture != null)
        {
            _movieCapture.ResumeCapture();
        }
    }

    /// <summary>
    /// 暂停渲染
    /// </summary>
    public void PauseCapture()
    {
        if (_movieCapture != null)
        {
            _movieCapture.PauseCapture();
        }
    }

    /// <summary>
    /// 设置分辨率
```

```csharp
/// </summary>
/// <param name="scale"></param>
public void SetResolution(CaptureBase.DownScale scale)
{
    _movieCapture.ResolutionDownScale = scale;
}

/// <summary>
/// 自定义分辨率
/// </summary>
/// <param name="scale"></param>
public void SetCustomResolution(Vector2 scale)
{
    //将scale固定在最大的宽度16384和最大的高度16384之间
    scale = new Vector2(Mathf.Clamp(scale.x, 0, NativePlugin.MaxRenderWidth), Mathf.Clamp(scale.y, 0, NativePlugin.MaxRenderHeight));
    _movieCapture.ResolutionDownscaleCustom = scale;
}

/// <summary>
/// 设置帧率
/// </summary>
/// <param name="rate"></param>
public void SetFrameRate(float rate)
{
    _movieCapture.FrameRate = rate;
}

/// <summary>
/// 设置输出的类型
/// </summary>
/// <param name="OT">输出的类型 </param>
/// 1. OutputTarget.VideoFile      视频
/// 2. OutputTarget.ImageSequence  序列帧图片
public void SetOutType(OutputTarget OT)
{
    _movieCapture.OutputTarget = OT;
}

/// <summary>
/// 设置输出文件的路径
/// </summary>
/// <param name="path"></param>
public void SetOutPath(string path)
{
    if (string.IsNullOrEmpty(path))
    {
        return;
    }
    _movieCapture.OutputFolderPath = path;
```

```csharp
}

/// <summary>
/// 设置输出文件的前缀名
/// </summary>
/// <param name="prefix"></param>
public void SetFileNamePrefix(string prefix)
{
    if (string.IsNullOrEmpty(prefix))
    {
        prefix = "VideoFile";
    }
    _movieCapture.FilenamePrefix = prefix;
}

/// <summary>
/// 设置输出文件的格式
/// </summary>
/// <param name="Extension"></param>
public void SetFilenameExtension(string Extension)
{
    if (string.IsNullOrEmpty(Extension))
    {
        if (_movieCapture.OutputTarget == OutputTarget.VideoFile)
        {
            Extension = "mp4";
        }
        else if (_movieCapture.OutputTarget == OutputTarget.ImageSequence)
        {
            Extension = "png";
        }
    }
    _movieCapture.FilenameExtension = Extension;
}

/// <summary>
/// 获取视频录制的进度
/// </summary>
/// <returns></returns>
public float GetProgress()
{
    return _movieCapture.GetProgress();
}

/// <summary>
/// 获取视频录制时的FPS帧率
/// </summary>
/// <returns></returns>
public float GetFPS()
{
```

```
        return _movieCapture.CaptureStats.FPS;
    }

    /// <summary>
    /// 获取最后输出的文件路径
    /// </summary>
    /// <returns></returns>
    public string GetLastFilePath()
    {
        return _movieCapture.LastFilePath;
    }

    /// <summary>
    /// 获取录制文件的大小
    /// </summary>
    /// <returns></returns>
    public float GetFileSize()
    {
        return _movieCapture.GetCaptureFileSize();
    }
}
```

CaptureBase为录制组件的基类，在实际使用中可以直接在参数面板指定录制组件，如Capture From Screen、Capture From Camera、Capture From Camera 360 (VR)等。

4.8　Best HTTP/2 插件

Best HTTP/2是Unity的一款跨平台的网络插件（见图4-98），支持的平台有WebGL、iOS、Android、UWP、Windows、Mac OS X、Linux，并且支持REST、WebSocket、Socket.IO、SignalR、SignalR Core、Server-Sent Events的自定义请求。支持的请求方法有：GET、HEAD、POST、PUT、DELETE、PATCH。

图 4-98　Best HTTP/2 插件

4.8.1 Best HTTP/2 的安装

在Unity工程的菜单栏中依次选择"Window→Asset Store"打开商城,在搜索栏中输入Best HTTP/2(注意:Best与HTTP中间要有空格)。

这里介绍两种常用的请求:Get和Post。只需要先创建一个HttpRequest对象,再提供URL地址,设置请求类型(若不设置默认为Get请求),然后调用Send()方法即可发送请求。使用Get请求的具体方法如下:

```csharp
    /// <summary>
    /// Get 请求
    /// </summary>
    private void GetRequest()
    {
        //新建一个HTTPRequest对象
        HTTPRequest request = new HTTPRequest(new Uri("请求地址"), 
HTTPMethods.Get, OnRequestFinishedDelegate);
        //发送请求
        request.Send();
    }
    

    /// <summary>
    /// Get 请求接收的回调函数
    /// </summary>
    /// <param name="originalrequest">请求的内容</param>
    /// <param name="response">服务器响应的内容</param>
    private void OnRequestFinishedDelegate(HTTPRequest originalrequest, 
HTTPResponse response)
    {
        //请求的状态
        switch (originalrequest.State)
        {
            //初始化
            case HTTPRequestStates.Initial:
                break;
            //处理中
            case HTTPRequestStates.Processing:
                break;
            //请求完成
            case HTTPRequestStates.Finished:
                //如果服务器返回成功
                if (response.IsSuccess)
                {
                    //打印服务器返回的内容
                    Debug.Log(response.DataAsText);
                }
                break;
            //请求错误
            case HTTPRequestStates.Error:
                break;
```

```
            //请求终止
            case HTTPRequestStates.Aborted:
                break;
            //请求链接超时
            case HTTPRequestStates.ConnectionTimedOut:
                break;
            //请求处理超时
            case HTTPRequestStates.TimedOut:
                break;
        }
    }
```

在HTTPRequest对象的回调中会接收到两个参数：originalrequest为原始请求对象，response为服务器返回的内容。返回的内容可以为文本（response.DataAsText）、图片（response.DataAsTexture2D）、Byte[]（response.Data）等。

使用Post请求与Get请求的方法几乎一致，只需要添加请求的内容：

```
    private void PostRequest()
    {
        //新建一个HTTPRequest对象
        HTTPRequest request = new HTTPRequest(new Uri("接口地址"),
HTTPMethods.Post, OnRequestFinishedDelegate);
        request.AddField("名称","内容");
        //发送请求
        request.Send();
    }
```

在下面的几个小节中将以案例的形式来说明Best Http/2的用法。

4.8.2　通过接口获取天气预报

本小节将通过Best HTTP插件使用免费接口来动态获取未来一周的天气，并在界面上生成天气预报列表，当用户在输入框中输入城市名称后，天气列表就会自动刷新，如图4-99所示。

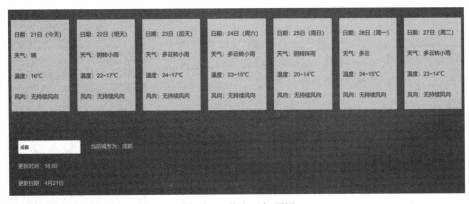

图4-99　获取天气预报

步骤 01 新建一个 Unity 工程，将下载好的插件包导入到工程中。在 Hierarchy 面板中新建一个名为 WeatherRoot 的 Image 用来充当界面背景与天气列表的父物体。

① 将 Rect Transform 模块设置为自适应全屏。

② 将 Image 模块的 Source Image（图片参数）设置为 Background，图片颜色设置为灰色"C:110，M:110，Y:110，K:255"，如图 4-100 所示。

③ 在 WeatherRoot 物体上选中 Horizontal Layout Group 横向自动排列组，用来排列天气。将 Child Alignment 子物体对齐方式设置为 Middle Center，如图 4-101 所示。

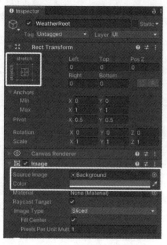

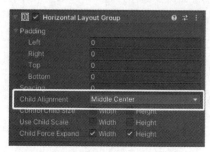

图 4-100　设置相关的属性　　　　　　　　　图 4-101　设置天气的排列方式

步骤 02　创建一个天气界面，在上一步自动生成的 Canvas 物体下，创建一个名为 WeatherItem 的 image 用来显示天气。

① 设置 Rect Transform 组件中的宽、高尺寸为 245×376。

② 将 Image 组件中 Source Image 设置为 Background。

③ 添加 Vertical Layout Group（纵向自动排列组），用来排列天气预报内容。将 Spacing（间隔）参数设置为 –40，Child Alignment 子物体对齐方式设置为 Middle Center，如图 4-102 所示。

④ 在 WeatherItem 物体下创建名为 Data 的 Text 类型物体，用来显示天气日期，设置其宽、高尺寸为 215×45。设置 Text 组件中的 Font Size 为 23 号。

⑤ 按照上一步的方法再新建三个 Text 类型物体，名为 Weather、Temp、Wind，分别用来显示天气描述、温度、风向。

⑥ 将 WeatherItem 物体设置为隐藏状态，当后期动态创建这个物体时再显示。此时 WeatherItem 物体的层级状态如图 4-103 所示。

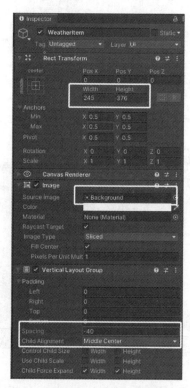

图 4-102　设置天气预报内容的排列方式

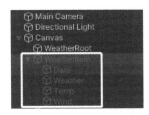

图 4-103　WeatherItem 物体的层级状态

步骤 03　在 Canvas 物体下创建一个名为 City 的 Input Field（用户输入框类型物体），用来输入获取天气的城市名称。

① 设置 Rect Transform 组件中的位置为（−788，−332，0），宽、高尺寸为 260×58。

② 选择子物体 Placeholder 设置 Text 组件文字为"输入城市名称（例如：成都）"。

步骤 04　在 Canvas 物体下创建一个名为 Update_time 的 Text 组件，用来显示获取天气刷新的时间。

① 设置 Rect Transform 组件中的位置为（−725，−408，0），宽、高尺寸为 385×53。

② 设置 Text 组件中 Font Size 为 22 号，对齐方式为前后向前对齐、上下居中对齐，Color 为白色。

步骤 05　按照上一步的方法再创建两个 Text 物体，分别命名为 Update_date 和 CityName，用来显示天气刷新的日期与城市名称。将两个物体的位置向下排列。

步骤 06　至此界面部分已经完成，接下来设置接口的参数和返回值。

① 接口链接为 https://api.asilu.com/weather/?city=成都，其中"成都"可以由用户输入城市名称，再通过程序将中文转为 URL 编码。

② 接口返回的内容为 JSON 格式的文本。

```
{
    "city": "成都",
    "update_time": "18:00",
    "date": "4月22日",
    "weather": [{
        "date": "22日（今天）",
        "weather": "小雨",
        "icon1": false,
        "icon2": "07",
        "temp": "17℃",
        "w": "",
        "wind": "无持续风向"
    }, {
        "date": "23日（明天）",
        "weather": "多云转小雨",
        "icon1": "01",
        "icon2": "07",
        "temp": "25~17℃",
        "w": "",
        "wind": "无持续风向"
    }, {
        "date": "24日（后天）",
        "weather": "阴转小雨",
```

```
            "icon1": "02",
            "icon2": "07",
            "temp": "23~17℃",
            "w": "",
            "wind": "无持续风向"
        }, {
            "date": "25日（周日）",
            "weather": "阴转阵雨",
            "icon1": "02",
            "icon2": "03",
            "temp": "21~14℃",
            "w": "",
            "wind": "无持续风向"
        }, {
            "date": "26日（周一）",
            "weather": "多云",
            "icon1": "01",
            "icon2": "01",
            "temp": "23~14℃",
            "w": "",
            "wind": "无持续风向"
        }, {
            "date": "27日（周二）",
            "weather": "多云转小雨",
            "icon1": "01",
            "icon2": "07",
            "temp": "24~15℃",
            "w": "",
            "wind": "无持续风向"
        }, {
            "date": "28日（周三）",
            "weather": "多云转小雨",
            "icon1": "01",
            "icon2": "07",
            "temp": "22~13℃",
            "w": "",
            "wind": "无持续风向"
        }]
}
```

步骤 07 根据接口返回的内容，我们需要新建一个 JSON 模型来接收返回值。

① 在 Project 面板创建一个名为 Script 的文件夹来管理脚本。

② 在 Script 文件夹中创建一个名为 WeatherItem 的 C#脚本，用来建立接收返回值的 JSON 模型。对脚本进行如下编辑：

```
using System.Collections.Generic;

public class WeatherItem
{
    /// <summary>
```

```
    /// 日期
    /// </summary>
    public string date { get; set; }

    /// <summary>
    /// 天气
    /// </summary>
    public string weather { get; set; }

    /// <summary>
    /// 温度
    /// </summary>
    public string temp { get; set; }

    /// <summary>
    /// 风向
    /// </summary>
    public string wind { get; set; }
}

public class Weather
{
    /// <summary>
    /// 城市
    /// </summary>
    public string city { get; set; }

    /// <summary>
    /// 更新时间
    /// </summary>
    public string update_time { get; set; }

    /// <summary>
    /// 更新日期
    /// </summary>
    public string date { get; set; }

    /// <summary>
    /// 天气集合
    /// </summary>
    public List<WeatherItem> weather { get; set; }
}
```

③ 需要注意的是，这个类仅用于存储数据，不需要再继承 MonoBehaviour 类。

步骤08 在 Script 文件夹中创建一个名为 GetWeather 的 C#脚本，并且挂载到场景中的 Main Camera 物体上。此脚本用来获取天气数据，再根据数据动态生成界面。对脚本进行如下编辑：

```
using BestHTTP;
using LitJson;
using System;
```

```csharp
using UnityEngine;
using UnityEngine.UI;

/// <summary>
/// 获取天气
/// </summary>
public class GetWeather : MonoBehaviour
{
    /// <summary>
    /// 城市名称输入框
    /// </summary>
    public InputField CityIF;

    /// <summary>
    /// 更新时间界面
    /// </summary>
    public Text Update_time;

    /// <summary>
    /// 更新日期界面
    /// </summary>
    public Text Update_date;

    /// <summary>
    /// 更新的城市名称
    /// </summary>
    public Text CityName;

    /// <summary>
    /// 需要实例化的天气
    /// </summary>
    public GameObject WeatherItem;

    /// <summary>
    /// 天气列表
    /// </summary>
    public Transform WeatherRoot;

    private void Awake()
    {
        //当城市名称输入结束时触发，获取天气
        CityIF.onEndEdit.AddListener(GetWeatherByBestHttp);
    }

    /// <summary>
    /// 通过BestHttp插件连接接口
    /// </summary>
    /// <param name="cityName">城市名称</param>
    private void GetWeatherByBestHttp(string cityName)
    {
```

```csharp
            //将城市名转成URL编码
            cityName = System.Web.HttpUtility.UrlEncode(cityName);
            //实例化一个Get请求
            HTTPRequest request = new HTTPRequest(new 
Uri("https://api.asilu.com/weather/?city=" + cityName), HTTPMethods.Get, 
OnRequestFinished);
            //发送请求
            request.Send();
        }

        /// <summary>
        /// Get请求回调
        /// </summary>
        /// <param name="originalrequest"></param>
        /// <param name="response"></param>
        private void OnRequestFinished(HTTPRequest originalrequest, HTTPResponse 
response)
        {
            //如果请求完成并且返回成功
            if (originalrequest.State == HTTPRequestStates.Finished && 
response.IsSuccess)
            {
                //将返回值转为文本
                string result = response.DataAsText;
                Debug.Log(result);
                //将文本转为JSON对象
                Weather weather = JsonMapper.ToObject<Weather>(result);
                //删除天气列表界面
                for (int i = 0; i < WeatherRoot.childCount; i++)
                {
                    Destroy(WeatherRoot.GetChild(i).gameObject);
                }
                //循环动态生成天气列表
                foreach (var item in weather.weather)
                {
                    //实例化生成天气界面
                    var go = Instantiate(WeatherItem, WeatherRoot);
                    //显示日期
                    go.transform.Find("Date").GetComponent<Text>().text = "日期: " + 
item.date;
                    //显示天气
                    go.transform.Find("Weather").GetComponent<Text>().text = "天气:
" + item.weather;
                    //显示温度
                    go.transform.Find("Temp").GetComponent<Text>().text = "温度: " + 
item.temp;
                    //显示风向
                    go.transform.Find("Wind").GetComponent<Text>().text = "风向: " + 
item.wind;
                    //显示这个天气界面
```

```
            go.SetActive(true);
        }
        //显示天气更新的时间
        Update_time.text = "更新时间: " + weather.update_time;
        //显示天气更新的日期
        Update_date.text = "更新日期: " + weather.date;
        //城市名
        CityName.text = "当前城市为: " + weather.city;
    }
}
```

- 在脚本中需要注意的代码：
    - System.Web.HttpUtility.UrlEncode(string str);：将文本转成 URL 编码。
    - Weather weather = JsonMapper.ToObject<Weather>(result);：将通过接口获取的文本转成 Weather 对象。

步骤 09 设置物体 Main Camera 中的 Get Weather 组件的参数，如图 4-104 所示。

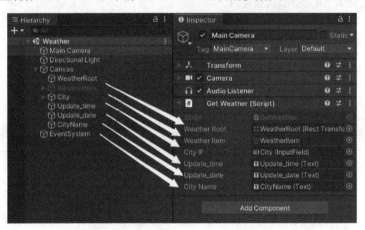

图 4-104　设置 Get Weather 组件的参数

步骤 10 运行程序，在输入框中输入城市名称，按下 Enter 键或者用鼠标单击空白处，即可获取到最新的天气预报。

4.8.3　动态下载图片

本小节将学习如何通过 Best Http 插件下载图片并显示在界面上。

步骤 01 新建一个名为 DownloadTexture 的场景文件。

步骤 02 新建一个 RawImage 类型的界面，用来显示下载的图片，如图 4-105 所示。

① 设置 Rect Transform 组件中的宽、高尺寸为 996×620。
② 设置 Rect Transform 组件中的位置为（0，0，0）。

步骤 03 在 Canvas 下新建一个名为 StartDownload 的 Button 组件，当单击按钮时开始下载图片，如图 4-106 所示。

① 设置 Rect Transform 组件中的宽、高尺寸为 160×57。
② 设置 Rect Transform 组件中的位置为（–767，–464，0）。

图 4-105　设置下载图片的大小和位置

图 4-106　设置按钮的大小和位置

③ 将子物体 Text 中 Text 组件的显示内容设置为"下载图片"。

步骤 04 在 Script 文件夹中创建名为 DownloadTex 的 C#脚本，用来控制图片的下载。对脚本进行如下编辑：

```csharp
using BestHTTP;
using System;
using UnityEngine;
using UnityEngine.UI;

public class DownloadTex : MonoBehaviour
{
    /// <summary>
    /// 下载图片按钮
    /// </summary>
    public Button DownloadTexBtn;

    /// <summary>
    /// 显示图片
    /// </summary>
    public RawImage RI;

    /// <summary>
    /// 需要下载的图片链接
    /// </summary>
    private string textureURI =
"http://p6.itc.cn/images01/20200520/9b728df56cf4483aaa5e27b4d34e51c4.jpeg";

    private void Awake()
    {
        //单击按钮开始下载
        DownloadTexBtn.onClick.AddListener(DownloadTexture);
    }
```

```csharp
        /// <summary>
        /// 下载图片
        /// </summary>
        private void DownloadTexture()
        {
            //实例化一个Get请求
            HTTPRequest request = new HTTPRequest(new Uri(textureURI), HTTPMethods.Get, OnRequestFinished);
            //发送请求
            request.Send();
        }

        /// <summary>
        /// Get请求回调
        /// </summary>
        /// <param name="originalrequest"></param>
        /// <param name="response"></param>
        private void OnRequestFinished(HTTPRequest originalrequest, HTTPResponse response)
        {
            //如果请求完成并且返回内容成功
            if (originalrequest.State == HTTPRequestStates.Finished && response.IsSuccess)
            {
                //将返回的贴图设置为RawImage的图片
                RI.texture = response.DataAsTexture2D;
            }
        }
```

步骤05 将 DownloadTex 脚本挂载到场景中的 Main Camera 物体上,并指定其参数,如图 4-107 所示。

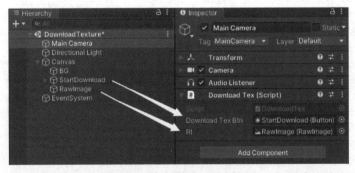

图 4-107 将 DownloadTex 脚本挂载到 Main Camera 物体上

步骤06 运行程序,单击"下载图片"按钮,RawImage 上就会显示下载的图片,如图 4-108 所示。

图 4-108　显示执行结果

4.8.4　动态下载视频

Best HTTP另一个用法是下载网络上的文件，用于程序更新或者文件的保存。本小节将下载一个视频并保存到本地，当下载完成后播放本地视频以验证下载的文件是否有效。需要注意的是：本案例仅仅作为功能性演示，在实际项目中可以直接通过URL播放视频。

步骤01 新建一个名为 DownloadVideo 的场景文件。

步骤02 新建一个 Video Player 类型的物体，用来播放视频。

① 将 Source 设置为 URL，用来播放本地的视频。

② 将 Render Mode（渲染模式）设置为 Render Texture。

③ 在 Project 面板中新建一个名为 VideoTexture 的 RenderTexture 类型的贴图。

④ 把 VideoTexture 的 Size 参数设置为 800×600，如图 4-109 所示。

⑤ 将 Video Player 中的 Target Texture 目标贴图参数设置为刚刚新建的 VideoTexture，如图 4-110 所示。

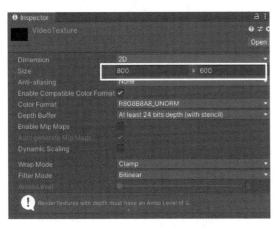

图 4-109　设置 VideoTexture 的尺寸参数

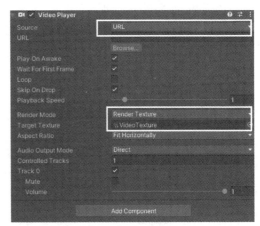

图 4-110　设置目标贴图参数

步骤03 在 Canvas 下新建一个 RawImage 类型的界面，用来播放下载的视频。

① 把 Rect Transform 组件中的宽、高尺寸设置为 800×600。

② 把 Rect Transform 组件中的位置设置为（0,0,0）。

③ 将 Raw Image 的 Texture 图片指定为 VideoTexture。

步骤 04 在 Canvas 下新建一个名为 StartDownload 的 Button 组件，当单击按钮时开始下载视频。

① 把 Rect Transform 组件中的宽、高尺寸设置为 160×57。

② 把 Rect Transform 组件中的位置设置为（–767，–464，0），如图 4-111 所示。

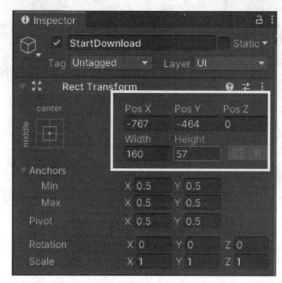

图 4-111　设置 Rect Transform 的大小和位置

③ 将子物体 Text 中 Text 组件的显示内容设置为"下载视频"。

步骤 05 在 Canvas 下新建一个 Slider 组件，用来显示下载的进度。

① 把 Rect Transform 组件中的宽、高尺寸设置为 760×35。

② 把 Rect Transform 组件中的位置设置为（0，–420，0）。

步骤 06 在 Canvas 下新建一个名为 Tip 的 Text 组件，用来显示进度百分比。

步骤 07 在 Script 文件夹中创建名为 DownloadVideo 的 C#脚本，用来控制文件的下载。对脚本进行如下编辑：

```csharp
using BestHTTP;
using System;
using System.IO;
using UnityEngine;
using UnityEngine.UI;
using UnityEngine.Video;

public class DownloadVideo : MonoBehaviour
{
    /// <summary>
    /// 开始下载按钮
    /// </summary>
    public Button DownloadFileBtn;

    /// <summary>
```

```csharp
/// 下载进度
/// </summary>
public Slider ProgressSlider;

/// <summary>
/// 提示文本
/// </summary>
public Text TipText;

/// <summary>
/// 视频播放器
/// </summary>
public VideoPlayer VP;

/// <summary>
/// 下载的视频保存的路径
/// </summary>
public string fileSavePath = @"D:\Temp\1.mp4";

/// <summary>
/// 视频下载地址
/// </summary>
public string VideoUri = "https://www.sample-videos.com/video123/mp4/720/big_buck_bunny_720p_2mb.mp4";

private void Awake()
{
    // 单击下载按钮开始下载视频
    DownloadFileBtn.onClick.AddListener(DownloadVideoByBestHttp);
}

/// <summary>
/// 下载视频文件
/// </summary>
private void DownloadVideoByBestHttp()
{
    //实例化请求
    HTTPRequest request = new HTTPRequest(new Uri(VideoUri), (HTTPMethods.Get), OnRequestFinished);
    //禁用缓存
    request.DisableCache = true;
    //设置流的大小
    request.StreamFragmentSize = 10 * 1024 * 1024;  //10mb
    //设置标签的内容
    request.Tag = DateTime.Now;
    //下载进度委托
    request.OnDownloadProgress = OnDownloadProgress;
    //下载文件委托
    request.OnStreamingData = OnStreamingData;
    //发送请求
```

```csharp
            request.Send();
        }

        /// <summary>
        /// Get请求回调
        /// </summary>
        /// <param name="originalrequest"></param>
        /// <param name="response"></param>
        private void OnRequestFinished(HTTPRequest originalrequest, HTTPResponse response)
        {
            //如果请求完成并且返回内容成功
            if (originalrequest.State == HTTPRequestStates.Finished && response.IsSuccess)
            {
                //通过tag标签获取开始下载的时间
                DateTime downloadStarted = (DateTime)originalrequest.Tag;
                //获取当前时间和开始时间的时间差
                TimeSpan total = DateTime.Now - downloadStarted;
                TipText.text = "下载使用了:" + total.TotalSeconds + "秒";
                //设置视频播放器中的视频来源
                VP.source = VideoSource.Url;
                //设置视频本地路径
                VP.url = fileSavePath;
                //播放视频
                VP.Play();
            }
        }

        /// <summary>
        /// 下载的内容
        /// </summary>
        /// <param name="request"></param>
        /// <param name="response"></param>
        /// <param name="datafragment"></param>
        /// <param name="datafragmentlength"></param>
        /// <returns></returns>
        private bool OnStreamingData(HTTPRequest request, HTTPResponse response, byte[] datafragment, int datafragmentlength)
        {
            //将下载的内容保存到本地
            using (FileStream fs = new FileStream(fileSavePath, FileMode.Append))
            {
                fs.Write(datafragment, 0, datafragmentlength);
            }
            return true;
        }

        /// <summary>
        /// 获取下载的进度并显示在界面上
```

```
/// </summary>
/// <param name="originalrequest"></param>
/// <param name="downloaded">已下载</param>
/// <param name="downloadlength">总大小</param>
private void OnDownloadProgress(HTTPRequest originalrequest, long downloaded, long downloadlength)
{
    //下载的进度
    float processedPercent = (downloaded / (float)downloadlength) * 100f;
    ProgressSlider.value = (float)processedPercent / 100;
    TipText.text = "下载进度为:" + processedPercent.ToString("0.00") + "%";
}
}
```

步骤 08 将 DownloadVideo 脚本挂载到场景中的 Main Camera 物体上，并指定其参数，如图 4-112 所示。

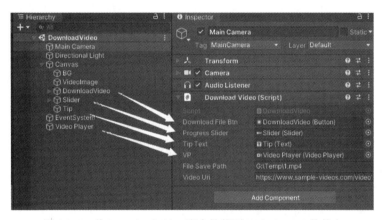

图 4-112 将 DownloadVideo 脚本挂载到 Main Camera 物体上

步骤 09 运行程序，单击"下载视频"按钮。进度条会显示当前的下载进度，提示文本会显示下载的百分比。当进度为 100% 下载完成时，提示文本会显示下载的总耗时，视频会播放且视频保存在指定的文件夹内，如图 4-113 所示。

图 4-113 执行结果

第5章

虚拟现实入门

虚拟现实（Virtual Reality，简称VR）技术简称虚拟技术，也称为虚拟环境，是利用计算机模拟产生一个三维空间的虚拟世界，提供用户关于视觉等感官的模拟，让用户感觉仿佛身临其境，可以及时、没有限制地观察三维空间内的事物。当用户移动时，计算机可以立即进行复杂的运算，将精确的三维世界视频传回，产生临场感。该技术集成了计算机图形、计算机仿真、人工智能、感应、显示及网络并行处理等技术的最新发展成果，是一种由计算机技术辅助生成的高技术模拟系统。

5.1 虚拟现实简介

从技术的角度来说，虚拟现实系统具有三个基本特征：即三个"I"（Immersion-Interaction-Imagination，沉浸—交互—构想），强调在未来的虚拟系统中，人们的目的是使这个由计算机及其他传感器所组成的信息处理系统去尽量"满足"人的需要，而不是强迫人去"凑合"那些不是很亲切的计算机系统。

现在的大部分虚拟现实技术都是视觉体验，一般是通过电脑屏幕、特殊显示设备或立体显示设备获得的，不过一些仿真中还包含虚拟系统中人的主导作用。从过去人只能从计算机系统的外部去观测处理的结果，到人能够沉浸到计算机系统所创建的环境中；从过去人只能通过键盘、鼠标与计算环境中的单维数字信息发生作用，到人能够用多种传感器与多维信息的环境发生交互作用；从过去人只能从定量计算为主的结果中得到启发从而加深对事物的认识，到人有可能从定性和定量综合集成的环境中得到感知和理性的认识，从而深化概念和萌发新意。

在一些高级的触觉系统中还包含触觉信息，也叫作力反馈，在医学和游戏领域有这样的应用。人们与虚拟环境交互要么通过使用标准装置，例如一套键盘与鼠标；要么通过仿真装置，例如一只有线手套；要么通过情景手臂或全方位踏车。虚拟环境可以和现实世界类似，例如飞行仿真和作战训练，也可以和现实世界有明显差异，如虚拟现实游戏等。就目前的实际情况来看，还很难形成一个高逼真的虚拟现实环境，这主要是由技术上的限制造成的，这些限制来自计算机处理能力、图像分辨率和通信带宽。然而，随着时间的推移，处理器、图像和数据通信技术变得更加强大，并具有成本效益，这些限制将最终被克服。

虚拟现实本质上具有以下特性。

- 可信性：用户真的需要想象成在虚拟世界（例如在火星，或者在其他地方），并且坚持相信。
- 互动性：随着用户控制的移动，虚拟世界将与用户一起移动。用户可以观看 3D 电影，通过电影将其传送到月球或者下沉到海底。
- 可探索性：虚拟世界需要做大、做细腻，让用户有所探索。
- 沉浸性：为了既有可信性，又有互动性，虚拟现实需要身体和心灵相融合。战争艺术家的绘画可以让我们瞥见冲突，但他们永远不能完全传达视觉、声音、嗅觉，不能品味和具有战斗感。

虚拟现实之父莫顿·海利希（Morton Heilig）在50年代创造了一个"体验剧场"，可以有效涵盖所有的感觉，吸引观众注意屏幕上的活动。1962年，他创建了一个原型，被称为Sensorama，如图5-1所示，其结构图如图5-2所示。5部短片同时对多种感官进行影响（视觉、听觉、嗅觉、触觉）进行影响。Sensorama是机械设备，据说今天仍在使用。大约在同一时间，道格拉斯·恩格尔巴特（Dr. Douglas C. Engelbart）使用电脑屏幕当作输入和输出设备。

图 5-1　Sensorama 实景图

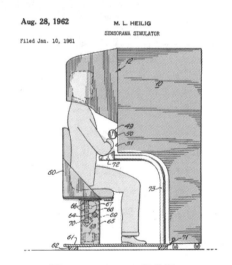

图 5-2　Sensorama 结构图

5.2　虚拟现实的应用场景

在非常多的行业中都可以使用到虚拟现实这一技术，例如工业、医疗、教育、汽车、旅游、建筑等方面，让原本繁复或不易展示的内容以虚拟现实技术为载体让大众更加容易接受。

1. 视频游戏

由美国Virtuix公司出品的Virtuix Omni VR游戏操控设备是一款用于将玩家的运动同步反馈到实际游戏中的VR全向跑步机。Omni是为VR游戏设计的产品，它会将人的方位、速率和里程数据全部记录下来并传输到游戏当中，在虚拟世界中做出对现实反映的真实模拟。结合可选的VR眼镜（Oculus Rift）或微软的Kinect配件，玩家能够在现实中360°控制游戏角色的行走和运动。一些公司正在通过使用游戏概念来鼓励运动。

2. 影视及娱乐

VR制作的电影让观众在每个场景中都能看到360°的环境。像Fox Searchlight Pictures和Skybound这样的制作公司都利用VR摄像机制作VR中互动的电影。

2016年11月，由Fox Sports的Fox Sports VR拍摄的Magnus Carlsen和Sergey Karjakin之间的世界象棋锦标赛是"在360°虚拟现实中播放的第一场运动"，如图5-3所示。

图 5-3　世界象棋锦标赛

3. 医疗保健和临床治疗

- 焦虑症的治疗：虚拟现实暴露治疗（VRET）是一种用于治疗焦虑症（例如创伤后应激障碍（PTSD））和恐惧症的暴露疗法。研究表明，当VRET与其他形式的行为疗法相结合时，患者的症状将会得到减轻。
- 疼痛管理：沉浸式VR已经被研究用于急性疼痛管理，研究人员认为沉浸式VR可以通过分散人的注意力来帮助减轻痛苦。

4. 教育和培训

VR用于为学习者提供虚拟环境，他们可以在这些虚拟环境中发展自己的技能，而不会造成真实的失败后果。

- 军事用途：美国军方在2012年宣布了"DSTS虚拟士兵训练系统"，被认为是第一个完全身临其境的军事VR训练体系，如图5-4所示。
- 太空训练：NASA已经使用VR技术20年了。值得注意的是，他们使用身临其境的VR来训练宇航员，而宇航员仍然在地球上，如图5-5所示。VR模拟的这种应用包括暴露于零重力工作环境以及如何进行太空行走的训练。

图 5-4　DSTS 虚拟士兵训练系统　　　　　图 5-5　太空训练

- 飞行和车辆训练：飞行模拟器是 VR 飞行员培训的一种形式，虚拟驾驶模拟是用来训练坦克驾驶员的。当学员在模拟驾驶中有了基础后才让他们操作实车。同样的原则适用于特种车辆，如消防车、卡车驾驶模拟器，如图 5-6 所示。VR 训练相比传统训练可以随意增加训练时间。

图 5-6　车辆训练

5. 文物考古

在申报世界遗产中，首次使用虚拟现实展示是在1994年。虚拟现实技术使文物能够非常准确地重建还原。这项技术可用于溶洞、自然环境、老城区、古迹、雕塑等。

6. 建筑和城市设计

虚拟现实常被用于房地产行业中，使购买者能够更加直观地感受到产品，如图5-7所示。同时也常被用于城市设计中，能够快速直观地把握整个设计。

图 5-7 房地产中虚拟现实的应用

5.3 关于虚拟现实开发的建议

1. 使用成熟的引擎进行开发

目前，市面中常见的引擎有Unity与UE 4，两者均支持跨平台发布。Unity可以使用C#、JavaScript进行开发，UE 4使用C++进行开发，两者都可以使用蓝图进行快速构建。

2. 使用现成的资源

在Unity的Asset Store与UE 4的Market Place中有很多非常不错的资源，其中包括模型文件、脚本文件、工程文件等。我们可以使用这些资源快速地进行开发。

3. 保持高帧率

高帧率比其他因素更加重要。在PC端中至少需要保持30帧，头显（头戴式显示设备）中则至少需要保持90帧。若低于这个帧率，则用户的体验感会大打折扣，甚至会产生眩晕感。

4. 音频的配合

合适的音频能够让用户的沉浸感更强，恰如其分的音频能营造出更好的氛围。在头显中，3D音频显得尤为重要。

5. 可预测的交互方式

一个虚拟现实的程序也就是一个虚拟现实的世界，例如用户在使用一个真实世界的工具（如斧头）时，会期待这个工具在虚拟现实世界中有着跟现实世界同样的效果，而作为开发者应该要满足这种期待。

第6章

基于 PC 的 VR 全景图片、视频

全景图（Panorama）是一种广角图，可以以画作、照片、视频、三维模型的形式存在。全景图这个词最早由爱尔兰画家罗伯特·巴克（Robert Barker）提出，用以描述他创作的爱丁堡全景画。现代的全景图多指通过摄像机拍摄并在电脑上加工而成的图片。

本章将使用在第2章中学习的天空盒知识来放置全景图片与设置全景图片的热点，使用自定义着色器来放置全景视频，并且通过脚本来控制浏览全景图片与全景视频，让界面能够控制全景视频的暂停与播放。

6.1 全景简介

对于全景球体的空间状态，视角涵盖地平线+/−各180°，垂直+/−各90°，也就是立方体的空间状态，即上下前后左右6个面完全包含。由于水平角度为360°，垂直为180°，因此能表达这种模式的照片有很多种，又跟球面的投影有关（类似绘制世界地图的投影，不过是内投影）。目前，广泛使用的单一照片呈现方式是等距长方投影（Equirectangular），全景照片的长宽比例固定为2:1。

全景虚拟现实（也称实景虚拟）是基于全景图像的真实场景虚拟现实技术，通过计算机技术实现全方位互动式观看真实场景的还原展示。使用鼠标控制环视的方向，可左可右，可近可远。使观众感到处于现场环境当中，就像在一个窗口中浏览外面的大好风光。

基于静态图像的虚拟全景技术是一种初级虚拟现实技术，具有开发成本低廉，应用广泛的特点，因此越来越受到人们的关注。特别是随着网络技术的发展，其优越性更加突出。基于静态图像的虚拟全景技术改变了传统网络平淡的特点，让人们在网上能够进行360°全景观察，而且通过交互操作可以实现自由浏览，从而体验三维的VR视觉世界。

顾名思义，全景就是给人以三维立体感觉的实景360°全方位图像，此图像最大的三个特点如下：

（1）全：全方位，全面地展示360°球型范围内的所有景致。

（2）景：实景，真实的场景，三维实景大多是在照片基础之上拼合得到的图像，最大限度地保留了场景的真实性。

（3）360°：360°环视的效果，虽然照片都是平面的，但是通过软件处理之后得到的360°实景能够给人以三维立体空间的感觉，使观者犹如身在其中。

由于全景给人们带来全新的真实现场感和交互式的感受，因此可广泛应用于三维电子商务，如在线的房地产楼盘展示、虚拟旅游、虚拟教育等领域。

6.2 PC端全景图片与视频

6.2.1 项目简介

通过前面的介绍，对全景视频全景图片已经有了一些了解。从本小节开始，我们将学习在Unity中如何展示全景图片与播放全景视频。在本案例中将使用简洁的代码来完成预定的功能。

本案例中分别有三个Scene场景。

- MainScene：用以切换全景图片场景与全景视频场景，如图6-1所示。

图6-1　选择页面

- PictureScene：展示全景图片的场景，如图6-2所示。

图6-2　全景图片场景

本场景中包含的主要功能有：
- ➢ 全景图片的展示。
- ➢ 全景图片的切换。
- ➢ 全景图片中的内容介绍。
- ➢ 返回主场景。
● VideoScene：展示全景视频的场景，如图 6-3 所示。

图 6-3　全景视频场景

本场景中包含的主要功能有：
- ➢ 全景视频的展示。
- ➢ 全景视频的切换。
- ➢ 全景视频的播放控制。
- ➢ 返回主场景。

6.2.2　项目准备

项目准备的操作步骤如下：

步骤 01 新建一个名为 Panorama 的工程。

步骤 02 在 Unity 编辑器的 Project 面板中新建一个名为 Resources 的文件夹，用以存放动态加载的素材文件。

① 将下载资源中的"6/素材/Resources"文件夹中所有的素材资源放入工程文件中的 Resources 文件夹内。

② 导入完成后，文件夹内的内容如图 6-4 所示。

③ 将名为"1""2""3""4"的四张图片的形状设置为 Cube，贴图的循环模式设置为 Clamp，并单击 Apply 进行应用，如图 6-5 所示。

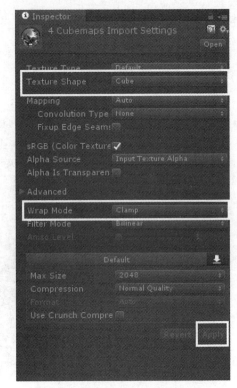

图6-4 文件目录　　　　　　　图6-5 设置全景图片格式

步骤03 在 Unity 编辑器的 Project 面板中新建一个名为 StreamingAssets 的文件夹，用来存放视频文件。将下载资源中的"6/素材/StreamingAssets"文件夹中所有的素材资源放入工程文件中的 StreamingAssets 文件夹内，此时文件夹内的内容如图 6-6 所示。

图6-6 文件目录

步骤04 在 Unity 编辑器的 Project 面板中新建一个名为 Textures 的文件夹，用来存放其他的图片。

① 将下载资源中"6/素材/Textures"文件夹中所有的素材资源放入工程文件中的 Textures 文件夹内，此时文件夹内的内容如图 6-7 所示。

② 将 UI 中需要使用到的图片 Back、Bg、Btn_Bg、Last、Next、Tip 的格式均设置为 Sprite（2D and UI），如图 6-8 所示。

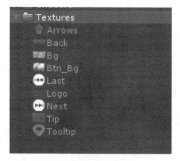
图 6-7　文件目录

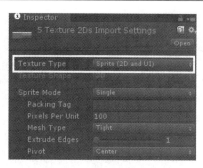
图 6-8　设置图片格式

③ 将图片 Arrows、Tooltip、Logo 均设置为使用 Alpha 通道创建透明效果，设置方式如图 6-9 所示。

步骤 05　在 Unity 编辑器的 Project 面板中新建一个名为 Models 的文件夹，用来存放模型文件。将下载资源中"6/素材/Models"文件夹中模型资源放入工程文件中的 Models 文件夹内。

步骤 06　在 Unity 编辑器的 Project 面板中新建一个名为 Scenes 的文件夹用来存放场景。新建三个空场景，分别命名为 MainScene、PictureScene、VideoScene，保存在 Scenes 文件夹内，如图 6-10 所示。

图 6-9　使用透明通道

图 6-10　新建三个场景

步骤 07　将新建的三个场景添加到 Scenes In Build 中。
① 打开 Build Settings（发布设置界面），依次选择"File→Build Settings"。
② 将 Scenes 文件夹内的三个场景文件拖曳到 Scenes In Build 窗口内，如图 6-11 所示。
步骤 08　将三个场景的分辨率均设置为 16:9，如图 6-12 所示。

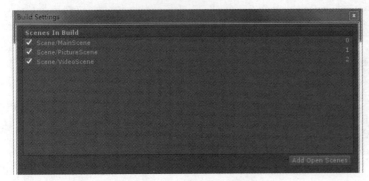

图 6-11　Scenes In Build 窗口　　　　　　　图 6-12　设置分辨率

6.3　全景图片的实现

6.3.1　创建天空盒

本小节将创建全景图片的核心——天空盒。在 Unity 中，设置天空盒的方式有两种：

- 在环境光中，设置针对场景的天空盒。
- 针对某个摄像机设置天空盒。

在这里采用第一种方式，设置针对场景的天空盒。

步骤 01　在 Unity 编辑器的 Project 面板中新建一个名为 Materials 的文件夹，用于存放场景中的材质球。

步骤 02　在 Materials 的文件夹内新建一个名为 SkyMat 的材质球，设置材质球的 Shader 类型为 Skybox/Cubemap，如图 6-13 所示。

步骤 03　在 Project 面板的 Scenes 文件夹中打开名为 PictureScene 的场景文件。

步骤 04　依次单击"Window→Lighting"，设置环境光中的天空盒为 SkyMat，如图 6-14 所示。

图 6-13　新建天空盒材质球　　　　　　　图 6-14　设置天空盒的材质球

6.3.2 查看全景图片

本小节首先动态加载初始的全景图片，然后利用鼠标左键的拖曳来控制摄像机，对全景图片进行全方位的查看；利用鼠标的中键进行缩放操作。

步骤 01 在 Project 面板中新建一个名为 Scripts 的文件夹，用于存放所有的脚本。

步骤 02 在 Scripts 文件夹中新建一个名为 PictureSceneController 的 C#脚本，用以控制全景图片场景。

步骤 03 双击打开 PictureSceneController 脚本，并进行编辑，代码如下：

```csharp
using System.Collections;
using System.Collections.Generic;
using UnityEngine;
public class PictureSceneController : MonoBehaviour {
    /// <summary>
    /// 声明一个材质球，在Unity编辑器中指定
    /// 指定为新建的名为"SkyMat"的材质球
    /// </summary>
    public Material CubemapMat;
    /// <summary>
    /// 声明一个 cubemap
    /// </summary>
    private Cubemap cubemap;
    void Start ()
    {
        //指定cubemap
        //Resources.Load<Cubemap>("1");
        //从"Project"面板中的"Resources"文件夹下加载一个名为"1"的"Cubemap"格式的文件
        cubemap = Resources.Load<Cubemap>("1");
        //设置CubemapMat的贴图为动态加载的 cubemap
        CubemapMat.SetTexture("_Tex", cubemap);
    }
}
```

动态加载初始的全景图片。注意，CubemapMat.SetTexture("_Tex", cubemap)中的_Tex 是指 Shader 中 Cubemap 贴图的属性名称，我们可以从 Shader 的属性面板中看到这一点，如图 6-15 所示。

步骤 04 打开 PictureScene 场景，将 PictureSceneController 脚本拖曳到 Main Camera 物体上，并指定 Cubemap Mat 材质球为 SkyMat，如图 6-16 所示。

步骤 05 验证代码。运行程序时，会发现场景中动态加载了全景图片。

步骤 06 在 Scripts 文件夹中新建一个名为 MouseController 的 C#脚本，用以控制摄像机。

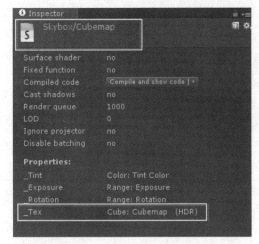

图 6-15　天空盒使用的 Shader

图 6-16　设置 Picture Scene Controller 脚本组件

步骤 07　双击打开 MouseController 脚本并进行编辑，代码如下：

```
using UnityEngine;
public class MouseController : MonoBehaviour
{
    /// <summary>
    /// 鼠标在X轴拖曳时，摄像机旋转的速度
    /// </summary>
    public float xSpeed = 2;
    /// <summary>
    /// 鼠标在Y轴拖曳时，摄像机旋转的速度
    /// </summary>
    public float ySpeed = 2;
    /// <summary>
    /// 摄像机Y轴的最小角度
    /// </summary>
    public float yMinLimit = -50;
    /// <summary>
    /// 摄像机Y轴的最大角度
    /// </summary>
    public float yMaxLimit = 50;
    /// <summary>
    /// 缩放的速度
    /// </summary>
    public float zoomSpeed = 5;
    /// <summary>
    /// 摄像机最小的FOV
    /// </summary>
    public float MinFOV = 40;
    /// <summary>
    /// 摄像机最大的FOV
    /// </summary>
    public float MaxFOV = 75;
    /// <summary>
```

```csharp
/// 摄像机的FOV
/// </summary>
private float zoomFOV;
/// <summary>
/// 摄像机X轴的角度
/// </summary>
private float x = 0.0f;
/// <summary>
/// 摄像机Y轴的角度
/// </summary>
private float y = 0.0f;
/// <summary>
/// 摄像机组件
/// </summary>
private Camera camera;
void Start()
{
    ////初始化时获取摄像机X、Y轴的角度
    x = transform.eulerAngles.y;
    y = transform.eulerAngles.x;
    //获取摄像机组件
    camera = this.GetComponent<Camera>();
    //获取摄像机组件中的FOV
    zoomFOV = camera.fieldOfView;
}
void LateUpdate()
{
    //若单击鼠标左键，则获取摄像机当前的X、Y轴值
    if (Input.GetMouseButtonDown(0))
    {
        x = transform.eulerAngles.y;
        y = transform.eulerAngles.x;
    }
    //若按住鼠标左键，则设置摄像机的旋转角度
    if (Input.GetMouseButton(0))
    {
        //Input.GetAxis("Mouse X") 获取鼠标在X轴上的值
        //摄像机X轴的角度，加等于鼠标X轴的值乘以速度
        x += Input.GetAxis("Mouse X") * xSpeed;
        y -= Input.GetAxis("Mouse Y") * ySpeed;
        //限制Y轴的角度
        y = ClampAngle(y, yMinLimit, yMaxLimit);
        //注意，鼠标在X轴上拖曳的值对应摄像机旋转Y轴的值
        //鼠标在Y轴上的拖曳的值对应摄像机旋转X轴的值
        //设置摄像机的旋转
        transform.eulerAngles = new Vector3(y, x, 0);
    }
    //Input.GetAxis("Mouse ScrollWheel")获取鼠标滚轮的值
    //zoomFOV 减等于鼠标滚轮值乘以缩放的速度
    zoomFOV -= Input.GetAxis("Mouse ScrollWheel") * zoomSpeed;
```

```
            //限制zoomFOV的范围
            zoomFOV = Mathf.Clamp(zoomFOV, MinFOV, MaxFOV);
            //摄像机的FOV值等于zoomFOV
            camera.fieldOfView = zoomFOV;
        }
        /// <summary>
        /// 限制角度
        /// </summary>
        /// <param name="angle">需要限制的角度</param>
        /// <param name="min">最小的角度</param>
        /// <param name="max">最大的角度</param>
        /// <returns></returns>
        float ClampAngle(float angle, float min, float max)
        {
            if (angle > 180.0f)
                angle -= 360.0f;
            return Mathf.Clamp(angle, min, max);
        }
    }
```

这里需要注意的是，当鼠标在屏幕的 X 轴水平方向拖动时，摄像机对应的是 Y 轴的旋转，当鼠标在屏幕 Y 轴垂直方向拖动时，摄像机对应的是 X 轴的旋转。

步骤 08 将 MouseController 脚本拖曳到 Main Camera 物体上。

6.3.3 切换全景图片

本小节将学习如何切换全景图片。当我们双击场景中的箭头时，就会按顺序动态加载全景图片。

步骤 01 在 PictureScene 场景中新建一个名为 Arrows 的 Plane，对其 Transform 属性进行设置，设置参数如图 6-17 所示。

步骤 02 在 Materials 的文件夹内新建一个名为 ArrowsMat 的材质球。

① 设置 ArrowsMat 材质球的贴图为 Arrows。

② 设置 ArrowsMat 材质球的 Rendering Mode 为 Cutout，让贴图显示 Alpha 透明通道信息，如图 6-18 所示。

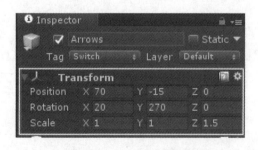

图 6-17 设置 Arrows 的 Transform 属性

图 6-18 设置材质球

③ 将材质球赋予到 Arrows 物体上。

步骤 03 为 Arrows 物体指定一个名为 Switch 的 Tag，作为特殊的标识。

① 打开 Tag & Layers 菜单，依次单击 "Edit →Project Settings→Tags and Layers"。
② 单击 Tags 的加号，新建一个名为 Switch 的 Tag，如图 6-19 所示。
③ 选择 Arrows 物体，在属性面板中选择 Tag 为 Switch，如图 6-20 所示。

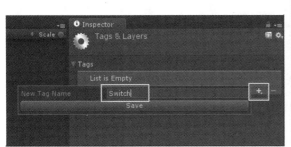
图 6-19　新建 Tag

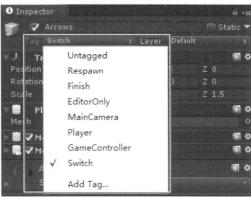
图 6-20　设置 Tag

步骤 04 灯光光照设置。

① 删除场景中的灯光 Directional Light。
② 设置环境光来源为 Color，并设置颜色为 "R:1，G:1，B:1" 的纯白色，如图 6-21 所示。

图 6-21　设置环境光

步骤 05 找到挂载在 Main Camera 物体上的 PictureSceneController 脚本，双击打开该脚本进行编辑，添加以下代码：

```
/// <summary>
/// 声明一个光线投射碰撞
/// </summary>
private RaycastHit hit;
/// <summary>
/// 声明一条射线
/// </summary>
private Ray ray;
/// <summary>
/// 当前的全景图片
```

```csharp
/// </summary>
private int CurrentTex = 1;

private void OnGUI()
{
    //声明一个Unity事件
    Event mouse = Event.current;
    //如果当前是按下鼠标
    if (mouse.isMouse && mouse.type == EventType.MouseDown)
    {
        //双击鼠标
        if (mouse.clickCount == 2)
        {
            //从单击鼠标的位置发出一条射线
            ray = Camera.main.ScreenPointToRay(Input.mousePosition);
            //若射线碰撞到物体
            if (Physics.Raycast(ray, out hit))
            {
                //如果碰撞物的tag为"Switch"
                if (hit.transform.tag == "Switch")
                {
                //是当前贴图名就累加
                //例如，默认初始全景图片编号为1，当双击Arrows后，全景图片编号就应该为2
                    CurrentTex++;
                    //若当前全景图片的编号大于4
                    if (CurrentTex > 4)
                    {
                        //设置当前全景图片编号为1
                        CurrentTex = 1;
                    }
                    //根据当前全景图片编号动态加载cubemap
                    cubemap = (Cubemap)Resources.Load(CurrentTex + "");
                    //设置全景图片
                    CubemapMat.SetTexture("_Tex", cubemap);
                    //设置摄像机的旋转归零
                    this.transform.localRotation = new Quaternion(0, 0, 0, 0);
                }
            }
        }
    }
}
```

在这里其实用到了一个小技巧：因为全景图片的命名是 1~4 的整数，所以这里使用整数累加的方式来获取下一张全景图片的名称，从而可以动态地加载全景图片。

步骤 06 验证代码。运行程序，双击场景中的箭头（Arrows 物体）时，就会切换下一张全景图片，而且摄像机的角度会回归到初始的角度。

6.3.4 添加景点介绍功能

本小节将完善整个全景图片的功能，需要完善的功能有两点：

- 在全景图片中增加热点及热点的介绍内容，包括视频、图片、文字，在本案例中以文字为例进行介绍，视频和图片同理。
- 单击热点时，摄像机视角的切换让热点处于屏幕的中心。

步骤 01 在 Hierarchy 面板中创建一个名为 Tips 的空物体，重置其 Transform 属性，这个空物体的作用在于存放所有的热点。

步骤 02 在 Project 面板的 Materials 文件夹内创建一个名为 Location 的材质球。设置材质球的贴图为 Tooltip，设置材质球的渲染模式为 Cutout（完全透明），如图 6-22 所示。

步骤 03 创建第一张全景图片的热点。

① 在 Hierarchy 面板中创建一个名为 1 的 Plane 物体，设置该物体为 Tips 的子物体，设置该物体的材质球为 Location，并设置其 Transform 组件的属性，设置参数如图 6-23 所示。

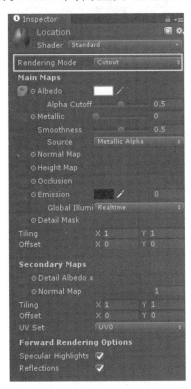

图 6-22 设置材质球

图 6-23 设置 Tag 与 Transform

② 创建一个名为 Tip 的 Tag，创建方式为依次单击 "Edit→Project Settings→Tags and Layers"，打开 Tags & Layers 面板，在面板中创建，如图 6-24 所示。

③ 把名为 1 的物体的 Tag 设置为 Tip。

④ 创建一个 Canvas，设置为 1 的子物体，设置好 Canvas 的 Rect Transform 属性，再把 Render Mode 设置为 World Space，把 Dynamic Pixels Per Unit 设置为 2，如图 6-25 所示。

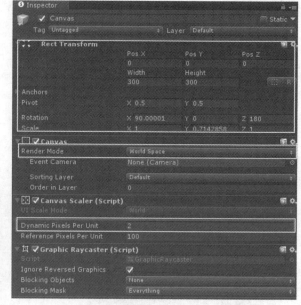

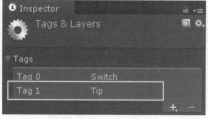

图 6-24　新建 Tag

图 6-25　设置 Canvas 的属性

⑤ 在 Canvas 下创建一个 Image 类型的子物体，作为热点介绍文字的背景图片。设置 Source Image 为 Tip，并设置其 Rect Transform 属性，具体的设置参数如图 6-26 所示。

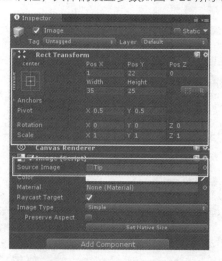

图 6-26　设置背景图片

⑥ 在 Canvas 下创建一个 Text 类型的子物体，作为热点介绍文字。设置 Text 显示内容为"九华山"，字体大小为 6 号，对齐方式为"上下居中，左右居中"，字体颜色为白色，并设置其 Rect Transform 属性，设置参数如图 6-27 所示，并添加名为 Shadow 的组件，让字体更有立体感。

此时，第一幅全景图显示的内容如图 6-28 所示。

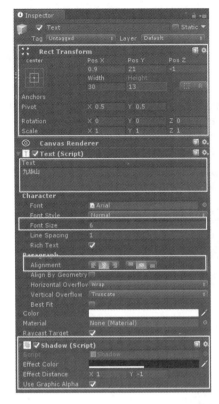

图 6-27　设置文字显示的属性

图 6-28　效果示例

⑦ 隐藏物体 1 中的子物体 Canvas，让热点介绍内容默认为不可见，只有单击热点时，介绍的内容才显示出来。

步骤 04　创建其他全景图片的热点及热点介绍内容。

① 在 Hierarchy 面板中将名为 1 的物体复制三个，分别命名为 2、3、4，这三个物体对应另外三张全景图片。

② 设置物体 2 的 Transform 属性，参数如图 6-29 所示。

图 6-29　设置物体 2 的 Transform 属性

③ 设置物体 2 中的子物体 Text，让其显示的文字内容为"动物园"。

④ 设置物体 3 的 Transform 属性，参数如图 6-30 所示。
⑤ 设置物体 3 中的子物体 Text，让其显示的文字内容为"军机处"。
⑥ 设置物体 4 的 Transform 属性，参数如图 6-31 所示。

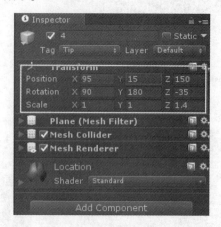

图 6-30　设置物体 3 点 Transform 属性　　　图 6-31　设置物体 4 的 Transform 属性

⑦ 设置物体 4 中的子物体 Text，让其显示的文字内容为"峨眉金顶"。
⑧ 设置物体 2、3、4 为隐藏状态，只有当切换到对应的全景图时才会显示出来。
⑨ 此时，Hierarchy 面板中的层级如图 6-32 所示。

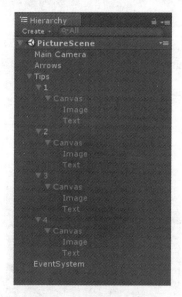

图 6-32　层级展示

步骤 05 添加交互功能。

① 切换全景图片时，同时切换对应的热点。
② 单击热点，视图居中并显示热点内容。

找到挂载在 Main Camera 物体上的 PictureSceneController 脚本，双击打开该脚本进行编辑，代码如下：

```csharp
using System.Collections;
using System.Collections.Generic;
using UnityEngine;
public class PictureSceneController : MonoBehaviour {
    /// <summary>
    /// 声明一个材质球，在Unity编辑器中指定
    /// 指定为新建的名为SkyMat的材质球
    /// </summary>
    public Material CubemapMat;
    /// <summary>
    /// 声明一个集合，用以在Unity编辑器中指定所有的热点
    /// </summary>
    public List<GameObject> Tips;
        /// <summary>
    /// 声明一个 cubemap
    /// </summary>
    private Cubemap cubemap;
    /// <summary>
    /// 声明一个光线投射碰撞
    /// </summary>
    private RaycastHit hit;
    /// <summary>
    /// 声明一条射线
    /// </summary>
    private Ray ray;
    /// <summary>
    /// 当前的全景图片
    /// </summary>
    private int CurrentTex = 1;
    /// <summary>
    /// 是否注视热点，默认是不注视的
    /// </summary>
    private bool lookat = false;
    void Start ()
    {
        //指定cubemap
        //Resources.Load<Cubemap>("1");
        //从Project面板中的Resources文件夹下加载一个名为1的Cubemap格式的文件
        cubemap = Resources.Load<Cubemap>("1");
        //设置CubemapMat的贴图为动态加载的cubemap
        CubemapMat.SetTexture("_Tex", cubemap);
    }
    private void Update()
    {
        //若注视热点
        if (lookat)
        {
            //让摄像机正对看向热点
            LookAtTarget();
        }
```

```csharp
        }
        private void OnGUI()
        {
            //声明一个Unity事件
            Event mouse = Event.current;
            //如果当前是按下鼠标
            if (mouse.isMouse && mouse.type == EventType.MouseDown)
            {
                //双击鼠标
                if (mouse.clickCount == 2)
                {
                    //从单击鼠标的位置发出一条射线
                    ray = Camera.main.ScreenPointToRay(Input.mousePosition);
                    //若射线碰撞到物体
                    if (Physics.Raycast(ray, out hit))
                    {
                        //如果碰撞物的tag为"Switch"
                        if (hit.transform.tag == "Switch")
                        {
                        //是当前贴图名就累加
                        //例如，默认初始全景图片编号为1，当双击Arrows后，全景图片编号就应该为2
                            CurrentTex++;
                            //若当前全景图片的编号大于4
                            if (CurrentTex > 4)
                            {
                                //设置当前全景图片编号为1
                                CurrentTex = 1;
                            }
                            //根据当前全景图片编号动态加载cubemap
                            cubemap = (Cubemap)Resources.Load(CurrentTex + "");
                            //设置全景图片
                            CubemapMat.SetTexture("_Tex", cubemap);
                            //设置摄像机的旋转归零
                            this.transform.localRotation = new Quaternion(0, 0, 0, 0);
                            foreach (var o in Tips)
                            {
                             //根据当前的全景图名称来确定热点是否显示
                             //例如，若当前全景图名称为1，则名称为1的热点被显示，其他的热点被隐藏
                                o.SetActive(o.name == CurrentTex + "");
                                //切换全景图时，所有热点的介绍都默认被隐藏
                                //o.transform.GetChild(0) 即获取热点下第一个子物体"Canvas"
                                o.transform.GetChild(0).gameObject.SetActive(false);
                            }
                        }
                    }
                }
            }
        }
```

```csharp
            //若鼠标抬起
            if (mouse.isMouse && mouse.type == EventType.MouseUp)
            {
                //注视初始
                lookat = false;
                //从单击鼠标处发出一条射线
                ray = Camera.main.ScreenPointToRay(Input.mousePosition);
                //若射线碰到物体
                if (Physics.Raycast(ray, out hit))
                {
                    //若碰到物体的tag是Tip，即鼠标单击了热点
                    if (hit.transform.tag == "Tip")
                    {
                        //注视设为真
                        lookat = true;
                        //根据热点内容是否已经显示来设置显示状态
                        //例如，若没有被显示，则把热点内容显示出来
                        //若已经显示，则把热点内容隐藏
                      hit.transform.GetChild(0).gameObject.
                        SetActive(!hit.transform. GetChild(0).gameObject.
                        activeInHierarchy);
                    }
                }
            }
        }
    /// <summary>
    /// 看向目标点
    /// </summary>
    void LookAtTarget()
    {
        var tmp = Quaternion.LookRotation(hit.point - this.transform.position);
        //通过球形插值设置摄像机的旋转
        this.transform.rotation =
        Quaternion.Slerp(this.transform.rotation,tmp,
        Time.deltaTime * 7);
    }
}
```

步骤 06 测试以上内容。

① 每张全景图对应一个热点。

② 当切换全景图时，随之切换对应的热点。

③ 单击热点，热点会居中显示。

④ 单击热点，会显示对应的热点内容介绍。

6.4 全景视频的实现

6.4.1 创建控制视频的 UI

本小节将制作全景视频播放界面，整体全景视频的控制会使用之前学习过的AVPro Video插件来实现。同样播放界面也会以AVPro Video插件中案例的界面为基础，再添加上一个视频、下一个视频的切换按钮，如图6-33所示。

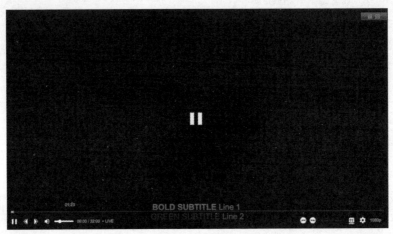

图 6-33 UI 展示

⏸️：播放/暂停按钮。

⏪⏩：视频前进/后退固定的时间。

🔊：视频音量的开关。

▬▬：视频音量调节。

00:00 / 32:00：视频当前播放到的时间/视频总时长。

◀◀ ▶▶：上一个视频/下一个视频切换。

1080p：当前播放视频的分辨率以及帧率信息。

▬▬▬：视频播放的进度条，可以通过拖动进度条来控制视频播放的进度。

步骤01 在工程中导入 AVPro Video 插件。

步骤02 在 Project 面板中找到一个名为 Demo_MediaPlayer 的场景，位于"AVProVideo/Demos/ Scenes/"文件夹中。在场景中复制名为 MediaPlayerUI 的物体，此物体是视频播放器的控制界面，如图 6-34 所示。隐藏子物体 Video，因为此物体是用来在界面中显示视频的，而且需要显示全景视频。

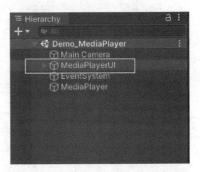

图 6-34 名为 MediaPlayerUI 的物体

步骤 03 打开名为 VideoScene 的场景文件，将 MediaPlayerUI 物体粘贴到 Hierarchy 层级面板中。新建 EventSystem 物体用于控制界面的事件。

步骤 04 创建 Next 和 Last 按钮。

① 创建两个 Image 并添加上 Button 组件，分别命名为 Next、Last。

② 设置 Next 属性中的 Source Image 为 Next。

③ 设置 Last 属性中的 Source Image 为 Last。

④ 将两个按钮的层级设置为 "MediaPlayerUI/Controls/BottomRow/" 物体的子物体，并且位于 Spacer 物体的后面，如图 6-35 所示。BottomRow 物体用于设置下面一排按钮的位置，因为该物体有 Horizontal Layout Group 组件。

⑤ 设置 Next、Last 的 Transform 属性，并且在物体上添加 Layout Element 组件，设置两个按钮的宽度，如图 6-36 所示。

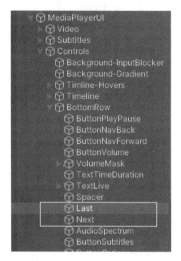

图 6-35 设置 Next 和 Last 按钮

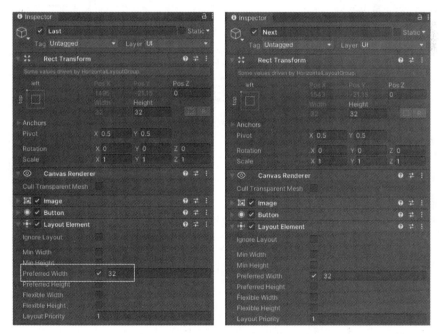

图 6-36 Next 和 Last 按钮

6.4.2 播放全景视频

当我们要播放全景视频时必须有一个载体，就像全景图片的天空盒一样。全景视频的载体就是一个圆球，将全景视频映射到这个圆球上。在这里有两种处理方式：第一种是自建一个Shader，第二种是使用AVPro Video这个插件自带的Shader。

步骤 01 创建适于播放全景视频的 Shader。

① 在 Project 面板中创建一个名为 Shaders 的文件夹，并在文件夹内新建一个 Shader，命名为 VideoShader。

② 双击打开 VideoShader，编辑代码如下：

```
Shader "Custom/Video"
{
    Properties
    {
        _MainTex("Texture", 2D) = "white" {}
    }
        SubShader
    {
        Tags{ "RenderType" = "Opaque" }
        LOD 100
        Cull Front
        Pass
    {
        CGPROGRAM
#pragma vertex vert
#pragma fragment frag
#pragma multi_compile_fog
#include "UnityCG.cginc"
    struct appdata
    {
        float4 vertex : POSITION;
        float2 uv : TEXCOORD0;
    };
    struct v2f
    {
        float2 uv : TEXCOORD0;
        UNITY_FOG_COORDS(1)
        float4 vertex : SV_POSITION;
    };
    sampler2D _MainTex;
    float4 _MainTex_ST;
    v2f vert(appdata v)
    {
        v2f o;
        o.vertex = UnityObjectToClipPos(v.vertex);
        o.uv = TRANSFORM_TEX(v.uv, _MainTex);
        UNITY_TRANSFER_FOG(o,o.vertex);
        return o;
    }
    fixed4 frag(v2f i) : SV_Target
    {
        float u_x = 1 - i.uv.x;
        float u_y = i.uv.y;
        i.uv = float2(u_x,u_y);
        fixed4 col = tex2D(_MainTex, i.uv);
        UNITY_APPLY_FOG(i.fogCoord, col);
```

```
        return col;
    }
    ENDCG
   }
  }
}
```

步骤 02 在 Project 面板 Materials 的文件夹内创建一个名为 VideoMat 的材质球，把材质球的 Shader 设置为"Custom→Video"。也可以指定使用 AVPro Video 插件的自带的全景 shader："AVProVideo/VR/InsideSphere Unlit(stereo+fog)"。

步骤 03 在 Hierarchy 面板中创建一个名为 MP 的 AVPro Video 插件视频播放器 MediaPlayer。在物体 MediaPlayerUI 的组件 MediaPlayerUI 中指定属性 Media Player 为刚建立的 MP 播放器，如图 6-37 所示。

步骤 04 重置 Hierarchy 面板中 Main Camera 的 Transform 属性，删除 Hierarchy 面板中 Directional Light 灯光。

步骤 05 载入全景视频的载体。

① 将 Project 面板中 Models 文件夹内的 Sphere 模型拖曳到 Hierarchy 面板中，并命名为 VideoSphere。把其 Transform 属性中的 Position 设置为 0，Scale 设置为 1。

② 设置 VideoSphere 的材质球为 VideoMat，如图 6-38 所示。

③ 添加 Apply To Mesh 组件，用于将全景视频投影到模型中。

④ 指定 Apply To Mesh 组件中的 Media 属性为步骤（03）中新建的物体 MP，如图 6-39 所示。

图 6-37 指定 MP 播放器

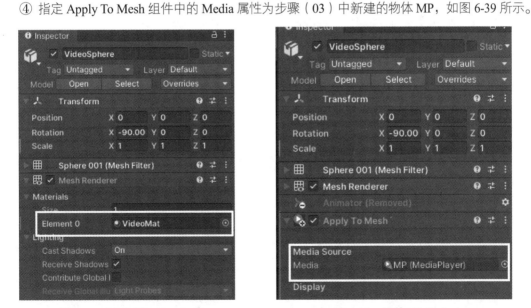

图 6-38 材质球为 VideoMat　　　　图 6-39 设置 MP 格式

步骤 06 将 Project 面板 Scripts 文件夹内的 MouseController 脚本挂载到场景中 Main Camera 物体上，让摄像机能够环视。

步骤 07 在 Project 面板 Scripts 文件夹内创建一个名为 VideoController 的 C#脚本，用于控制视频的播放，将脚本挂载到 Hierarchy 面板中 Main Camera 物体上，双击脚本进行编辑：

```csharp
using RenderHeads.Media.AVProVideo;
using System.Collections.Generic;
using UnityEngine;
using UnityEngine.UI;

public class VideoController : MonoBehaviour
{
    /// <summary>
    /// 所有需要播放的视频集合
    /// </summary>
    public List<string> VideoPaths;

    /// <summary>
    /// AVPro Video插件的播放器
    /// </summary>
    public MediaPlayer mp;

    /// <summary>
    /// 当前播放视频的序列
    /// </summary>
    private int currentIndex;

    private void Awake()
    {
        //打开视频，视频路径为StreamingAssets文件夹
        mp.OpenMedia(MediaPathType.RelativeToStreamingAssetsFolder, VideoPaths[0]);
        //初始播放的视频序号为0
        currentIndex = 0;

        //为LastBtn添加单击事件
        LastBtn.onClick.AddListener(LastClick);
        //为NextBtn添加单击事件
        NextBtn.onClick.AddListener(NextClick);
    }

    /// <summary>
    /// 上一个视频按钮
    /// </summary>
    public Button LastBtn;

    /// <summary>
    /// 下一个视频按钮
    /// </summary>
```

```csharp
    public Button NextBtn;

    /// <summary>
    /// 单击下一个视频时触发
    /// </summary>
    private void NextClick()
    {
        //当前播放视频序号+1
        currentIndex++;
        //若序号大于或等于视频集合的数量
        if (currentIndex >= VideoPaths.Count)
        {
            //当前播放序号为0
            currentIndex = 0;
        }
        //加载视频
        mp.OpenMedia(MediaPathType.RelativeToStreamingAssetsFolder, VideoPaths[currentIndex]);
    }

    /// <summary>
    /// 单击上一个视频时触发
    /// </summary>
    private void LastClick()
    {
        //当前播放视频序号-1
        currentIndex--;
        //若序号小于0
        if (currentIndex < 0)
        {
            //序号等于集合中最后一个视频
            currentIndex = VideoPaths.Count - 1;
        }
        //加载视频
        mp.OpenMedia(MediaPathType.RelativeToStreamingAssetsFolder, VideoPaths[currentIndex]);
    }
}
```

步骤08 外部指定 Video Controller 脚本中的参数，如图 6-40 所示。

步骤09 代码验证。

① 运行程序，会自动播放集合中的第一个视频。

② 单击播放按钮，若视频正在播放将暂停播放，若视频没有播放将播放视频。

③ 拖动视频进度条，视频会改变进度。

④ 拖动音量控制条，将改变视频声音大小。

⑤ 单击上一视频或者下一视频，视频会按照集合顺序切换。

⑥ 切换视频时，默认从零开始播放视频。

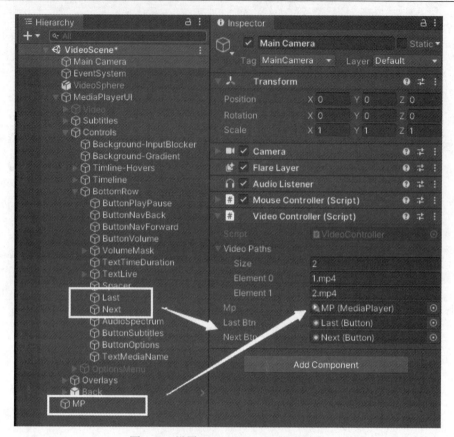

图 6-40 设置 Video Controller 脚本组件

6.5 场景控制器

本节将制作场景控制器。

6.5.1 创建初始场景

全景图片与全景视频功能已经完成了,现在还需要完善初始的选择场景。可以从初始场景中选择切换到全景图片场景还是全景视频场景。

步骤 01 打开名为 MainScene 的场景文件。

步骤 02 新建一个 Canvas,设置 UI Scale Mode 为 Scale With Screen Size,其中 Reference Resolution 设置为 1920×1080,如图 6-41 所示。

步骤 03 创建背景图片。

① 新建一个 Image,命名为 Bg。

② 指定 Source Image 为 Bg。

③ 将 Rect Transform 组件中的 Anchor Presets 设置为自适应全屏。其设置方法为:单击 Anchor

Presets 锚点默认图标，在弹出的界面中按住 Alt 键，选择右下角"自适应全屏"。

步骤 04 创建全景图片的按钮。

① 新建一个 Button，命名为 Picture。

② 指定 Source Image 为 Btn_Bg。

③ 设置 Picture 的 Transform 属性，参数如图 6-42 所示。

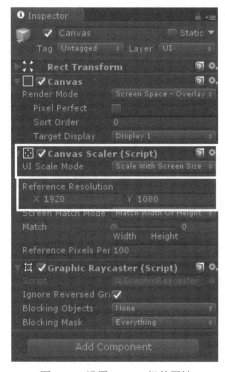

图 6-41　设置 Canvas 组件属性

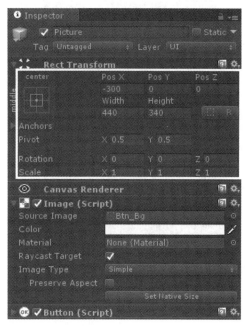

图 6-42　创建全景图片按钮

④ 设置 Picture 的 Button 属性中的 Highlighted Color 为"R:243，G:227，B:255"，让鼠标划过按钮时，效果更加明显。

⑤ 设置 Picture 的子物体 Text 的显示内容为"全景图片"。

⑥ 为 Text 物体添加 Outline、Shadow 组件，使其更具有立体感。

⑦ 设置 Text 的 Transform 组件及字体大小、颜色等，参数如图 6-43 所示。

步骤 05 创建全景视频的按钮。

① 复制全景图片即 Picture 按钮，并命名为 Video。

② 设置 Video 的 Transform 属性，参数如图 6-44 所示。

③ 设置 Video 的子物体 Text 显示的文字内容为"全景视频"。

图6-43 设置文字

图6-44 复制出全景视频按钮

6.5.2 场景之间的切换

步骤01 在 Project 面板中的 Scripts 文件夹内创建一个名为 SwitchScene 的 C#脚本，双击打开该脚本进行编辑，代码如下：

```
using UnityEngine;
using UnityEngine.SceneManagement;
using UnityEngine.UI;
public class SwitchScene : MonoBehaviour {
    /// <summary>
    /// 全景图片按钮
    /// </summary>
    public Button PictureBtn;
    /// <summary>
    /// 全景视频按钮
    /// </summary>
    public Button VideoBtn;
    void Awake()
    {
        //添加触发函数
```

```
        PictureBtn.onClick.AddListener(PictureClick);
        VideoBtn.onClick.AddListener(VideoClick);
    }
    private void VideoClick()
    {
        //加载全景视频的场景
        SceneManager.LoadScene("VideoScene");
    }
    private void PictureClick()
    {
        //加载全景图片的场景
        SceneManager.LoadScene("PictureScene");
    }
}
```

需要注意的是，SceneManager 是属于 UnityEngine.SceneManagement 命名空间内的。

步骤02 将 SwitchScene 脚本拖曳到 MainScene 场景中的 Canvas 物体上，并设置脚本的参数，如图 6-45 所示。

步骤03 在全景图片场景中，创建返回主场景按钮。

① 打开 PictureScene 场景文件。

② 新建一个 Canvas，设置 UI Scale Mode 为 Scale With Screen Size，其中 Reference Resolution 设置为 1920×1080。

③ 创建一个 Button，命名为 Back，设置其 Source Image 为 Back。

④ 设置 Back 的 Transform 属性，对齐方式为右下对齐，参数如图 6-46 所示。

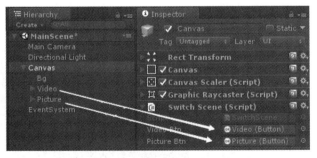

图 6-45 设置 SwitchScene 脚本组件

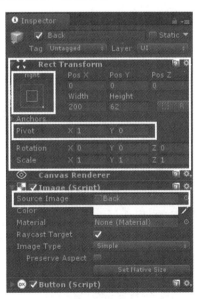

图 6-46 新建返回按钮

⑤ 设置 Back 的子物体 Text，其显示的文字为"返回"，字体大小为 35，颜色为白色。

⑥ 为 Text 物体添加 Outline、Shadow 组件，增加字体的立体感。

⑦ 创建切换到主场景的功能。在 Scripts 文件夹内，创建一个名为 BackToMain 的 C#脚本，挂载

到 Back 物体上，双击该脚本进行编辑，代码如下：

```
using UnityEngine;
using UnityEngine.SceneManagement;
using UnityEngine.UI;
public class BackToMain : MonoBehaviour {

    private Button btn;

    void Start ()
{
        btn = GetComponent<Button>();
        btn.onClick.AddListener(BtnClick);
     }
    private void BtnClick()
    {
        SceneManager.LoadScene("MainScene");
    }
}
```

⑧ 创建 Prefab。在 Project 面板中创建一个名为 Prefabs 的文件夹，用于存放工程中的 Prefab。

⑨ 将物体 Back 拖曳到 Project 面板中的 Prefabs 文件夹内。

步骤 04 创建全景视频场景中的返回按钮。

① 打开 VideoScene 场景。

② 将 Project 面板中 Prefabs 文件夹内的 Back 拖曳到场景中的 Canvas 物体上。

步骤 05 内容测试。

① 在 MainScene 中单击全景图片或全景视频按钮进入对应的场景。

② 在全景图片、全景视频场景中单击返回按钮，切换至 MainScene。

6.6　项目发布

步骤 01 设置项目名称。

① 打开 PlayerSettings，打开方式为单击"Edit→Project Setting→Player"。

② 设置 Product Name（项目名称）为 Panorama，如图 6-47 所示。

步骤 02 设置程序的图标。选择 Default Icon 为 Logo。

步骤 03 发布程序。

① 打开发布设置 Build Settings，打开方式为单击"File→Build Settings"，快捷键为 Ctrl+Shift+B。

② 单击 Build 按钮，选择发布的路径及程序名。

步骤 04 查看发布的内容，如图 6-48 所示。

图 6-47　设置程序 Logo

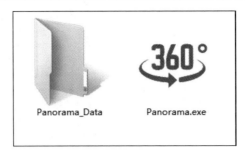

图 6-48　发布内容展示

① 发布出来的文件包括一个资源文件夹和一个 EXE 可执行文件。
② 单击 EXE 文件即可运行程序。
③ 两个文件均不能删除。
④ 一般情况下，不要将两个文件改名。
⑤ 可以利用一些打包软件，将两个文件进行打包设置，方便传播与安装。

第7章

头戴式设备的 VR 开发

自从字节跳动公司收购国内VR厂商Pico的消息传出之后,就引爆了互联网热点——元宇宙。2016年被称为VR元年,而到了2021年迎来了元宇宙元年。维基百科对"元宇宙"的定义是:通过虚拟增强的物理现实,呈现收敛性和物理持久性特征的,基于未来互联网的,具有连接感知和共享特征的3D虚拟空间。现有的元宇宙应用几乎依赖于虚拟现实(VR),而VR中沉浸式体验感最强的无疑就是头戴式设备。

7.1 头戴式设备简介

本节主要介绍三种比较经典的头戴式设备,分别是VIVE Focus设备、VIVE Cosmos设备和Pico设备。

7.1.1 VIVE Focus 设备

作为头戴式设备的代表作之一,Focus从诞生之日到今天已经出到了第三代,分别是VIVE Focus、VIVE Focus Plus与VIVE Focus 3。

2019年1月,HTC在CES(Consumer Electronics show,消费电子展)上推出了一款名为VIVE Focus Plus的头戴设备(见图7-1),是第一代VIVE Focus的升级版,是一种新形态的一体式 VR 设备,升级了前代的六自由度(6DoF)头戴式显示器,带来了更好的视觉效果。其采用舒适的人体工学设计以及双六自由度控制器,不仅提供了更大的使用弹性,同时也保证了完整的互动性、移动性及拟真度。

VIVE Focus Plus 头戴显示器及控制器手把都是六自由度,扳机搭载力道感测功能,通过来自压力感测的互动,让使用者可以精准地控制VR中的物品,享受为VR一体机设计的原创内容,体验与一般电脑设备相同的自由度和虚拟环境中流畅的互动。

同时，VIVE Focus Plus还配备了全新的菲涅尔透镜，大幅度减少了环效应带来的影响，为使用者呈现更加清晰且逼真的视觉效果，而且用户还可以使用约200款适用于所有搭载VIVE WAVE开放平台设备的精彩内容。

图 7-1　VIVE Focus Plus

HTC VIVE于2021年6月10日在北京举行了"HTC VIVE新品体验会暨开发者客户大会"。在本次会议上，HTC VIVE软件产品与亚太区开发者关系高级总监袁东介绍了VIVE Focus 3（见图7-2）在图像、性能、音效、输入等方面的提升与改善。

VIVE Focus 3是HTC VIVE最新推出的一体式VR头戴式设备，采用了2.88英寸双LCD显示器，单眼分辨率为2448×2448（双眼为4896×2448）。值得一提的是，这款高达5K分辨率的设备不仅在整体图像显示上大大提升了用户在VR中的沉浸式体验，同样也在文字渲染细节上带来更清晰的显示效果。通过HTC VIVE的Multi-Layer渲染架构，文字内容在VIVE Focus 3中实现了更清晰锐利的显示效果。

图 7-2　VIVE Focus 3

VIVE Focus Plus与VIVE Focus 3的比较如表7-1所示。

表 7-1　VIVE Focus Plus 与 VIVE Focus 3 的比较说明

产品名	Focus Plus	Focus 3
价格	5699 元	9888 元
追踪技术&传感器	World-Scale 六自由度大空间追踪技术	VIVE Inside-out 追踪技术；建议最大 10m×10m 的空间定位追踪
屏幕	3K AMOLED	双 2.88 英寸 LCD 屏幕
分辨率	2880×1600	单眼分辨率 2448×2448（双眼分辨率 4896×2448）

（续表）

产品名	Focus Plus	Focus 3
刷新率	75 Hz	90 Hz
视场角	110°	最大 120°
瞳距调节	支持	支持，调节范围为 57mm~72mm
处理器	高通®骁龙™ 835	高通®骁龙™XR2
存储	MicroSD™扩展口，最高支持 2TB MicroSD™卡	128GB / 8GB，最高支持 2TB microSD 卡
连接口	USB Type-C	2 个 USB 3.2 Gen-1 Type-C 外设端口，（外部USB-C 端口支持 USB OTG）； 蓝牙 5.2 + BLE； Wi-Fi 6
音频	内置麦克风，内置扬声器，3.5mm 立体声耳机插座	具有回声消除功能的双麦克风； 2 个具有专利的双驱动定向的双扬声器设计； 私密模式，减少扬声器声音外漏； Hi-Res 认证的 3.5 毫米音频插孔输出
传感器	六自由度大空间追踪技术； 高精度九轴传感器，距离传感器	追踪摄像头 x4； G-sensor 校正； 陀螺仪； 距离传感器
电池	内置充电电池，支持 QC 3.0 快速充电技术，连续使用时间可达 3 小时，待机时间超过一星期	26.6Wh 电池，可拆卸和更换； 锂聚合物凝胶化学成分使其更加轻巧并支持快速充电
手柄传感器	融合 Chirp 超声波与惯性测量单元的追踪技术	扳机和抓握键上带有霍尔传感器； 扳机、摇杆和拇指托区域带有电容式传感器； G-sensor 校正； 陀螺仪
手柄输入	触控板、菜单按钮、VIVE 按钮、扳机、手柄按钮	人体工学抓握键； 模拟扳机按钮； AB / XY 按钮； 系统/菜单按钮； 摇杆
手柄电池	2 节 AAA 电池，连续使用时间可达 4 小时	电池续航时间最长可达 15 小时； 集成充电电池（通过 USB-C 充电）

7.1.2 VIVE Cosmos 设备

HTC的Cosmos系列作为需要连接PC端使用的头戴式设备中最具有代表性的产品之一，现在拥有了Cosmos基础版与Cosmos精英版。

Cosmos基础版包含了以下的硬件设备：

- Cosmos 基础版头盔。

- 操控手柄左右各一个。
- 头戴式设备连接线。
- 转换器（包含DP端口和USB 3.0连接线）。
- 转换器电源。
- 4节AA碱性电池。
- 清洁布。
- 文档。
- VIVEPORT兑换码。
- Mini DP转DP转换器。

Cosmos基础版头戴式设备的正面和侧面视图如图7-3所示。

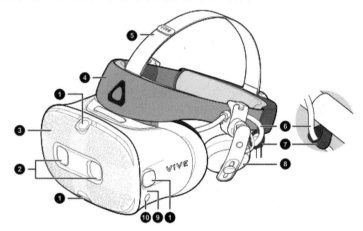

1-侧面/追踪摄像机；2-双摄像头；3-前盖；4-头戴式设备头带；5-顶部头带；6-头戴式设备连接线；
7-头戴式设备连接线托带；8-贴耳式耳机；9-状态指示灯；10-头戴式设备按钮

图7-3　Cosmos基础版头戴式设备的正面和侧面视图

Cosmos基础版头戴式设备的后视图和底视图如图7-4所示。

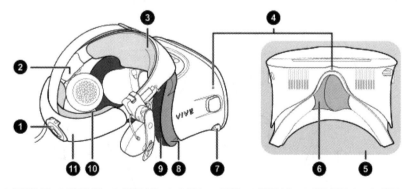

1-调节旋钮；2-侧面衬垫；3-前侧衬垫；4-麦克风；5-眼罩；6-鼻部衬垫；7-瞳孔间距（IPD）旋钮；
8-面部衬垫外框；9-面部衬垫；10-后侧衬垫；11-头戴式设备头带

图7-4　Cosmos基础版头戴式设备的后视图和底视图

Cosmos 基础版头戴式设备的内视图（面部衬垫外框已拆除）如图7-5所示。

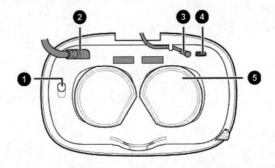

1-前盖锁定按钮；2-头戴式设备连接线；3-音频连接线；4-USB Type-C 数据线插槽；5-镜头

图 7-5　Cosmos 基础版头戴式设备的内视图

Cosmos基础版操控手柄前视图如图7-6所示。

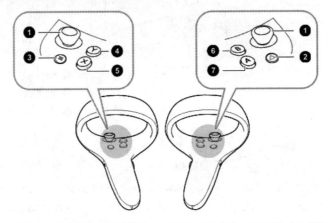

1-摇杆；2-VIVE 按钮；3-菜单按钮；4-Y 按钮；5-X 按钮；6-B 按钮；7-A 按钮

图 7-6　Cosmos 基础版操控手柄前视图

Cosmos基础版操控手柄后视图如图7-7所示。

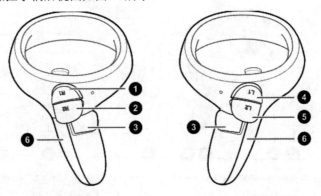

1-右侧缓冲按钮；2-右侧扳机；3-抓握按钮；4-左侧缓冲按钮；5-左侧扳机；6-电池盖

图 7-7　Cosmos 基础版操控手柄后视图

Cosmos精英版包含了以下的硬件设备：

- Cosmos 精英版头盔。
- VIVE 定位器 1.0 两个。
- VIVE 操控手柄左右各一个。
- 头戴式设备连接线。
- 转换器（包含 DP 端口和 USB 3.0 连接线）。
- 转换器电源。
- Mini DP 转 DP 转换器。
- VIVE 定位器电源。
- 安装工具包（2 个支架、4 颗螺丝和 4 个锚固螺栓）。

Cosmos精英版头盔式设备的正面和侧面视图如图7-8所示。

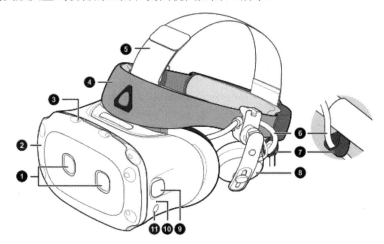

1-双摄像头；2-前盖；3-追踪感应器；4-头戴式设备头带；5-顶部头带；6-头戴式设备连接线；
7-头戴式设备连接线托带；8-贴耳式耳机；9-侧面摄像头；10-状态指示灯；11-头戴式设备按钮

图 7-8　Cosmos 精英版头盔式设备的正面和侧面视图

Cosmos精英版头盔式设备的后视图和底视图如图7-9所示。

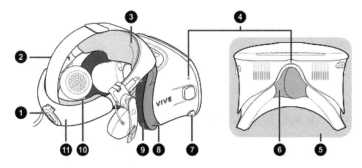

1-调节旋钮；2-侧面衬垫；3-前侧衬垫；4-麦克风；5-眼罩；6-鼻部衬垫；7-瞳孔
间距（IPD）旋钮；8-面部衬垫外框；9-面部衬垫；10-后侧衬垫；11-头戴式设备头带

图 7-9　Cosmos 精英版头盔式设备的后视图和底视图

Cosmos精英版头盔式设备的内视图（面部衬垫外框已拆除）如图7-10所示。

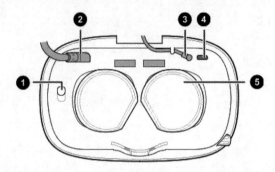

1-前盖锁定按钮；2-头戴式设备连接线；3-音频连接线；4-USB Type-C 数据线插槽；5-镜头

图 7-10　Cosmos 精英版头盔式设备的内视图

Cosmos精英版VIVE操控手柄如图7-11所示。

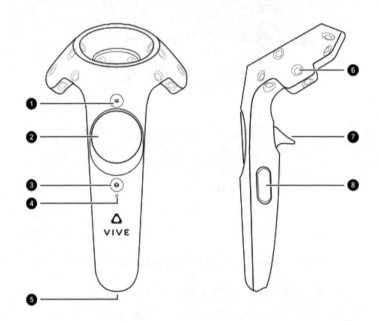

1-菜单按钮；2-触控板；3-系统按钮；4-状态指示灯；5-Micro-USB 端口；6-追踪感应器；7-扳机；8-抓握按钮

图 7-11　Cosmos 精英版 VIVE 操控手柄

下面我们通过一张表（见表7-2）来比较这两款头戴式设备。

表 7-2　Cosmos 基础版与 Cosmos 精英版的比较说明

	Cosmos 基础版	Cosmos 精英版
售价	5899 元	7988 元
追踪方式	六个摄像头传感器与最新的软件优化功能相结合，可实现精确的 inside-out 追踪	外部定位追踪，定位器 1.0 提供精准的外部追踪，击打、旋转等动作都变得更加精确

(续表)

	Cosmos 基础版	Cosmos 精英版
产品特点	更好的 3D 空间音频效果； 通过更高的显示分辨率、易于使用的耳机和线缆设计以及改进的人体工程学设计，保持舒适的沉浸感； Chaperone 技术	通过创新的翻盖式设计，几秒钟内便可在现实和虚拟现实之间切换，让用户无顾虑地享受沉浸式旅程； 以更高的分辨率和镜头保真度获得更好、更舒适的沉浸体验； 借助精准的外部定位追踪来自由地移动和玩乐； 灵活而强大，使用面板和附加组件自定义和个性化用户的 VIVE Cosmos 精英套装
屏幕	2 个 3.4 英寸屏幕	2 个 3.4 英寸屏幕
分辨率	单眼分辨率为 1440×1700（双眼分辨率为 2880×1700）	单眼分辨率为 1440×1700（双眼分辨率为 2880×1700）
刷新率	90 Hz	90 Hz
视场角	最大 110°	最大 110°
音频	立体声耳机	立体声耳机
输入	集成麦克风，头戴式设备按钮	集成麦克风，头戴式设备按钮
连接口	USB-C 3.0，DP 1.2，与面板的专用连接	USB-C 3.0，DP 1.2，与面板的专用连接
传感器	G-sensor 校正； 陀螺仪； 双眼舒适度设置（IPD）	G-sensor 校正； 陀螺仪； 双眼舒适度设置（IPD）
人体工学设计	翻盖式面罩； 可调式双眼舒适度设置（IPD）； 可调式头带	翻盖式面罩； 可调式双眼舒适度设置（IPD）； 可调式头带
操控手柄		
操控手柄传感器	内置传感器； 陀螺仪和 G-sensor 校正； 霍尔传感器； 触摸传感器	SteamVR 追踪技术
操控手柄输入	系统按钮； 2 个应用程序按钮； 扳机； 缓冲按钮； 摇杆； 抓握按钮	多功能触摸面板； 抓握键； 二段式扳机； 系统键； 菜单键
操控手柄电池	2 节 AA 碱性电池	Micro-USB 充电口
追踪区域要求		
站姿/坐姿	无最小空间限制	无最小空间限制
空间定位追踪（ROOM-SCALE）	最小 2m×1.5m 的空间定位追踪范围	面积约为 3.5m×3.5m

（续表）

	Cosmos 基础版	Cosmos 精英版
最低电脑配置		
处理器	Intel® Core™i5-4590 或 AMD FX™8350，同等或更高配置	Intel®Core™i5-4590 或 AMD FX™8350，同等或更高配置
显卡	NVIDIA® GeForce® GTX 970 4GB，AMD Radeon™ R9 290 4GB 同等或更高配置	NVIDIA® GeForce® GTX 970 4GB，AMD Radeon™ R9 290 4GB 同等或更高配置
内存	4 GB RAM 或以上	4 GB RAM 或以上
视频输出	DisplayPort 1.2 或更高版本	DisplayPort 1.2 或更高版本
USB 端口	1 个 USB 3.0 或更高版本的端口	1 个 USB 3.0 或更高版本的端口
操作系统	Windows® 10	Windows® 10
建议系统要求		
处理器	Intel Core i5-4590/AMD FX 8350 同等或更高配置	Intel Core i5-4590/AMD FX 8350 同等或更高配置
GPU	NVIDIA GeForce GTX 1070/Quadro P5000 同等或更高配置，AMD Radeon Vega 56 同等或更高配置的 VR Ready 显卡	NVIDIA GeForce GTX 1070/Quadro P5000 同等或更高配置，AMD Radeon Vega 56 同等或更高配置的 VR Ready 显卡
内存	8 GB RAM 或以上	8 GB RAM 或以上
视频输出	DisplayPort 1.2 或更新版本	DisplayPort 1.2 或更新版本
USB 端口	1 个 USB 3.0 或以上端口	1 个 USB 3.0 或以上端口
操作系统	Windows 10	Windows 10

7.1.3 Pico 设备

Pico是北京小鸟看看科技有限公司旗下品牌，该公司成立于2015年3月，是一家专注移动虚拟现实技术与产品研发的科技公司，致力于打造全球领先的移动VR硬件及内容平台。

目前在市场上Pico的头戴式设备有两大系列，G2与Neo3，其中又以搭载了高通骁龙XR2芯片的Neo3头戴式设备（见图7-12）在市场中大放异彩。Neo3分为Neo3基础版、Neo3 Pro、Neo3 Pro Eye 三个版本，这三个版本比较说明如表7-3所示。

图 7-12　Pico Neo3

表 7-3　Neo3、Neo Pro 和 Neo Pro Eye 的比较说明

	Neo3 基础版	Neo3 Pro	Neo3 Pro Eye
CPU	高通 XR2，Kryo 585 核心，8 核 64 位（4 个 A77，4 个 A55），最高主频 2.84GHz，7nm 制程工艺		
GPU	Adreno 650，主频 587MHz		
内存	6GB LPDDR4X，2133MHz		8GB LPDDR4X，2133MHz
闪存	128/256GB，UFS 3.0		
Wi-Fi	Wi-Fi 6，2×2 MIMO，802.11 a/b/g/n/ac/ax，2.4GHz/5GHz 双频		
蓝牙	5.1＋HS		
操作系统	Android 10		
SDK	Pico SDK		
屏幕	5.5 英寸×1 SFR TFT		
分辨率	4K 级分辨率，3664×1920，PPI：773		
刷新率	72Hz / 90Hz		
视场角	98°		
镜片和材质	菲涅尔镜片，PMMA 材质		
护眼模式	通过 TUV 低蓝光认证，一键开启防蓝光模式		
瞳距调节	默认位置为 63.5mm，三档位物理调节，58/63.5/69mm，支持范围为 54~73mm		光学自适应，支持范围为 55~71mm
头盔 9 轴传感器	1KHz 采样频率，实现头部精准 6DoF		
头盔 P-Senso	人脸佩戴感应，用于屏幕休眠控制		
环境摄像头	鱼眼单色（640×480 @120Hz）×4；视场角：166°		
眼球追踪摄像头	无		单色（400×400 @120Hz）×2
头盔	新自研 Inside-Out 空间定位技术；更逼真的立体视觉，更自然流畅的穿越功能；安全区记忆多达五个房间，恢复找回速度更快		
手柄	6DoF 体感手柄×2，支持 1.2m 内头盔摄像头组成的花瓣形范围内 H238°、V195°追踪定位		
裸手识别	双手 28 自由度追踪，支持 5 种手势模型		
语音交互	双麦克风降噪，提升语音识别率		
头盔按键	电源键、APP 键（返回键）、确认键、Home 键、音量加、音量减		
充电	高通平台 QC 3.0 快充，USB PD 3.0 快充		
电池容量	5300mAh，连续使用时间为 2.5~3 小时（连续视频约 3 小时，连续游戏 2.5 小时）		
扬声器	360°环绕一体式立体声喇叭，支持 3D 空间音效；低频低至 600Hz		
麦克风	全指向双麦克风布局，高达 30dB 环境噪声抑制和 50dB 回声抑制，实现清晰通话质量		

(续表)

	Neo3 基础版	Neo3 Pro	Neo3 Pro Eye
USB Type-C 3.0	USB 3.0 数据传输（需 USB 3.0 数据线，标配为 USB 2.0 数据线） 5V/1A OTG 扩展供电能力 USB 3.0 OTG 扩展功能（需要转接线支持）	USB 3.0 数据传输（需 USB 3.0 数据线，标配为 USB 2.0 数据线） 5V/1A OTG 扩展供电能力 USB 3.0 OTG 扩展功能（需要转接线支持） DP 输出功能（支持通过 USB DP 转 HDMI 转接器将头盔显示的内容通过有线方式投到电脑上）	
3.5mm 音频接口	连接第三方立体声耳机使用，兼容美标和欧标耳机		
定制 DP 接口（类 USB Type-C）	无	可选定制 5m DP 1.3 线连接 PC 体验 4K、90Hz 分辨率的 Steam VR 内容	
LED 灯	三色 LED，显示开机、关机、充电状态		
手柄			
追踪技术	红外光学		
定位精度	<10mm（距离头盔 1.2m 范围内）		
定位延迟	<20ms		
传感器	红外传感器、6 轴传感器（陀螺仪、加速仪）		
蓝牙	5.1		
线性马达	支持 1GB 振动量线性振动马达		
按键	摇杆（支持触摸）、扳机键（支持触摸）、Grip、APP（Back）、Home、X/Y（左，支持触摸）、A/B（右，支持触摸）、拇指休息区		
指示灯	三色灯，显示开机、连接、配对状态		
电池	两节 AA 5 号干电池，续航约 100 小时		
重量	157g（含电池）		
行业功能			
开关机动画修改	不支持	支持	
按键定制（修改 HMD 和手柄的 Home 键定义，屏蔽 HMD 的确认、返回、音量键，屏蔽手柄按键）	不支持	支持	
修改主屏幕应用（定制 Launcher）	不支持	支持	
默认主屏幕推荐位、公告栏的修改	不支持	支持	
非 Store 下载应用的安装	支持（显示未知来源）	支持	
投屏助手（实现一键投屏）	不支持	支持	
播控平台（局域网内控制特定设备播放视频或打开应用）	不支持	支持	

7.2 开发准备

本节主要介绍头戴式设备的VR开发准备工作。

7.2.1 SteamVR Plugin

在使用VR头盔开发中，无论是使用PC端的头盔（VIVE、Cosmos）还是使用串联/直联到PC端的头盔（Oculus、Pico）都可以使用SteamVR Plugin进行开发。SteamVR 插件是由Valve提供给Unity开发者的开发工具，其中包含Interaction System（交互系统）。开发者可以借由这套交互系统快速开发出常用的VR交互功能。

获取SteamVR Plugin的方式有两种，通过AssetStore或GitHub获取。

1. 通过 Asset Store 获取

在浏览器中打开Asset Store官网，网址为https://assetstore.unity.com，登录网站并在搜索栏处搜索SteamVR（也可以直接访问https://assetstore.unity.com/packages/tools/integration/steamvr-plugin-32647），将搜索结果添加到"我的资源"。打开Unity编辑器中Package Manager窗口，从MyAssets类别中找到SteamVR Plugin后下载并且导入，如图7-13所示。当导入成功后，会有弹窗提示SteamVR的推荐设置，选择Accept All同意全部选项，如图7-14所示。

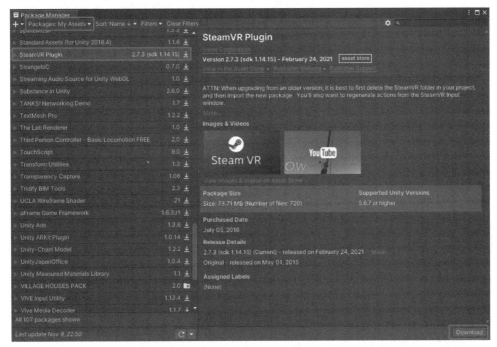

图 7-13　下载并导入 SteamVR Plugin

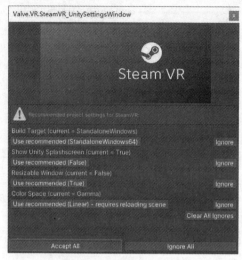

图 7-14　设置 SteamVR

2. 通过 GitHub 获取

在浏览器中打开 GitHub 官网，在官网中搜索 SteamVR，也可以直接访问 https://github.com/ValveSoftware/steamvr_unity_plugin。依次单击"Code→Download ZIP"进行下载，如图7-15所示。

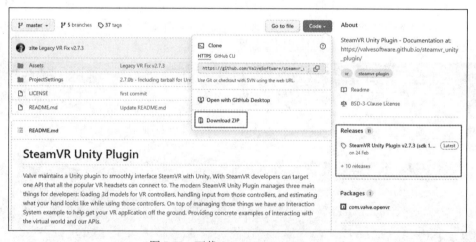

图 7-15　下载 SteamVR Unity Plugin

也可以通过Releases查看历史版本的介绍以及下载历史版本，如图7-16所示。

图 7-16　查看下载 SteamVR Unity Plugin 的历史版本

7.2.2 SteamVR 的输入系统

随着时间的推移，VR头戴式设备逐渐火爆，市面上涌现出越来越多优秀的VR头戴式设备，随之而来的就是不同的手柄。每当有新的头盔上市就需要适配新的手柄控制器，这给开发工作带来了极大的不便。于是SteamVR 2.0版本的SteamVR的输入系统（SteamVR Input System）应运而生。SteamVR 的输入系统代码将设备特定部分抽象化，因此开发者可以专注于用户的操作，例如现在不需要编写代码来识别"将触发按钮拉下75%的方式来抓取"，只需要为"抓取"的含义配置默认按键，用户还可以在界面中将其重新绑定到自定义的按键，而无须更改代码。

在新的SteamVR的输入系统中的核心概念就是动作，SteamVR将动作分为六种不同的输入类型和一种输出类型。

- 输入类型
  - Boolean：布尔操作是真或假的值。例如，Grab 抓取是一个常见的动作，要么为真，要么为假，用户要么打算持有某物，要么不持有，两者之间没有任何关系。对应的类为 Steam_Action_Boolean。
  - Single：单个动作是从 0 到 1 的模拟值。在某些情况下需要更多数据，而不仅仅是真或假。单个动作的一个很好的例子是 SteamVR 交互系统中遥控车的油门。对应类为 SteamVR_Action_Single。
  - Vector2：二维向量值，是两个模拟值（一个 X 值和一个 Y 值）的组合。例如手柄中的触摸板或者操作杆，使用 Y 值来确定向前或向后的方向，使用 X 值来确定转弯。对应的类是 SteamVR_Action_Vector2。
  - Vector3：三维向量值，非常罕见。在 SteamVR Home 中用于滚动，X、Y 和 Z 是要滚动的页数。对应的类是 SteamVR_Action_Vector3。
  - Pose：姿势动作是在三维空间中位置、旋转、速度和角速度的表示。用于跟踪 VR 控制器。用户可以通过在控制器上设置姿势代表的点来自定义这些信息。对应的类是 SteamVR_Action_Pose。
  - Skeleton：骨骼动作使用 SteamVR 骨骼输入来获得握住 VR 控制器时手指关节数组，根据返回的数据配合三维的手部模型可以更加真实地呈现手在虚拟空间中的姿态。对应的类是 SteamVR_Action_Skeleton。
- 输出类型
  - Vibration：振动动作用于触发 VR 设备上的触觉反馈。

在了解了SteamVR的输入系统的基础知识后，我们将以HTC Cosmos头盔为例进行实操练习，达到的目的是：按下手柄上的X键，Unity工程中有相应的响应。

步骤 01 新建一个 Unity 工程，导入 SteamVR Plugin 插件。依次单击"Windows→SteamVR→Input"打开 SteamVR Input System 页面，初次打开时会弹出消息提示框，提示是否复制案例中的动作配置文件，请选择 Yes，如图 7-17 所示。

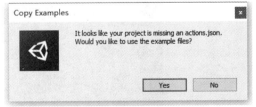

图 7-17 消息提示框

在打开的 SteamVR 的输入系统页面中,页面上方是不同的动作集,左边是动作集中的动作,右边是动作的具体内容(如动作名、动作类型等),如图 7-18 所示。

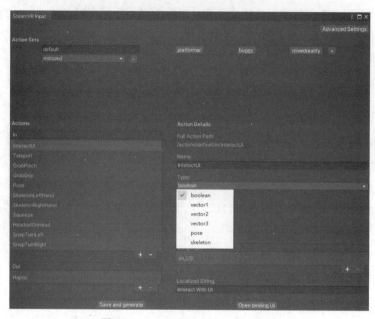

图 7-18　steamVR Input System 页面

步骤 02 添加一个新的动作,如图 7-19 所示。

① 在 Actions 中单击"+",添加一个新的动作。

② 将新建的动作命名为 XAction,动作类型为 boolean。

③ 单击 Save and generate 按钮,保存并生成配置文件。

图 7-19　添加一个新动作

步骤 03 在"控制器按键设置"界面中绑定按钮与动作。

① 单击 Open binding UI,打开"控制器按键设置"界面,如图 7-20 所示。

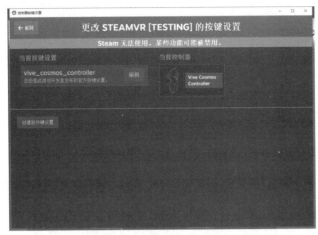

图 7-20 "控制器按键设置"界面

② 单击右侧的控制器名称可以更换控制器,如图 7-21 所示。单击左侧的"编辑"按钮,即可进入手柄按钮编辑界面,如图 7-22 所示。

图 7-21 更换控制器

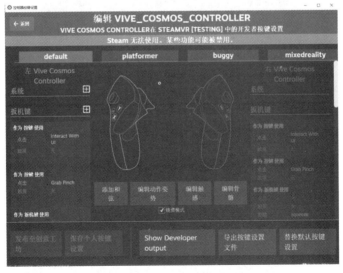

图 7-22 手柄按钮编辑界面

从图 7-22 我们可以看出，上面部分是不同的动作集，左右两侧分别对应不同按钮的绑定关系。若勾选"镜像模式"，就只需要调整一个控制器即可实现两个控制器的同时设置。

③ 在左侧的按钮列表中找出"X 键"，单击其右侧的"+"新建一个 X 键的绑定关系，在弹出的界面中选择"按键"，如图 7-23 所示。

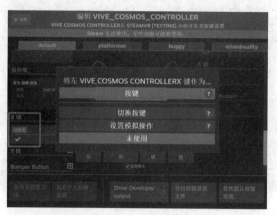

图 7-23　新建"X 键"的绑定关系

④ 当新建成功之后会出现一系列属于按钮的操作事件，例如：点击、双击、长按、按压、触摸，等等。在此我们选择"点击"，即在弹出的操作中需要选择对应的动作名称 XAction，如图 7-24 所示。

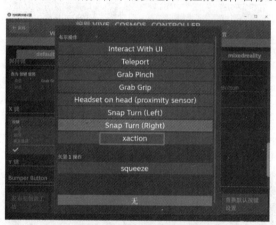

图 7-24　定义按钮操作事件

⑤ 此刻若设置成功，就能在界面中查看动作的对应关系，如图 7-25 所示。

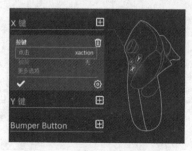

图 7-25　查看动作的对应关系

⑥用绑定好的对应关系替换默认的按钮设置,单击"替换默认按键设置",并在弹出窗口中单击"保存"按钮,如图7-26所示。

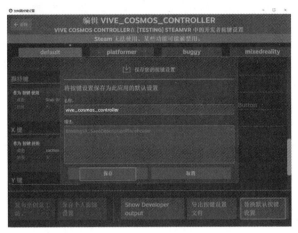

图7-26 替换默认的按钮设置

步骤04 在Unity编辑器中验证按钮的绑定效果。

① 将VR组件拖曳到场景中。组件位于Project面板中的"SteamVR/Prefabs/[CameraRig]",如图7-27所示。

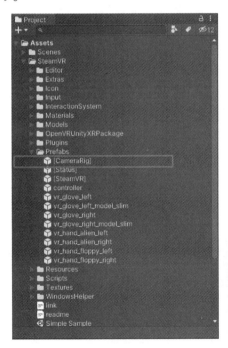
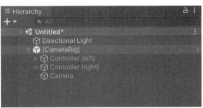

图7-27 VR组件

② 在Project面板中创建名为Input Action的C#脚本,用于按钮的调试,对该脚本进行如下编辑:

```
using UnityEngine;
```

```csharp
using Valve.VR;

public class InputAction : MonoBehaviour
{
    /// <summary>
    /// 定制按钮
    /// </summary>
    public SteamVR_Action_Boolean BooleanAction;

    private void Start()
    {
        //当按钮被按下时
        BooleanAction.onStateDown += BooleanAction_onStateDown;
        //当按钮持续被按下时
        BooleanAction.onState += BooleanAction_onState;
        //当按钮被松开时
        BooleanAction.onStateUp += BooleanAction_onStateUp;
        //当按钮状态发生变化时
        BooleanAction.onChange += BooleanAction_onChange;
    }

    /// <summary>
    /// 当按下按钮时触发
    /// </summary>
    /// <param name="fromAction"></param>
    /// <param name="fromSource"></param>
    private void BooleanAction_onStateDown(SteamVR_Action_Boolean fromAction, SteamVR_Input_Sources fromSource)
    {
        // Debug.Log(fromAction.localizedOriginName);
        // 结果为 "Left Hand Vive Cosmos Controller X Button"
    }

    /// <summary>
    /// 当松开按钮时触发
    /// </summary>
    /// <param name="fromAction"></param>
    /// <param name="fromSource"></param>
    private void BooleanAction_onStateUp(SteamVR_Action_Boolean fromAction, SteamVR_Input_Sources fromSource)
    {
    }

    /// <summary>
    /// 当持续按住按钮时触发
    /// </summary>
    /// <param name="fromAction"></param>
    /// <param name="fromSource"></param>
    private void BooleanAction_onState(SteamVR_Action_Boolean fromAction, SteamVR_Input_Sources fromSource)
```

```
        {
        }

        /// <summary>
        /// 当按钮的状态发生变化时触发
        /// </summary>
        /// <param name="fromAction"></param>
        /// <param name="fromSource"></param>
        /// <param name="newState"></param>
        private void BooleanAction_onChange(SteamVR_Action_Boolean fromAction, 
SteamVR_Input_Sources fromSource, bool newState)
        {
            //Debug.Log(newState);
            //结果为"True False"
        }

        private void Update()
        {
            if (BooleanAction.GetStateDown(SteamVR_Input_Sources.Any))
            {
                Debug.Log("按钮按下");
            }
            if (BooleanAction.GetState(SteamVR_Input_Sources.Any))
            {
                Debug.Log("持续按住按钮");
            }
            if (BooleanAction.GetStateUp(SteamVR_Input_Sources.Any))
            {
                Debug.Log("按钮松开");
            }
        }

        private void OnDisable()
        {
            BooleanAction.onStateDown -= BooleanAction_onStateDown;
            BooleanAction.onState -= BooleanAction_onState;
            BooleanAction.onStateUp -= BooleanAction_onStateUp;
            BooleanAction.onChange -= BooleanAction_onChange;
        }
}
```

③ 将脚本挂载到场景中的物体[CameraRig]上。

④ 在 Unity 编辑器工具栏中依次单击"Windows→SteamVR Input Live View",打开输入按钮对应的列表,在此列表中红色代表动作没有绑定按钮,黄色代表动作没有触发,绿色代表动作被触发。

⑤ 运行编辑器,按下手柄操控器的 X 按钮,即可看到 SteamVR Input Live View 中对应的动作 XAction 呈现绿色并显示 True,如图 7-28 所示。松开 X 按钮时,XAction 显示 False。

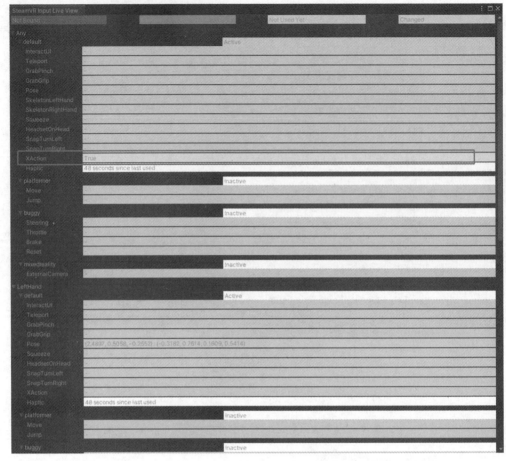

图 7-28

⑥ 按下 X 键的同时，在 Console 栏中会按脚本内容输出文字，如图 7-29 所示。

图 7-29　在 Console 栏中输出文字

步骤 05 当 SteamVR Input System 绑定按钮与动作成功之后也可以通过 JSON 配置文件来查看。

① 打开位于"Project/SteamingAssets/SteamVR"文件夹中的 actions.json 文件，即可查看新建的 XAction 动作与不同头盔设备使用的 JSON 配置文件，如图 7-30 所示。

② 在头盔对应的配置文件中可以查看按钮与动作之间的绑定情况。如图 7-31 所示。

图 7-30 查看新建动作与头盔对应的配置文件

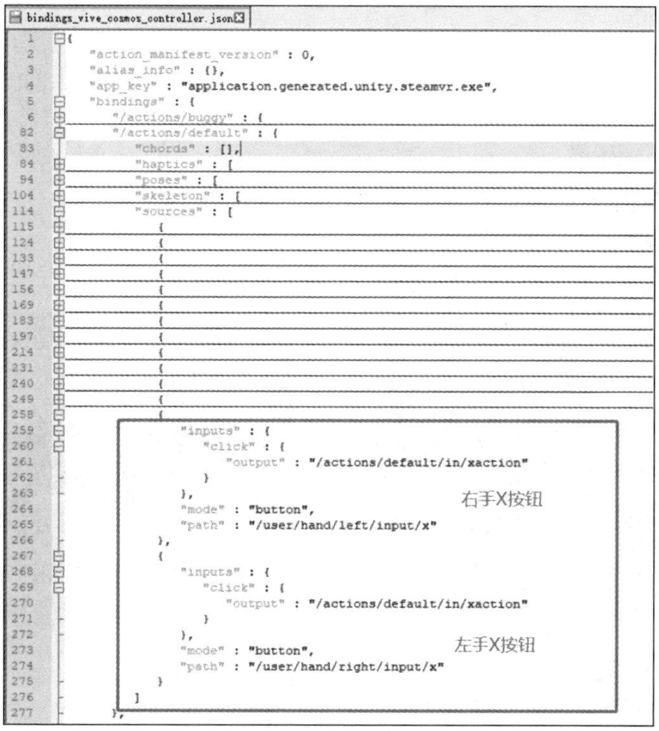

图 7-31 查看按钮与动作的绑定情况

7.2.3 曲面界面

在头戴式设备中关于UI的设计方案里，曲面界面（Curved UI）是非常不错的一种方式，环绕包围着的感觉能提供更加强烈的沉浸感。而曲面界面是Unity Asset Store中唯一真正的曲线界面系统，并且支持各种硬件设备的交互方式，其中包括Mouse、Gaze、SteamVR（1.4与2.0+）、OculusVR（Rift、Rift S、Quest、Go、GearVR等）、GoogleVR（Daydream、Cardboard等）、Unity XR Toolkit等。

曲面界面可以通过Unity的官方商城获取，地址为https://assetstore.unity.com/packages/tools/gui/curved-ui-vr-ready-solution-to-bend-warp-your-canvas-53258。当前的最新版本为3.3，支持的Unity版本为2018.4.16以及更高。

在本小节中，我们学习曲面界面的三种常用交互方式，分别是鼠标、凝视（Gaze）以及通过SteamVR在Cosmos头盔中的交互。

步骤 01 将 Curved UI 插件导入到新建的 Unity 工程中。在自带的 SampleScene 场景中，新建一个名为 Test 的 Image，设置其 Rect Transform 如图 7-32 所示。

步骤 02 将 Canvas 的 Render Mode 设置为 World Space（世界模式），再设置其 Rect Transform，如图 7-33 所示。

步骤 03 为 Canvas 添加 CurvedUISettings 组件，并单击 Use CurvedUI Event System（使用 CurvedUI 的事件系统），如图 7-34 所示。

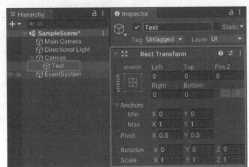

图 7-32　设置 Rect Transform

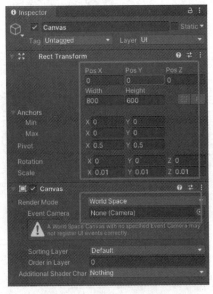

图 7-33　设置 Rect Transform

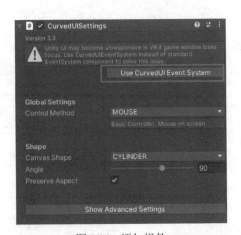

图 7-34　添加组件

CurvedUISettings组件中包括以下几个重要的参数：

- Control Method：控制模式。
  - Mouse：鼠标模式。
  - Gaze：凝视模式。
  - World_Mouse：世界坐标鼠标模式。
  - Custom_Ray：自定义射线模式。
  - SteamVR_Legacy：老版的 SteamVR。
  - OculusVR：Oculus 头盔。
  - SteamVR_2：2.0 版本以上的 SteamVR。
  - Unity_XR：Unity 的 XR 模式。
- Canvas Shape：画布的形状。
  - Cylinder：圆柱形画布，如图 7-35 所示。
  - Ring：圆环形画布，如图 7-36 所示。

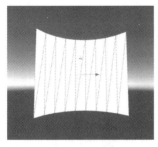

图 7-35　圆柱形画布

图 7-36　圆环形画布

  - Sphere：球形画布，如图 7-37 所示。
  - Cylinder_Vertical：垂直方向的圆柱形画布，如图 7-38 所示。

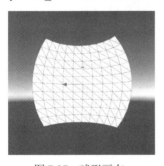

图 7-37　球形画布

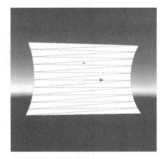

图 7-38　垂直方向的圆柱形画布

- Angel：画布的角度。

通过Control Method可以选择曲面界面的交互方式，接下来我们将学习基于SteamVR_2的曲面界面使用方法。

步骤 01　将 SteamVR Plugin 插件导入到 Unity 工程中，按照上节的内容设置 SteamVR Input System 的配置文件。

步骤 02　将 Canvas 中 CurvedUISettings 组件的 Control Method 设置为 SteamVR_2，并单击 Enable

选项开启控制模式,如图 7-39 所示。

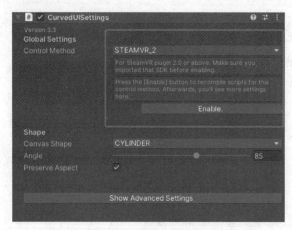

图 7-39 开启控制模式

当开启控制模式后,会出现两个选项,分别是 Hand 和 Click With,如图 7-40 所示。

- Hand:选择交互手柄。
  - ➢ Both:双手都可以交互。
  - ➢ Right:使用右手交互。
  - ➢ Left:使用左手交互。
- Click With:选择手柄交互按键。此处建议选择默认的 InteractUI,即是默认配置文件中的扳机键。

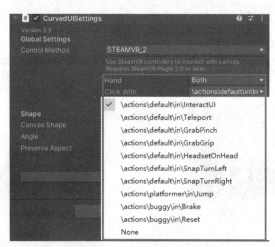

图 7-40 控制模式的两个选项

步骤 03 在 Project 面板中依次选择 "SteamVR→Prefabs→[CameraRig]",将预制件拖曳到场景中。

步骤 04 将用于手柄交互的射线预制体拖曳到场景中,路径为 "CurvedUI/Prefabs/CurvedUILaserPointer"。指定其 Curved UI Hand Switcher 组件中的左、右手柄为[CameraRig]的左、右控制器,如图 7-41 所示。

第 7 章 头戴式设备的 VR 开发

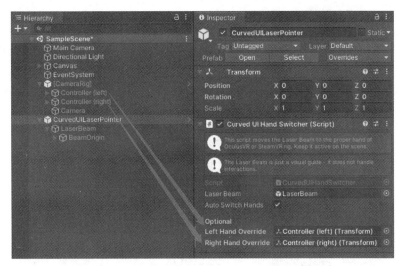

图 7-41　设置 Curved UI Hand Switcher 组件

步骤 05　将 Cosmos 头盔连接到设备，运行程序即可发现手柄上有射线，通过扣动扳机键可以点击界面上的按钮，如图 7-42 所示。

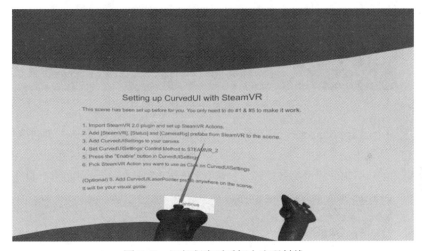

图 7-42　运行程序后手柄上出现射线

7.3　基于 HTC Focus 的 VR 开发

VR开发准备完毕后，本节主要介绍基于HTC Focus的VR开发。

7.3.1　Wave Unity SDK 的安装

Focus使用Unity开发时需要注意Unity的版本，不同的版本需要使用不同的插件。在Unity 2019.3.6f1版本以下建议使用VIVE Wave Legacy，在Unity 2019.4.3版本以上建议使用VIVE Wave

XR。本案例中使用Unity2020.2.7f1版本,故需要使用VIVE Wave XR。

步骤01 新建 Unity 工程,打开 Package Manager 界面,依次选择"Edit→Project Settings→Package Manager"。

步骤02 添加一个新的注册内容,如图 7-43 所示。

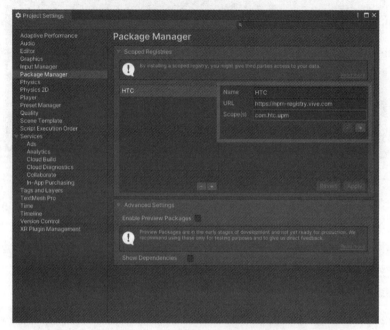

图 7-43　添加新的注册内容

步骤03 打开 Package Manager,依次选择"All packages→My Registries"并搜索 VIVE Wave,如果没有显示包,请单击左下角的"刷新"。选择 VIVE Wave XR Plugin 插件并安装,VIVE Wave XR Plugin 插件所依赖的所有软件包也将被安装,例如 XR Plugin Management,如图 7-44 所示。

图 7-44　安装 VIVE Wave XR Plugin

步骤 04　遵循 Unity 的 XR 配置。依次选择 "Project Settings→XR Plug-in Management",确保在 Android 页面中仅选择了 WaveXR,检查是否也选择了 Initial XR on Startup,如图 7-45 所示。

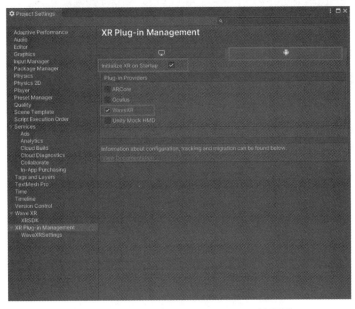

图 7-45　检查 XR Plug-in Management 的配置

步骤 05　将 Unity 编辑器切换到 Android 平台,如图 7-46 所示。

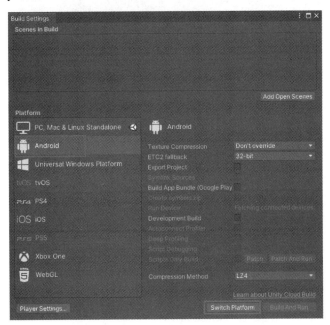

图 7-46　将 Unity 编辑器切换到 Android 平台

步骤 06　安装 Wave XR 插件后,如果在构建设置中切换到 Android 平台,WaveXRPlayerSettingsConfigDialog 将自动打开,如图 7-47 所示。单击 "Accept All" 同意所有选项。

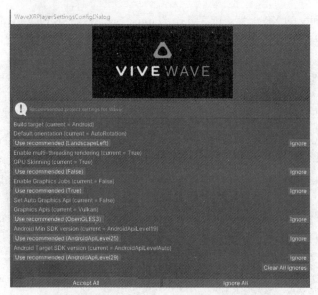

图 7-47 自动打开 WaveXRPlayerSettingsConfigDialog

如果WaveXRPlayerSettingsConfigDialog没有打开，可依次单击"Project Settings→Wave XR"来打开，如图7-48所示。

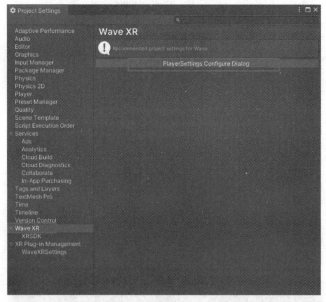

图 7-48 通过依次单击"Project Settings→Wave XR"来打开 WaveXRPlayerSettingsConfigDialog

7.3.2 基于 HTC Focus 的实战开发

步骤 01 准备素材，获取场景文件。素材可以通过 AssetStore 进行下载，地址为 https://assetstore.unity.com/packages/3d/environments/landscapes/lowpoly-environment-pack-99479，也可以通过本书配套的资源获取，路径为"Samples\7\7.3\素材\LowPoly Environment Pack.unitypackage"。将

这个 UnityPackage 文件（见图 7-49）导入到 Unity 工程中，能够发现这是一个卡通风格的场景。

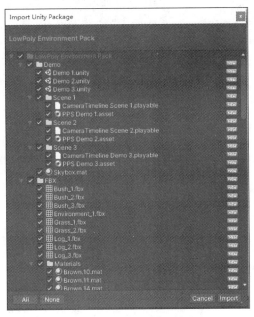

图 7-49　UnityPackage 文件内容

步骤 02　导入 XR Interaction Toolkit。

① 按照上一小节的方法将 Wave Unity SDK 导入到工程中。

② 依次单击 "Project Settings→Package Manager"，勾选 Enable Preview Packages 复选框，打开预览选项，如图 7-50 所示。

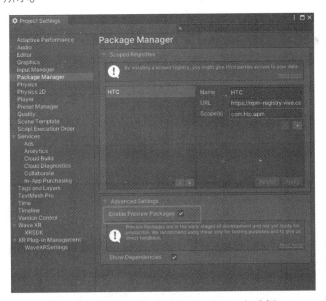

图 7-50　勾选 Enable Preview Packages 复选框

③ 在 Package Manager 窗口中，选择包体类型为 Unity Registry，选择 XR Interaction Toolkit 包，单击 See other versions 查看并安装最新版本，如图 7-51 所示。

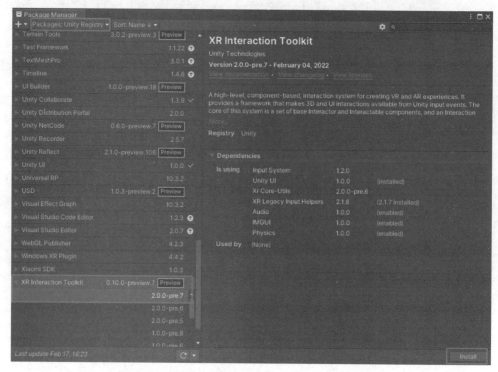

图 7-51　查看并安装最新版本的 XR Interaction Toolkit

步骤 03　添加 XR Origin 组件。

① 打开 Demo1 场景，路径为"LowPoly Environment Pack/Demo/Demo 1"。

② 在 Hierarchy 面板中添加"XR/Device-based/XR Origin"组件，该组件可以让场景在头盔中显示，如图 7-52 所示。

添加成功之后，会发现新增了两个物体 XR Interaction Manager 与 XR Origin。同时场景中原有的 Main Camera 变成了 XR Origin 的子物体。在 XR Origin 组件中包括了三个主要物体：Main Camera、LeftHand Controller（左手手柄控制器）和 RightHand Controller（右手手柄控制器）。

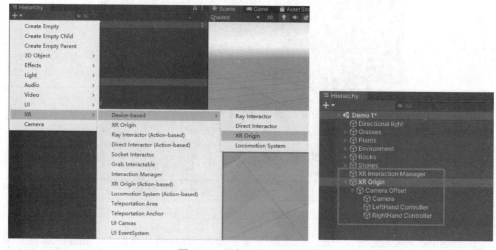

图 7-52　添加 XR Origin 组件

③ 将 XR Origin 物体拖曳到场景的中心位置，参数如图 7-53 所示。

步骤 04 让用户在场景中的指定区域进行漫游。

① 设置用户使用手柄的圆形触控板键进行漫游。选择 LeftHand Controller 和 RightHand Controller，设置 XRController 组件中的 Select Usage 参数为 Primary 2D Axis Click，如图 7-54 所示。

图 7-53　XR Origin 参数设置

图 7-54　设置 Select Usage

② 在 Hierarchy 面板中添加 Locomotion System 物体，该物体路径为"XR/Device-based/Locomotion System"。

③ 把 Locomotion System 物体中 Locomotion System 组件内 XR Origin 参数设置为刚刚新建的 XR Origin 物体；把 Snap Turn Provider 中的 Controllers 设置为 XR Origin 的子物体 LeftHand Controller 与 RightHand Controller，使手柄可以使用圆盘键控制用户的旋转，如图 7-55 所示。

④ 新建一个名为 Teleportation 的 Layer，用于区分可以行走的层级。将地形物体 Environment_1 的层级设置为 Teleportation，如图 7-56 所示。

⑤ 在 Locomotion System 物体中添加 Teleportation Area 组件，使角色可以按键行走。

⑥ 在 Teleportation Area 组件中的 Interaction Layer Mask 下拉菜单中选择 Add Layer...，在打开的面板中添加 Teleportation 层级。

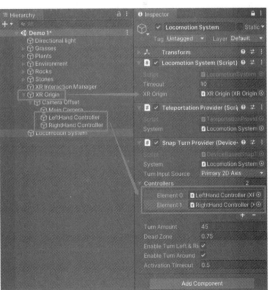

图 7-55　设置 Locomotion System 物体

⑦ 将 Teleportation Area 组件中的 Colliders 参数设置为 Environment_1，把 Interaction Layer Mask 参数设置为 Teleportation，如图 7-57 所示。

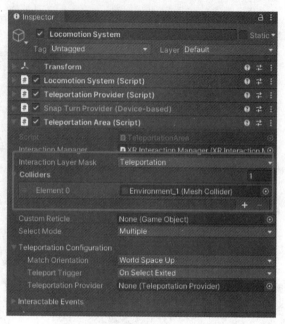

图 7-56　设置 Environment_1 的层级　　　　图 7-57　设置 Teleportation Area 组件

步骤 05 设置用户可以跳转的点位。

① 在场景中找到两个名为 Rock_1 的物体，作为可以进行跳转的点位。

② 新建一个名为 Anchor 的 Layer，用于区分可以跳转的层级。

③ 将两个名为 Rock_1 的物体的层级设置为刚刚新建的 Anchor，并在物体上添加名为 Teleportation Anchor 的脚本。

④ 在 Teleportation Anchor 脚本中的 Interaction Layer Mask 下拉菜单中选择 Add Layer...，在打开的面板中添加 Anchor 层级。

⑤ 将 Teleportation Anchor 组件中的 Colliders 参数设置为 Rock_1，即物体自身的碰撞体，把 Interaction Layer Mask 参数设置为 Anchor，如图 7-58 所示。

步骤 06 让用户可以交互抓取石头。

① 为可以抓取的石头添加碰撞体。为 Stones 的所有子物体添加 Mesh Collider，勾选 Convex 选项。

② 取消所有子物体的 Static（静态选项），让物体可以移动。

③ 为所有子物体添加 XR Grab Interactable 组件，使物体可以被手柄拾取，如图 7-59 所示。

步骤 07 发布并安装 APK 文件。

图 7-58　设置 Teleportation Anchor 组件

图 7-59　添加 XR Grab Interactable 组件

7.4　基于 HTC Cosmos 的 VR 开发

本节主要介绍基于HTC Cosmos的VR开发。

7.4.1　Cosmos 的软件安装

在使用Cosmos开发之前,需要下载VIVE安装程序,其中包括对Cosmos的硬件设置指南与软件安装,下载地址为https://www.vive.com/cn/setup/pc-vr/。也可以通过本书提供的配套资源来获取这个安装程序,路径为"Samples\7\7.4\素材\ViveSetup.exe"。

步骤 01　运行 ViveSetup.exe 程序,依照提示进行安装。

步骤 02　在 VIVE 中下载对应的硬件设备软件,如图 7-60 所示,并将显卡驱动升级到最新版本。

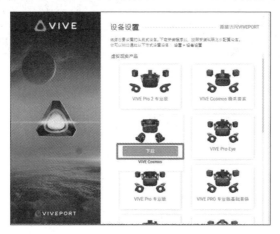

图 7-60　在 VIVE 中下载对应的硬件设备软件

步骤 03 按照 VIVE 软件的步骤提示将 Cosmos 头戴式设备按照正确的方式连接到电脑，如图 7-61 所示。

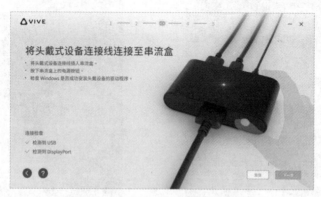

图 7-61　将头戴式设备连接到串流盒

步骤 04 进行房间设置。按照软件提示进行如下操作：
① 带上头盔。
② 扣动手柄扳机键。
③ 环顾四周环境。
④ 将手柄放置在地板上，确认地面距离。
⑤ 使用手柄绘制出游玩区域。

步骤 05 当设置完成后会进入 Origin 桌面程序，如图 7-62 所示。

图 7-62　Origin 桌面程序

7.4.2　神级框架——VR Interaction Framework

在开发的过程中，有很多种类的插件能帮助我们更加快捷地开发，其中有一款可以被称为神级的VR交互框架——VR Interaction Framework，简称VRIF。该框架经过专门设计，可以支持多种设备、SDK和平台，包括 Oculus SDK、SteamVR、WMR设备、HTC设备和Pico SDK。这意味着市场上的主流的头戴式设备都可以使用这个框架来进行开发，而且框架中还包含了大量的预制体与示例，例如：

- 对象的物理抓取和投掷。
- 按钮、旋钮、杠杆、滑块、门、操纵杆及其他物理激活的对象。
- 平滑运动和传送。
- 支持自定义手势。
- 双手武器。
- 采用 Unity CharacterController 的自定义 PlayerController（可与用户自己的互换）。
- 爬山。
- 基于世界的自定义 UI 系统。
- 捕捉区域，超级模块化，用于制作设备插件、库存系统等。
- 弓箭物理（箭可拾取和重射）。
- 枪支处理/物理，可从手枪中插入和取出弹夹、向后拉滑块等。
- 带有霰弹猎枪和步枪示例的双手武器。
- 手持喷气机（类似喷气背包，但可手持）。
- 抓钩。
- 减缓时间。
- 一个基本的反向动力学手臂示例。
- 手势追踪演示，用手指抓取对象，在空气中徒手绘制。
- 具有可破坏对象的简单伤害系统。

VRIF的安装与使用的具体操作步骤如下：

步骤01 获取 VRIF。通过链接 https://assetstore.unity.com/packages/templates/systems/vr-interaction-framework-161066 进行购买并下载，如图 7-63 所示。

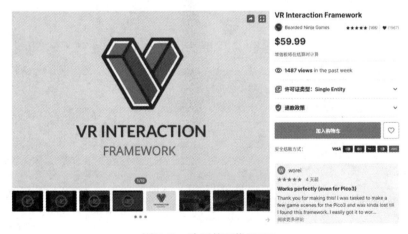

图 7-63　购买并下载 VRIF

步骤02 将所需的插件导入 Unity 工程中。
① 新建一个名为 VR Interaction Framework_Cosmos 的 Unity 工程。
② 将 SteamVR Plugin 导入到工程中。安装方式在 7.2.1 节中已经详细介绍了，在此不再赘述。
③ 将 VR Interaction Framework 导入工程中，如图 7-64 所示。

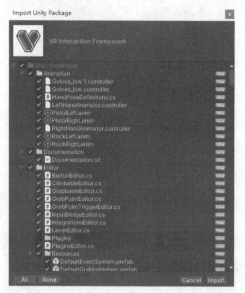

图 7-64 将 VR Interaction Framework 导入工程中

④ 将 VRIF 插件中的 SteamVR 交互配置导入工程中,配置路径为"BNG Framework/Integrations/SteamVR/SteamVR.unitypackage",如图 7-65 所示。

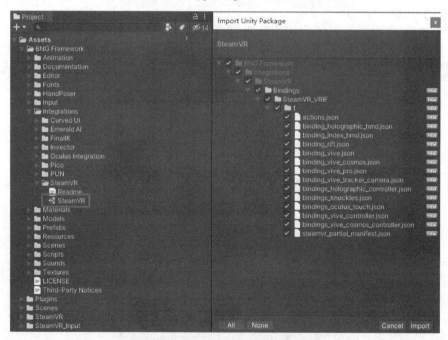

图 7-65 SteamVR 交互配置路径

⑤ 依次单击菜单栏中"VRIF→VRIF Integrations",勾选 SteamVR Integration 复选框,设置 VRIF 的交互配置为 SteamVR,如图 7-66 所示。

第 7 章　头戴式设备的 VR 开发 | 281

图 7-66　设置 VRIF 的交互配置方式

步骤 03　打开示例场景，查看功能展示。场景路径为"BNG Framework/Scenes/XR Demo"，选择场景中的物体 XR Rig Advanced 的 Input Bridge 组件，把它的 Input Source 设置为 Steam VR，即可开始交互。

7.4.3　雷神之锤

通过上一小节中对示例场景的了解之后，在本小节中我们将使用 VRIF 的核心组件之一的 Grabbable（抓取功能），实现雷神抓取锤子、扔锤子与召唤锤子的功能，如图 7-67 所示。

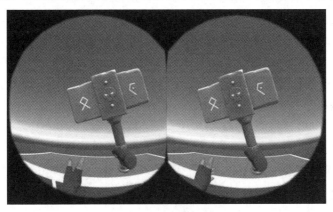

图 7-67　雷神之锤

步骤 01　将雷神之锤（Fantasy Hammer）的素材导入 Unity 工程中，素材路径为"Samples\7\7.4\素材\Fantasy Hammer And Shield.unitypackage"。

步骤 02　打开 VRIF 插件的一个内置场景，路径为"BNG Framework/Scenes/Empty"。场景中已经存在了"XR Rig"系统和一个桌子。

步骤 03　将导入的雷神之锤放入到场景中，路径为"Project/FantasyHammerAndShield/FantasyHammer"，设置其 Transform 属性，如图 7-68 所示。

步骤 04　添加并设置 Grabbable 的核心组件。

① 选择 FantasyHammer 物体，添加一个 Rigidbody 刚体组件，设置其 Mass（质量）为 10，勾选设置 Mesh Collider 组件的 Convex 选项，如图 7-69 所示。

图 7-68　Transform 属性　　　　图 7-69　设置 FantasyHammer

② 添加 Grabbable 组件，其中的重要参数如下：
- Grab Button：指定需要按下哪个按钮才能拾取对象，通常是 Grip，但有时也会使用 Trigger。
- Grab Type：指定抓取按键触发的类型，是按下 Toggle 就抓取，还是持续按 Hold Down 抓取。
- Grab Mechanic：指定抓取物体时的抓取位置。
  - Sync：指定抓取时 Grabber 的位置，比如此时 Grabber 位置就是雷神之锤的原点（把手处）。
  - Precise：表示随处都可以被抓取，例如抓取到锤柄或者是锤子的一角。
- Grab Physics：表示抓取时的物理效果。
  - Physics Joint：允许持有的物体仍然与环境发生碰撞，并且不会穿过墙壁或其他物体。将根据碰撞对象调整关节刚度，以确保在交互和运动过程中与手正确对齐。
  - Fixed Joint：固定关节，用于约束一个游戏对象对另一个游戏对象的运动。
  - Kinematic：将 Grabbable 移动到 Grabber 时，它的 RigidBody 将设置为 Kinematic。Grabbable 不允许来自其他物体的碰撞，并且可以穿过墙壁，如果不需要物理支撑，该物体将牢固地保持在原位。
  - Velocity：对象将以在 FixedUpdate 中设置的恒定速度力移动。
  - None：不应用抓取机制。例如，可攀爬的物体（楼梯）不会被用户抓取，被抓住时它们保持在原位不动。在这种情况下不需要刚体。
- Throw Force Multiplier：Grabbable 的角速度在掉落或投掷时将乘以该值。
- Throw Force Multiplier Angular：投掷时，Grabbable 的速度将乘以该值。
- Remote Grabbable：是否可以被远程抓取。
- Grab Speed：抓取时的速度。
- Remote Grab Distance：允许远程抓取的距离。
- Hide Hand Graphic：抓取物体时手柄是否被隐藏。

- Break Distance：如果物体的中心距离抓取器的中心这么远（以米为单位），则物体不能再被使用。设置为 0 意味着没有距离限制。

③ 设置 Grabbable 组件的参数如图 7-70 所示。

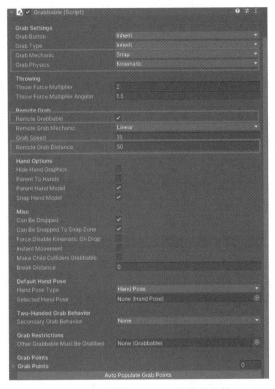

图 7-70　设置 Grabbable 组件的参数

步骤 05 此时运行场景，会发现雷神之锤已经可以被抓取、投掷、远程召回，但是没有任何的提示性内容，不清楚雷神之锤到底有没有被选中。所以需要设置一个提示信息，这在 VRIF 中可以很便利地实现，只需要在雷神之锤中添加名为 Grabbable Ring Helper 的组件，当雷神之锤被选中时圆环呈现黄色，没有选中时呈现白色，由此可以很方便地区分雷神之锤的状态，如图 7-71 所示。

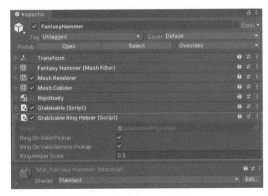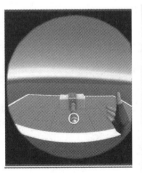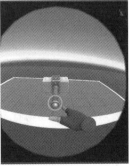

图 7-71　添加 Grabbable Ring Helper 组件显示雷神之锤的状态

7.5 基于 Pico 的 VR 开发

本节主要介绍基于Pico的VR的开发。

7.5.1 Pico SDK 的选择与安装

在使用Unity开发Pico头戴式设备时，会有三种不同的SDK供开发者选择，分别是Unity XR SDK、Unity XR Platform SDK（Legacy）与PicoVR Unity SDK（Deprecated）。开发者需要针对不同的情形选择不同的SDK，三种SDK的关系如表7-4所示。

表7-4 三种 SDK 的关系

	Unity XR SDK	Unity XR Platform SDK（Legacy）	PicoVR Unity SDK（Deprecated）
Unity 版本	Unity2019.4.0 及以上版本	Unity2019.4.0 及以上版本	2018.4.x、2019.4.x、2020.3.x、2021.1.x
支持的头戴式设备	Pico Neo 3 系列	Pico G2 4K 系列，Pico Neo 2 系列，Pico Neo 3 系列	
Android SDK	API Level 27 及以上		
JDK	JDK1.8.0 及以上		
注意事项	底层和接口重构后的长期维护版本	会维护到2022年年底，仅更新引擎版本和支持小bug的解决	已放弃维护

出于对机型的支持度最好以及还会一直维护到2022年年底的关系，在此我们选择Unity XR Platform SDK（Legacy），目前的版本为V1.2.5。Unity版本选择Unity2020.2.7f1版本。

步骤01 获取 Unity XR Platform SDK。可以通过网址 https://sdk.picovr.com/developer-platform/sdk/PicoXR_Platform_SDK-1.2.5_B81.zip 进行下载，也可以通过本书配套的资源获取，路径为"Samples\7\7.5\素材\PicoXR_Platform_SDK-1.2.5_B81.zip"。将这个ZIP压缩文件进行解压，建议解压到非中文路径下，如图 7-72 所示。

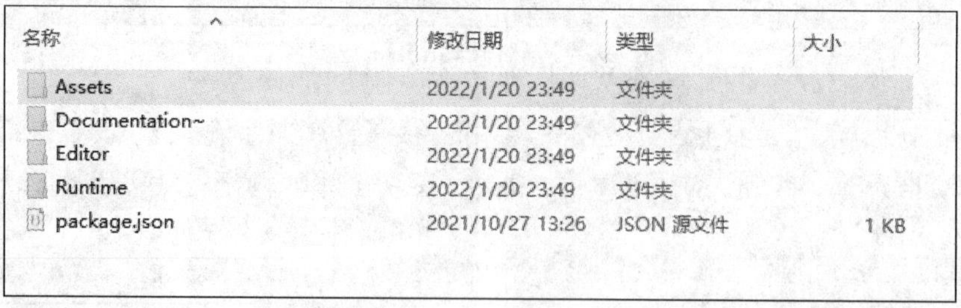

图 7-72 解压 ZIP 文件

步骤02 使用 Unity2020.2.7f1 版本新建一个名为 Pico 的 Unity 工程，接着对工程进行配置。勾选 Levels 下的 Medium 选项，并依次选择"Edit→Project Setting→Quality"，确保 Other 下的 VSync Count

（垂直同步）为 Don't Sync（必选项），如图 7-73 所示。

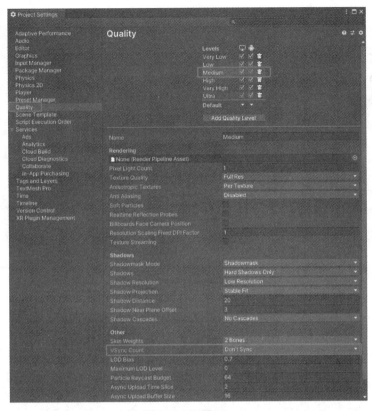

图 7-73　配置 Pico

步骤 03　导入 Unity XR Platform SDK。

① 打开 Package Manager 界面，依次选择"Edit→Project Settings→Package Manager"。

② 依次选择"+"→"Add package from disk..."（从本地加载 package），此时系统会弹出一个窗口，选择 SDK 文件夹下的 package.json 文件后，用鼠标双击以打开该文件，如图 7-74 所示。

图 7-74　选择 package.json 文件

> **注　意**
>
> 当选定加载的 package.json 文件之后，该文件夹不能被移动，否则会出现丢失的情况。

步骤 04　在导入成功之后会弹出设置窗口，在此窗口设置 SDK。我们此时处于调试开发阶段，建议取消 User Entitlement Check 的勾选，即不在启动应用时进行授权的检查。单击 Apply 应用设置，如图 7-75 所示。

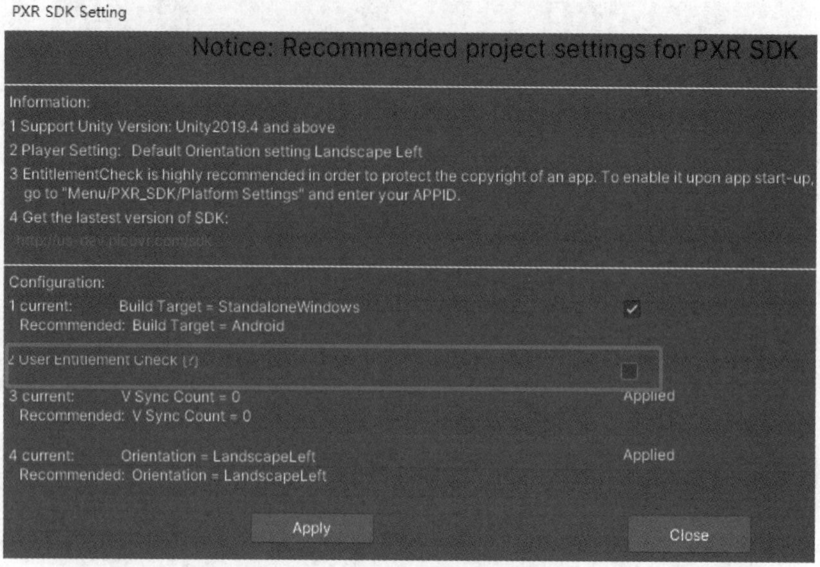

图 7-75 设置 SDK

步骤 05 使用 SDK。

① 进入 Project Settings 页面，在 XR Plug-in Management 中勾选 PicoXR，如图 7-76 所示。

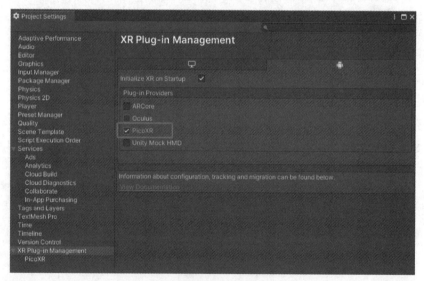

图 7-76 勾选 PicoXR

② 依次单击 "Player→Other Settings→Graphics APIs"，移除 Pico SDK 不支持的 Vulkan 选项；将 Minimum API Level 设置为 Android 8.1 oreo(PI Level 27)。勾选 Override Default Package Name 选项，并在 Package Name 一栏中填写本 APP 的包名 com.fr.pico，如图 7-77 所示。

第 7 章　头戴式设备的 VR 开发 | 287

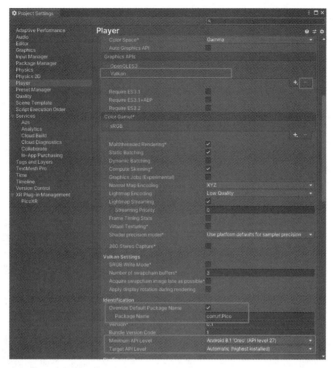

图 7-77　勾选 verride Defanct Pacrage Name 选项并填写 App 包名

7.5.2　基于 Pico SDK 的实战开发

步骤01　素材准备，获取场景文件。素材可以从 Asset Store 下载，地址为 https://assetstore.unity.com/packages/3d/environments/landscapes/rpg-poly-pack-lite-148410，也可以通过本书配套的资源获取，路径为"Samples\7\7.5\素材\RPG Poly Pack-Lite.unitypackage"。将这个 Unity Package 文件（见图 7-78）导入到 Unity 工程中，能够发现这是一个卡通风格的场景。

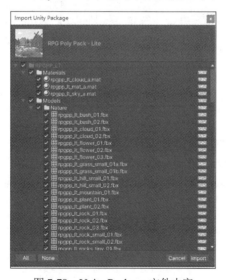

图 7-78　Unity Package 文件内容

步骤 02 设置核心的 XR Rig 组件。

① 打开 rpgpp_lt_scene_1.0 场景，路径为 "RPGPP_LT/Scene/rpgpp_lt_scene_1.0"。

② 在 Hierarchy 面板添加 "XR/Stationary XR Rig" 组件，该组件可以让场景在头盔中显示，如图 7-79 所示。

- 添加成功之后，会发现新增了两个物体 XR Interaction Manager 与 XR Rig。同时场景中原有的 Main Camera 变成了 XR Rig 的子物体。在 XR Rig 组件中包括了三个主要物体：Main Camera、LeftHand Controller、RightHand Controller。

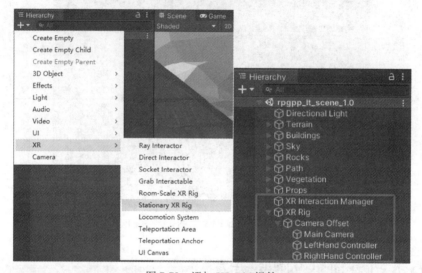

图 7-79　添加 XR Rig 组件

③ 将 XR Rig 物体拖曳到场景的中心位置，参数设置如图 7-80 所示。

图 7-80　XR Rig 参数设置

步骤 03 设置手柄控制器参数。

① 按需求设置手柄控制器显示的模型与手柄触发的按键。

- 以 LeftHand Controller 为例，选择 XR Controller 组件，将 Select Usage 设置为 Trigger，Activate Usage 设置为 Primary 2D Axis Click，UI Press Usage 设置为 Trigger；将 Model Prefab 设置为 Project 面板中 "Packages/PicoXR Plugin/Assets/Resources/Prefabs/LeftControllerModel"，如图 7-81 所示。

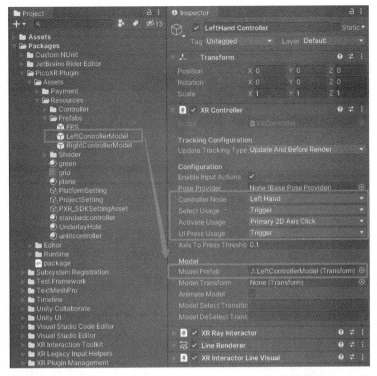

图 7-81 设置 LeftHand Controller 显示的模型与触发的按键

- 针对不同型号的 Pico 设备中不同的手柄样式，物体 LeftControllerModel 可以通过 PXR_Controller_Loader 组件进行动态设置，如图 7-82 所示。

图 7-82 动态设置 LeftControllerModel

② 设置手柄发出的射线的免疫与颜色。
- 以 LeftHand Controller 为例，选择 XR Interactor Line Visual 组件，设置 Line Width 为 0.005，设置 Valid Color Gradient（当手柄射线触碰到可交互物体时的颜色）为橙色，如图 7-83 所示。

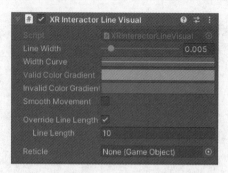

图 7-83　设置 LeftHand Controller 发出的射线的宽度与颜色

步骤04 让用户可以在场景中进行漫游。

① 在 Hierarchy 面板中添加 Locomotion System 物体。

② 把 Locomotion System 物体中 Locomotion System 组件内的 XR Rig 参数设置为刚刚新建的 XR Rig 物体；把 Snap Turn Provider 中 Controllers 设置为 XR Rig 的子物体 LeftHand Controller 与 RightHand Controller，使手柄可以使用圆盘键控制用户的旋转，如图 7-84 所示。

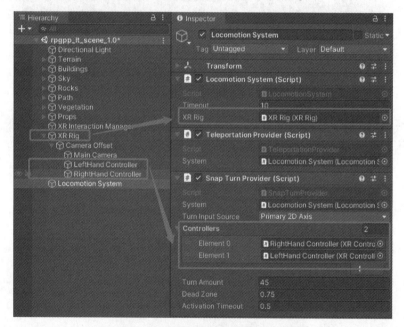

图 7-84　设置 Locomotion System

③ 为场景中的地形添加碰撞器，使地形有碰撞不至于掉落。选择 Hierarchy 面板中 Terrain 下的所有物体，批量添加 Mesh Collider 组件。

④ 新建一个名为 Teleportation 的 Layer，用于区分可以行走的层级。将地形物体的层级设置为 Teleportation，如图 7-85 所示。

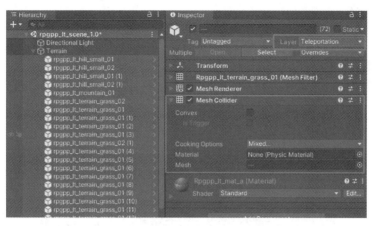

图 7-85 调协地形物体的层级

⑤ 在 Locomotion System 物体中添加 Teleportation Area 组件，使角色可以按键行走。在 Teleportation Area 组件中的 Colliders 参数设置为所有的地形物体，设置 Interaction Layer Mask 参数为 Teleportation，如图 7-86 所示。

步骤 05 在 Pico 头盔中使用 UI 界面的方法。在本步骤中，我们将通过点击一个按钮，开启使用角色行走功能。

① 在 Hierarchy 面板中取消对 Locomotion System 物体的勾选，设置为不可见，使其物体上的行走运动脚本不可使用。

② 在 Hierarchy 面板中创建 UI Canvas，路径为"XR/UI Canvas"。设置 UI Canvas 物体的坐标属性，如图 7-87 所示。

图 7-86 设置 Teleportation Area

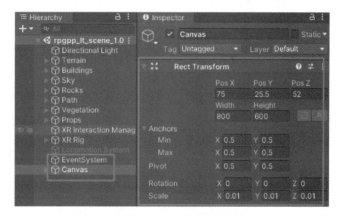

图 7-87 设置 UI Canvas 的坐标属性

③ 在 Canvas 物体下创建一个 Button，设置其物体坐标属性，如图 7-88 所示，把它的 Text 设置为"开始行走"。

④ 添加 Button 按钮的两个 On Click（点击事件），其中一个为显示 Locomotion System 物体，另一个为隐藏 Canvas 物体，如图 7-88 所示。

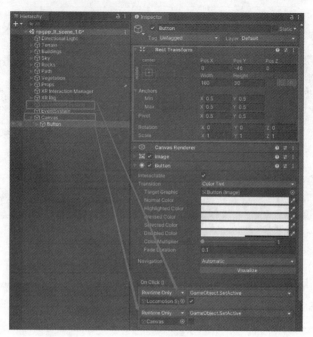

图 7-88 创建一个 Button 并设置其点击事件

步骤 06 将应用安装到 Pico 头盔中。除了常规的 APK 安装方式之外（安卓安装方式详情查看第 9 章），Pico SDK 还提供了一套便利的快速编译工具，该工具利用 gradle 的缓存来加快构建过程。它在编译时通过使用 gradle 的缓存仅更新编译的增量，不会重新编译没有更改的文件，因此与 Unity 的编译相比，其将编译和部署时间减少了 10％ 到 50％，而最终的 .apk 文件和 Unity 编译生成的完全一样。但是，要发布最终的 .apk 文件，必须使用 Unity 的编译功能，具体步骤如下：

① 将头盔设置连接到电脑，若连接成功，可以通过 Build Settings 中 Run Devices 设备列表查看设备信息，如图 7-89 所示。

② 打开 Build Settings，选中需要打包的场景 rpgpp_lt_scene_1.0。依次单击菜单栏中的"PXR_SDK→Build Tool→Build And Run"，如图 7-90 所示。

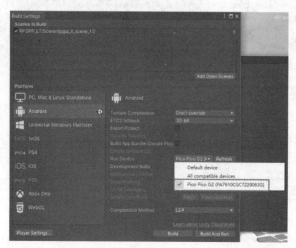

图 7-89 通过 Build Settings 中 Run Devices 设备列表查看设备信息

第 7 章 头戴式设备的 VR 开发

图 7-90 依次单击菜单栏中的"PXR_SDK→Build Tool→Build And Run"

Pico SDK 除了提供快速编译的功能之外,还提供了快速预览的工具,如图 7-91 所示。打开方式为依次单击菜单栏中的"PXR_SDK→Build Tool→Scene Quick Preview"。

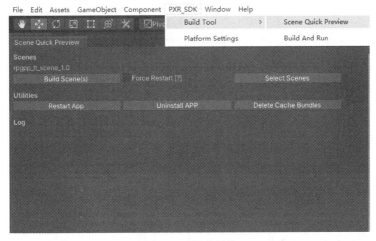

图 7-91 快速预览

Scene Quick Preview 支持如下的功能:

- Build Scene(S):开始编译并安装程序。
- Select Scenes:打开 Build Settings 界面,选择要编译的场景。
- Force Restart[?]:选中状态,每次编译后会在头盔中重启应用。
- Restart APP:在头盔中重启应用。
- Uninstall APP:在头盔中卸载应用。
- Delete Cache Bundles:删除编译过程中产生的缓存文件。

第8章

增强现实入门

增强现实（Augmented Reality，简称AR）是一种实时计算摄影机影像的位置及角度并加上相应图像的技术，目标是在屏幕上把虚拟世界套在现实世界并进行互动。这种技术最早于1990年提出，1992年，路易斯·罗森伯格（Louis Rosenberg）在美国空军的阿姆斯特朗（Armstrong）实验室中开发出了第一台功能全面的AR系统（见图8-1）。随着随身电子产品运算能力的提升，增强现实的用途越来越广。

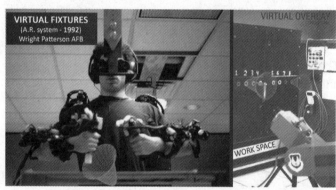

图 8-1 第一台功能全面的 AR 系统

8.1 增强现实简介

AR系统具有三个突出的特点：

- 真实世界和虚拟世界的信息集成。
- 具有实时交互性。
- 在三维尺度空间中增添定位虚拟物体。AR 技术可广泛应用到军事、医疗、建筑、教育、工程、影视、娱乐等领域。

增强现实的硬件组件有处理器、显示器、传感器和输入设备。智能手机和平板电脑等现代移动计算设备包含这些元件，通常有摄像头和MEMS传感器，如加速度计、GPS和固态罗盘等，使其成为适合的AR平台。

AR系统的一个关键指标是如何将现实世界的增强与现实世界结合起来。软件必须从摄像机图像中导出独立于摄像机的真实世界坐标。该过程称为图像注册，其使用不同的计算机视觉方法，主要与视频跟踪相关。许多增强现实的计算机视觉方法是从视觉测距法继承而来的。

通常这些方法分为两个阶段。

第一阶段是检测摄像机图像中的兴趣点、基准标记或光流。这个步骤可以使用特征检测方法，如角点检测、斑点检测、边缘检测、阈值或其他图像处理方法。

第二阶段从第一阶段获得的数据中恢复现实世界坐标系。

对于某些方法，假设场景中存在已知几何（或基准标记）的对象，在某些情况下，场景3D结构应该预先计算。若没有关于场景几何的信息可用，则可以使用诸如束调整的运动方法结构。第二阶段使用的数学方法包括投影（对极）几何、几何代数、具有指数图的旋转表示、卡尔曼和粒子滤波器、非线性优化、稳健统计。

增强现实标记语言（ARML）是开放地理空间联盟（Open Geospatial Consortium，OGC）开发的一个数据标准，由XML语法组成，用于描述场景中虚拟对象的位置和外观，以及ECMAScript绑定允许动态访问虚拟对象的属性。

为了实现增强现实应用的快速发展，出现了一些软件开发工具包（SDK），例如高通公司的Vuforia、苹果公司的ARKit、Google公司提供的ARCore以及国产的SDK（如Easy AR、HiAR等）。

8.2 增强现实的应用场景

增强现实有很多应用，开始用于军事、工业和医疗，到2012年将其用途扩展到娱乐和其他商业行业，到2016年，强大的移动设备使得AR在小学课堂中成为有用的学习助手。

1. 商业

AR用于集成打印和视频营销。印刷的营销材料可以设计某些"触发"图像，当使用启用了AR的设备扫描图像进行图像识别时，就会激活营销材料的视频版本。传统的印刷出版物正在使用增强现实来连接到更多不同类型的媒体。

AR可以增强产品预览，例如允许客户查看产品包装内的内容，而不打开它。AR也可以用来帮助从目录中或通过信息亭选择产品。扫描的产品图像可以激活附加内容的视图，例如定制选项和该产品的其他图像。

- 2010年，虚拟更衣室。
- 2012年，荷兰皇家造币厂使用 AR 技术为中央阿鲁巴银行出售纪念币。使用纪念币本身作为AR 触发器，当纪念币放在启用 AR 的设备前面时，会显示出更多关于纪念币的信息，如图 8-2 所示。

图 8-2 中央阿鲁巴银行出售的纪念币

- 2013 年,欧莱雅采用 CrowdOptic 技术在加拿大多伦多举办的第七届年度轻舞节上展示了一次增强现实的体验。
- 2014 年,欧莱雅巴黎公司将"体验天才"应用程序的 AR 体验带到个人层面,允许用户使用移动设备来尝试化妆和美容风格,如图 8-3 所示。

图 8-3 "体验天才"应用程序

- 2015 年,保加利亚创业公司 iGreet 开发了自己的 AR 技术,并将其用于制作首个"现场"贺卡,如图 8-4 所示。

图 8-4 "现场"贺卡

- 增强现实通过将 AR 产品可视化嵌入其电子商务平台,为品牌和零售商提供个性化客户购物体验的功能,如图 8-5 所示。

图 8-5 电子商务平台购物

2. 教育

在教育环境中，AR已被用来补充标准课程，将文本、图形、视频和音频叠加到学生的现实环境中。当教具被AR设备扫描时，以多媒体格式向学生呈现补充的教学信息。

小学生可以从互动体验中轻松学习。例如，星座在太阳系中以三维的方式展现；基于纸张的科学书籍插图可以作为识别图，当AR设备识别出识别图后会显示相关的视频信息，而不需要孩子通过网络去搜索和浏览这些材料，如图8-6所示。

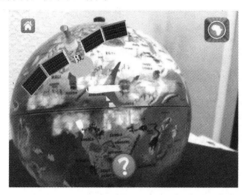

图 8-6 基于教育的 AR 应用

3. 游戏

在游戏行业中，使用AR技术开发了一些游戏，如AR空气曲棍球、太空巨人、虚拟敌人的协同作战以及AR增强台球游戏等室内环境游戏。

增强现实（AR）使得游戏玩家在现实世界的环境中也可以体验数字游戏，像Niantic和LyteShot这样的公司和平台成为主要的增强现实游戏创作者。在2016年7月7日，由口袋妖怪公司负责内容支持、设计游戏故事内容，Niantic负责技术支持、为游戏提供AR技术，任天堂负责游戏开发、全球发行的里程碑式的游戏《Pokémon GO》正式上线（见图8-7），一经上线就创造了5项不可思议的世界纪录。

图 8-7 游戏类应用

8.3 关于增强现实开发的建议

关于AR的界面设计、操作等，苹果公司给出了22条注意事项，帮助开发者打造用户体验更好的AR应用。

（1）全屏显示AR效果。让真实世界的画面和AR物体尽量占据整个屏幕，避免让操作按键和其他信息切割屏幕，破坏沉浸感。

（2）让拟真物体尽可能逼真。大部分AR效果采用的是虚拟的卡通角色，但是如果采用现实中存在的物体，应该让它们做到与环境融为一体。为此，设计者应该设计栩栩如生的3D形象，在光照下能产生合理的阴影并且移动摄像机时物体能发生改变。

（3）考虑物理世界的限制。用户很可能在并不适合AR体验的环境下操作AR应用，例如在狭窄的、没有平面的区域。因此，设计者应该考虑在不同场景下设计不同的使用方式和功能，并且提前告知用户使用方法。

（4）考虑用户体验舒适度。长时间以一个角度或者一定距离拿住手机是一件并不愉快的事，所以要考虑到用户使用手机的方式和时长是否会带来不适，可以通过减少游戏的级数或者在其中穿插休息时间来缓解用户疲劳。

（5）渐进引导用户的移动。如果你的应用是需要用户移动的，不要在一开始就扔个炸弹让用户跳开，应该先让用户适应AR体验，然后鼓励他们运动。

（6）留心用户的安全。在有人或者物体的环境里大幅度地移动有可能造成危险，注意让应用能安全地操作，避免大范围或者突然地移动。

（7）使用声音或触觉反馈来提升沉浸感。音效或者震动反馈可以创造一种虚拟物体与真实物体接触或者碰撞的感觉。在沉浸式的游戏中，音效可以让人进入虚拟世界。

（8）将提示融入情境。例如，在一个物体旁边提供一个三维旋转的标志比提供文字更加直观，当用户对情境提示没有反应时，可以再显示文字。避免使用一些技术性术语，例如ARKit、环境侦测、追踪等，如图8-8所示。

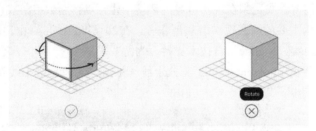

图8-8　使用图标替换技术性术语

（9）避免AR体验过程的中断，如图8-9所示。用户每次进入AR时都会重新分析环境、检测平面，手机和摄像机的位置也可能已经改变了，先前放置的物体会被重新安置，它们或许无法再被放置在现实世界的平面上。避免中断的方法是让人们在不离开AR的情况下去改变物体及其材质，例如在使用宜家的家装AR放置一张沙发时，可以让用户选择不同的材质。

Do	Don't
Unable to find a surface. Try moving to the side or repositioning your phone.	Unable to find a plane. Adjust tracking.
Tap a location to place the [name of object to be placed].	Tap a plane to anchor an object.
Try turning on more lights and moving around.	Insufficient features.
Try moving your phone slower.	Excessive motion detected.

图8-9　鼓励与不鼓励做的操作

（10）提示初始化进程并且带动用户参与。每次用户进入AR都会有初始化评估环境的过程，这会花费数秒的时间。为了减少用户的困惑以及加速进程，应该明确指示出这一过程并且鼓励用户探索他们的环境，积极寻找一个合适的平面，如图8-10所示。

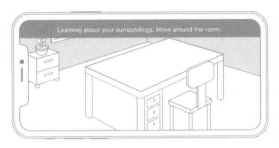

图8-10　寻找一个合适的平面

（11）帮助用户理解何时定位平面并且安放物体。虚拟标识是告知用户平面定位模式正在进行的好办法。屏幕中间的梯形标线可以提示用户应该寻找一个垂直的、宽阔的平面。一旦这个平面被定位了，应该更换标识外形，告诉用户现在可以安置物体。设计虚拟标识应该被视为APP体验的一部分，如图8-11所示。

 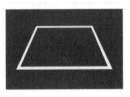 

图8-11　虚拟标识提示

（12）快速回应安置物体请求。在平面侦测过程中，精确度是逐渐提高的，当用户放置物体时，应该使用当前已获得的信息立刻回应，然后优化物体的位置。如果物体超出侦测到的平面范围，就直接将其拖曳回来。不要将其无限靠近侦测到的平面边缘，因为这个边缘并不稳定。

（13）支持直接操作而不是分离的屏幕操作。最为直观的方式是让用户直接触碰屏幕上的物体与之互动，而不是让用户操作一个与物体分离的控制按钮。但是也要注意，当用户在移动的时候，这种直接的操作方式可能出现混乱，如图8-12所示。

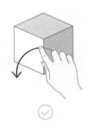 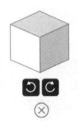

图8-12　用户与虚拟物体的交互方式

（14）允许用户使用标准的、熟悉的手势来与虚拟物体互动。例如，考虑以单只手指来拖曳物体、两只手指来旋转物体。两只手指按压和两只手指旋转很容易混淆，应该对软件进行识别度的测试。

（15）交互应尽量简单。目前，触碰手势都是二维的，但是AR体验是建立在三维的真实世界之上的。考虑如图8-13所示的方式来简化用户与虚拟物体的交互。

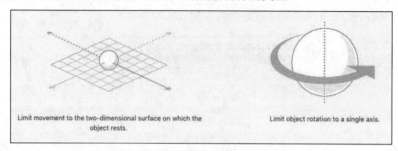

图8-13 简化用户与虚拟物体的交互

（16）回应近似范围内的交互。要让用户准确触碰一个小的虚拟物体会很难，因此可以设计成只要在可交互物体的附近监测到用户的行为，就预设用户想要移动这个物体。

（17）考虑是否采用以用户出发的缩放比例。如果虚拟物体是不具有固定尺寸的玩具或者游戏角色，用户想要看到其放大缩小的效果，缩放就很合适。但是对于拥有与真实世界对应尺寸的物体来说（如家居），缩放就没有意义了。例如，当你放大家具时，家具并不会看起来离你更近。

（18）确保虚拟物体的运动是连贯的。当用户缩放、旋转或者移动物体到新位置时，物体不应该突然跳出来。

（19）探索更多吸引人的交互方式。手势不应该是与虚拟物体交互的唯一方式，你的应用可以采用其他因素，例如运动或者逼近来让内容有生命力。当用户靠近一个游戏角色时，它可以回头看用户。

（20）允许用户重置。如果用户对虚拟物体的安放不满意，不要强制用户在当前状况下改进，允许他们重新开始寻找更好的方案。

（21）如果出现问题，就需要提供合适的解决方案。许多情况可能导致侦测用户环境失败，例如亮度不够、平面反光过高、平面没有足够的细节或者摄像机运动过多。如果应用检测到了这些问题，就应该给出解决问题的建议，如图8-14所示。

Problem	Possible suggestion
Insufficient features detected	Try turning on more lights and moving around.
Excessive motion detected	Try moving your phone slower.
Surface detection takes too long	Try moving around, turning on more lights, and making sure your phone is pointed at a sufficiently textured surface.

图8-14 问题与解决方法

（22）仅为合适的设备提供AR功能。如果你的APP的主要功能是AR，就让你的APP只能在支持ARKit的设备上安装。如果你的APP的AR功能只是附属的（例如家居类的APP提供AR的展示），就不要在不能支持ARKit的手机上显示AR功能。

第9章

基于 Vuforia 的 AR 开发

Vuforia是创建增强现实应用程序的软件平台,能够非常方便、快捷地帮助开发者打造虚拟世界物品与真实世界物品之间的互动,能够实时地识别跟踪本地或者云端的识别图以及简易的三维物体。Vuforia是业内领先、应用最为广泛的增强现实平台。Vuforia支持Android、iOS、UWP,可以通过Android Studio、Xcode、Visual Studio与Unity构建应用程序,这里选择以Unity的方式构建。

本章以Unity 2020版本为例学习如何发布到安卓平台,如何配置安卓SDK与Java的JDK。

9.1 Vuforia 概述

Vuforia公司是美国高通技术公司的全资子公司——美国高通互联体验公司,但是在2015年年底的时候该公司被美国参数技术公司(PTC)收购,官方网站地址为 https://www.vuforia.com/。

目前Vuforia软件的收费方式可以分为以下4种类型:

- 大型企业用户
- 小型企业用户
- 教育用户(用于大学教学)
- 开发者

Vuforia的识别与追踪功能可以用于以下各种图像和对象:

- Model Targets:模型目标识别。
- Ground Plane:地面识别。
- Image Targets:图片目标识别。

- VuMark：VuMark 识别，是可以对一系列数据格式进行编码的自定义标记。
- Object Recognition：物体识别。
- Cylinder Targets：圆柱体目标识别。
- Muti Targets：多目标识别。
- User Defined Targets：用户自定义目标识别。
- Cloud Recognition：云识别。
- Virtual Buttons：虚拟按钮。
- Area Targets：区域目标识别。

9.1.1 Unity 中安卓发布设置

本AR教程中所发布的平台为安卓，所以必须先准备发布安卓所需的组件。

步骤 01 下载 Unity 安卓平台。

① 打开 Unity 编辑器。

② 打开发布设置，选择安卓平台，单击 Open Download Page 打开下载页面，如图 9-1 所示。

图 9-1　打开下载页面

③ 网页被打开后，会弹出下载提示框，按照提示进行下载，如图 9-2 所示。

④ 下载完毕后，双击安装包进行安装，如图 9-3 所示。（也可在本书下载资源中的 "9/9.1/资源/Unity 2020.2.7f1 Support/UnitySetup-Android-Support-for-Editor-2020.2.7f1" 找到安装包，同级目录下还有 AppleTV、iOS、Linux、Mac、WebGL 等平台的安装包。）

第 9 章 基于 Vuforia 的 AR 开发 | 303

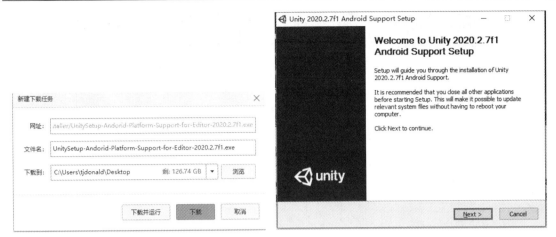

图 9-2 下载安卓平台　　　　　图 9-3 开始安装

安装时需要注意：

- 关闭 Unity 编辑器。
- 选择目录路径为安装目录下的子目录 Unity 文件夹。

⑤ 安装成功后，打开 Unity 编辑器的发布设置，选中安卓平台图标，单击 "Switch Platform" 切换为安卓，如图 9-4 所示。

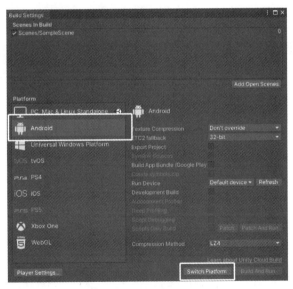

图 9-4 切换到安卓平台

步骤 02 安装 Java JDK。

① 打开 Java JDK 下载的官方网站 http://www.oracle.com/technetwork/java/javase/downloads/jdk8-downloads-2133151.html，可以看到目前最新版本为 8U321，选择对应的电脑系统进行下载，如图 9-5 所示。

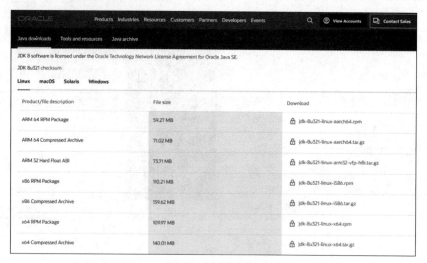

图 9-5 下载 JDK

② 下载完毕后,双击安装文件进行安装(也可从本书下载资源中的"9/9.1/资源/jdk-8u131-windows-x64.exe"进行安装)。

步骤 03 配置 Java JDK 的环境变量。

① 打开配置环境变量的窗口,右击"我的电脑",在弹出的快捷菜单中单击"属性",打开控制面板主页,单击"高级系统设置",打开"系统属性"对话框,单击"环境变量",打开"环境变量"对话框,如图 9-6 所示。

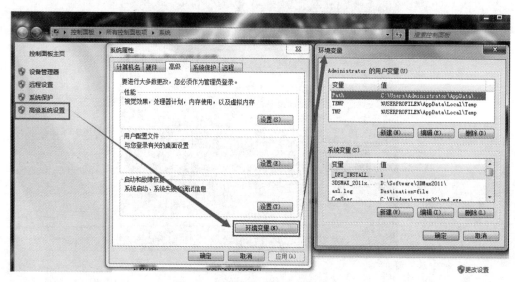

图 9-6 配置 Java JDK 的环境变量

② 新建或修改三个系统变量。

- 新建系统变量。设置变量名为"JAVA_HOME",设置变量值为刚刚安装 JDK 的目录,例如"C:\Program Files\Java\jdk1.8.0_131",如图 9-7 所示。
- 查看系统变量中有没有 PATH,若没有,则新建一个系统变量,设置变量名为 PATH,设置变量值为%JAVA_HOME%/bin,如图 9-8 所示。若已经存在 PATH,在原始变量值后添加%JAVA_HOME%/bin，注意与原始变量值之间以"；"分隔符隔开。

图 9-7　添加 JAVA_HOME 环境变量　　　图 9-8　添加 JAVA_HOME 到 PATH

- 查看系统变量中有没有 CLASSPATH，若没有则新建一个系统变量，设置变量名为 CLASSPATH，设置变量值为%JAVA_HOME%\lib\dt.jar;%JAVA_HOME%\lib\tools.jar，如图 9-9 所示。若已经存在 PATH，在原始变量值后添加%JAVA_HOME%\lib\dt.jar;%JAVA_HOME%\lib\tools.jar，注意与原始变量值之间以"；"分隔符隔开。

图 9-9　设置系统变量

步骤 04　检查 Java JDK 配置是否成功。

① 打开 CMD 控制台，输入"Java"，若输出如图 9-10 所示的内容，则证明 PATH 配置成功。若出现"不是内部或外部命令，也不是可运行程序或批处理文件"，则表明 PATH 配置有问题，需要重新配置。

图 9-10 检测 PATH 配置

② 在控制台中输入 javac，若输出如图 9-11 所示的内容，则证明 CLASSPATH 配置成功。若出现"不是内部或外部命令，也不是可运行程序或批处理文件"，则表明 CLASSPATH 配置有问题，需要重新配置。

图 9-11 检测 CLASSPATH 配置

步骤 05 安装 Android SDK。

① Android SDK 可以从官网下载，地址为 https://developer.android.com/studio/index.html，若官网下载速度太慢，也可从本书下载资源中的"9/9.1/资源/adt-bundle-windows-x86_64-20140702.zip"进行安装。

② 将下载的压缩文件解压到非中文路径下，打开 SDK Manager.exe，更新 API。

③ 卸载低于 Unity 要求的旧版本 API。当前使用的 Unity 版本为 2020，要求最低版本为 Android 6.0 即 API 23，卸载 API 20，如图 9-12 所示。

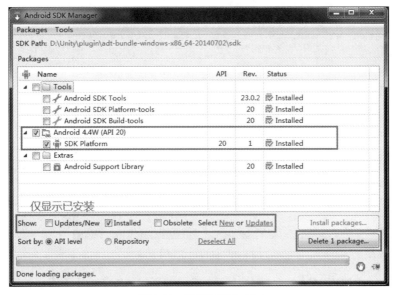

图 9-12　卸载旧版本 API

④ 通过国内镜像服务器更新 API。
- 国内镜像源地址：
  - 大连东软信息学院镜像服务器地址：
    http://mirrors.neusoft.edu.cn，端口：80
  - 北京化工大学镜像服务器地址：
    IPv4：http://ubuntu.buct.edu.cn/，端口：80
    IPv4：http://ubuntu.buct.cn/，端口：80
    IPv6：http://ubuntu.buct6.edu.cn/，端口：80
  - 上海 GDG 镜像服务器地址：
    http://sdk.gdgshanghai.com 端口：8000
  - 中国科学院开源协会镜像站地址：
    IPV4/IPV6：http://mirrors.opencas.cn 端口：80
    IPV4/IPV6：http://mirrors.opencas.org 端口：80
    IPV4/IPV6：http://mirrors.opencas.ac.cn 端口：80
- 依次选择 SDK Manager 菜单栏中的"Tools→Options"，打开设置对话框。
- 在 HTTP Proxy Server 处填写上述地址，在 Http Proxy Port 处填写对应的端口号。
- 勾选 Use download cache 复选框与"Force https://... sources to be fetched using http://..."复选框，如图 9-13 所示。
- 返回 SDK Manager 主界面，单击菜单栏 Package 中的 Reload 按钮。

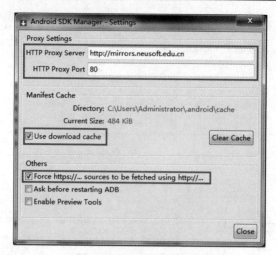

图 9-13　设置代理服务器

⑤ 更新 API。在 SDK Manager 主界面中选择需要更新的 API 进行下载安装，如图 9-14 所示。

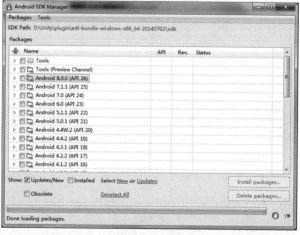

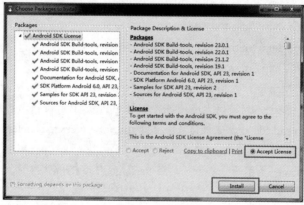

图 9-14　更新 API

⑥ 配置 Android SDK 环境变量。

➢ 与配置 Java JDK 一样，打开环境变量找到系统环境变量中的 Path，填入 Android SDK

中的 tools 路径与 platform-tools 路径。两者之间用";"分号分隔开,例如 D:\Unity\\adt-bundle-windows-x86_64-20140702\sdk\tools;D:\Unity\plugin\adt-bundle-windows-x86_64-20140702\sdk\platform-tools。

➤ 打开 CMD 控制台输入 adb,若出现"不是内部或外部命令,也不是可运行程序或批处理文件"证明环境变量路径配置出错了。

步骤 06 安装 Android NDK。

① 安卓的 NDK 官方网站为 https://developer.android.google.cn/,当前 Unity2020.2.7f1 版本需要的 NDK 版本为 R19.0.5232133。在官网中找到要下载的 R19C 版本,如图 9-15 所示。

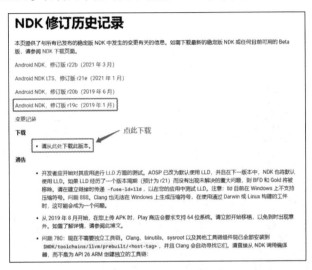

图 9-15 找到要下载的版本

② 选择对应系统的版本下载,如图 9-16 所示。也可从本书下载资源中的"9/9.1/资源/android-ndk-r19c-windows-x86_64.zip"进行下载。

图 9-16 选择对应系统的版本下载

③ 将下载的 ZIP 文件进行解压，并打开 source.properties 文件，将 Pkg.Revision 后的版本号修改为 19.0.5232133，如图 9-17 所示。

图 9-17　修改版本号

步骤 07 在 Unity 编辑器中设置 SDK、JDK、NDK 的路径。

① 打开 Unity 编辑器的参数设置，依次单击菜单栏中的"Edit→Preferences→External Tools"。

② 选择 SDK、JDK、NDK 的安装路径，如图 9-18 所示。

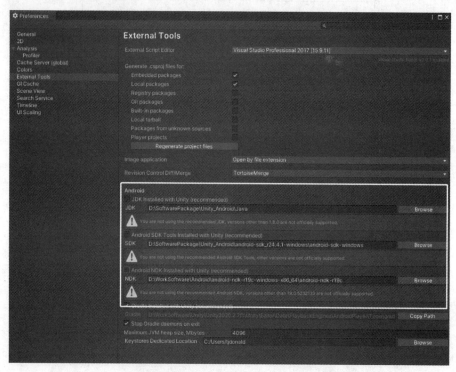

图 9-18　设置 SDK、JDK、NDK 的安装路径

9.1.2　Vuforia 开发准备

本小节将学习Vuforia插件的下载与项目密钥的创建。

编写本书时，Vuforia的版本为9.8.8，在Unity中添加Vuforia的方式大致有三类：

（1）在Vuforia的官方网站下载Unity Package文件，再通过本地Git客户端软件下载完整的Vuforia。

- 打开 Vuforia 官方网站地址 https://developer.vuforia.com/downloads/sdk,选择 Unity Package 格式,在登录之后即可进行下载,如图 9-19 所示。
- 打开 Unity 工程将 add-vuforia-package-9-8-8.unitypackage 导入工程中,将会出现如图 9-20 所示的提示,如果工程中没有 vuforia 即可通过 Git 下载,若已经有了则会通过 Git 升级到最新版本(Git 客户端的安装此处略过)。

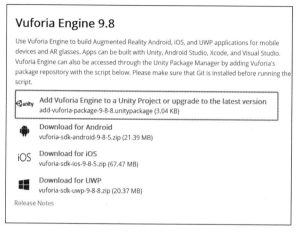

图 9-19　下载相应的版本

图 9-20　升级到最新版本

(2)通过 Unity 的 Package Manager 中 Add Package from git URL 的方式进行添加。

- 打开 Unity 工程中的 Package Manager 面板,依次选择"Windows→Package Manager"。
- 在 Package Manager 面板中单击"+"号,选择 Add Package from git URL,如图 9-21 所示。

图 9-21　选择 Add Package from git URL

- 在输入框中输入下载地址"git+https://git-packages.developer.vuforia.com#9.8.8",如图 9-22 所示,即可进行下载安装。

图 9-22　输入下载地址

(3)下载 Vuforia 的 SDK,再通过 Package Manager 手动导入。

- 打开 Vuforia 下载页面 git-repo.developer.vuforia.com,单击页面右上角的三个小点选择 Download as Zip 进行下载,如图 9-23 所示,也可以在本书附带资源(9/9.1/资源/com.ptc.vuforia.engine.zip)中找到该 ZIP 文件。

Unity VR 与 AR 项目开发实战

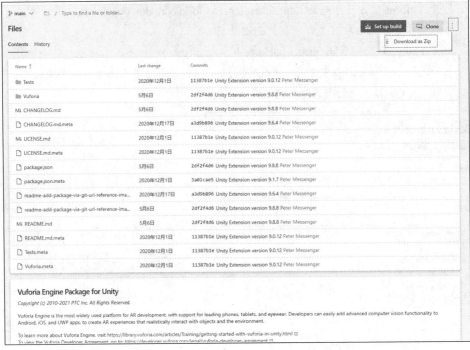

图 9-23　下载 SDK

- 将下载的 ZIP 文件进行解压。打开 Unity 工程中的 Package Manager 面板，依次选择"Windows→Package Manager"。
- 在 Package Manager 面板中单击"+"号，选择 Add Package from disk 从硬盘添加包体，选择 Zip 文件解压后的 package.json 文件，如图 9-24 所示。

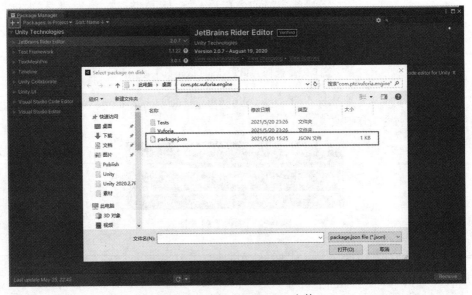

图 9-24　选择 package.json 文件

- Package Manager 会自动添加 Vuforia 到当前 Unity 工程中。可以通过选择 Packages: In Project

工程中的包来查看是否已经安装成功，以及安装包的版本信息等。如图9-25所示。
- 如果安装成功，Vuforia的所有资源可以在Project面板中的Packages中的Vuforia Engine AR文件夹找到，如图9-26所示。

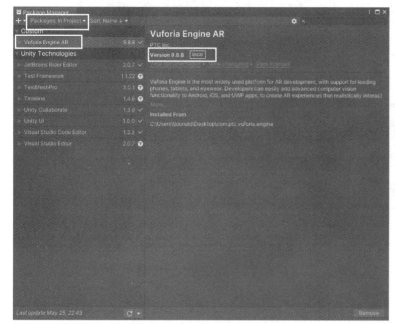

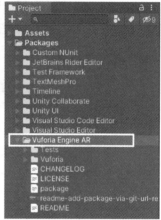

图9-25　选择安装包的版本信息　　　　　　　　图9-26　安装成功

当Vuforia安装完成之后，就必须对Vuforia进行配置。配置文件路径为Windows/VuforiaConfiguration，快捷键为Ctrl+Shift+V，如图9-27所示。

配置文件大致分为6个部分：Global（全局设置）、Databases（识别数据设置）、Video Background（视频背景设置）、Shaders（着色器设置）、Devices Tracker（设备追踪设置）、Play Mode（运行模式设置），如图9-28所示。

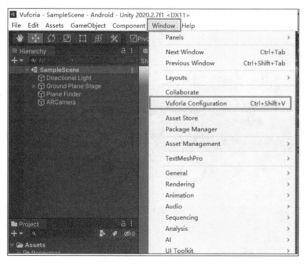

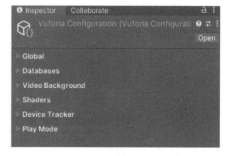

图9-27　选择VuforiaConfiguration　　　　　　图9-28　配置文件

其中，Global 页面（见图 9-29）中的重要参数有：

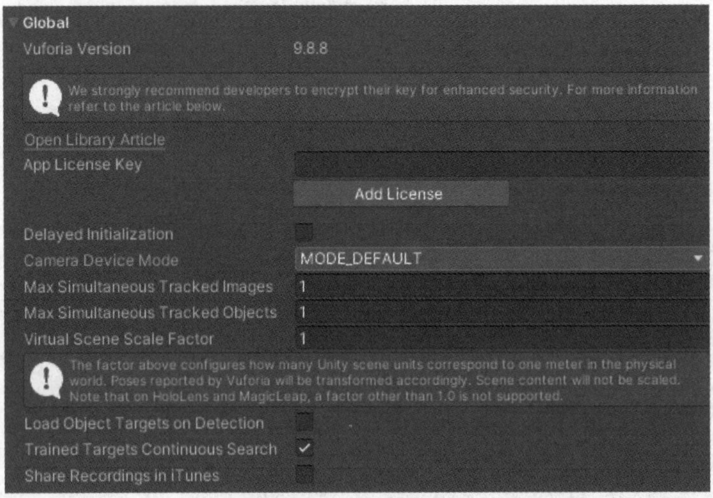

图 9-29　Global 页面

- APP License Key：设置 APP 的许可证（必填）。
- Camera Device Mode：设置摄像机的模式。
  - MODE_DEFAULT：默认模式，速度质量均衡。
  - MODE_OPTIMIZE_SPEED：速度优先。
  - MODE_OPTIMIZE_QUALITY：质量优先。
- Max Simultaneous Tracked Images：图像的最大同步追踪数量。
- Max Simultaneous Tracked Objects：物体的最大同步追踪数量。
- Virtual Scene Scale Factor：虚拟场景缩放比例等。

设置 APP License Key 是使用 Vuforia 制作项目时不可或缺的一步，APP License Key 需要在官方网站进行申请，添加 APP License Key 的方式为：

步骤 01　单击 Add License 按钮或者打开 Vuforia 官网的开发者页面 https://developer.vuforia.com/license-manager。

步骤 02　输入账号、密码进行登录。

步骤 03　单击 Add License Key 按钮，添加密钥，如图 9-30 所示。

图 9-30　新增密钥

步骤 04 填写 License Name，确认 License 信息，确认无误后，单击 Confirm 按钮完成申请，如图 9-31 所示。

图 9-31 确认创建密钥

步骤 05 在 License Manager 页面中打开刚创建的名为 AR 的选项，在打开的页面中即可看到申请的 License Key，如图 9-32 所示。

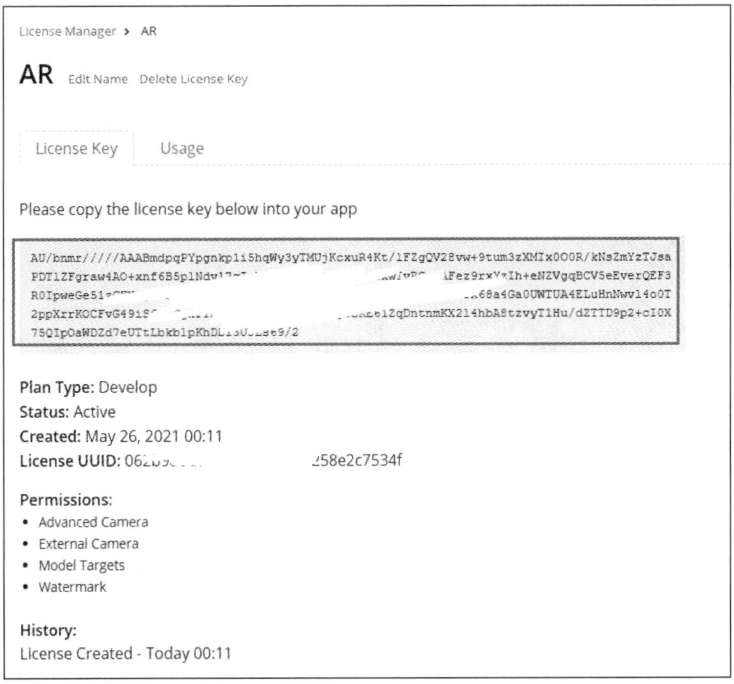

图 9-32 查看密钥

步骤 06 将 License Key 复制到 Unity 的 VuforiaConfiguration 中的 APP License Key 一栏中，如图 9-33 所示。

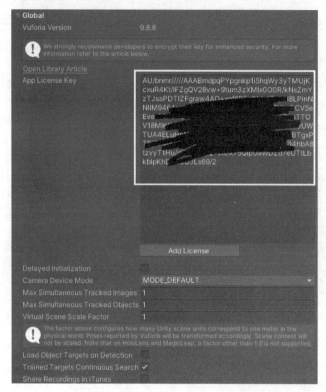

图 9-33 在 Unity 编辑器中输入密钥

9.2 AR 图片识别

在Vurforia中进行图片识别大致可以分为三种：① 识别本地图片；② 服务器预设的图片下载到本地再进行识别；③ 使用云识别。三种方式各有不同的使用情形：第一种可以让用户自定义识别图，增强用户体验，第二种适用于普通常用识别，第三种适用于识别图特别多的情况。

9.2.1 动态设置识别图片

本小节将介绍如何使用Vuforia识别本地图片，以及如何动态地更换本地识别图。

1. 识别本地图片

将下载资源中的"9/9.2/素材"文件导入到Unity工程中，使用三张图片充当识别图。ImageTargetModel.unitypackage为识别之后显示的内容。

步骤01 新建名为 ImageTarget_Local 的场景文件。

步骤02 在 Hierarchy 面板层级空白处右击，在弹出的快捷菜单中依次选择"Vuforia Engine→ARCamera"，创建一个 AR 摄像机。删除场景中自带的 Main Camera。

步骤03 创建识别图，与上一步操作一样，在 Hierarchy 面板依次选择"Vuforia Engine→Image

Target"。

步骤 04 设置自定义识别图片，如图 9-34 所示。

- 在物体 Image Target 的 Image Target Behaviour 组件中选择识别类型为 From Image。
- 在 Image 栏中选择识别图为 Astronaut_scaled。
- 在 Advanced 高级选项中设置识别图的尺寸，注意这里的单位是米。

步骤 05 设置识别后需要显示的物体，将导入的资源"Resources/Prefabs/Astronaut"拖曳到 Hierarchy 面板中 Image Target 物体下，使其成为子物体。自此 Hierarchy 面板中的物体如图 9-35 所示。

图 9-34　设置自定义识别图片　　　　图 9-35　设置识别后需要显示的物体

步骤 06 运行程序，将摄像头对准识别图，就会发现出现了 Astronaut 模型。当摄像头挪开后 Astronaut 模型就消失，如图 9-36 所示。

图 9-36　显示模型

为了能够更好地了解其中的原理，可以通过对Vuforia脚本的解读进行理解。打开Image Target

物体上的DefaultTrackableEventHandler脚本。现在摘取其中重要的内容进行解读。

首先是在开始的Start()函数中注册了两个事件：OnTrackableStatusChanged（当追踪状态发生改变）和OnTrackableStatusInfoChanged（当追踪的信息发生改变）。

```
protected virtual void Start()
{
    mTrackableBehaviour = GetComponent<TrackableBehaviour>();

    if (mTrackableBehaviour)
    {
        mTrackableBehaviour.RegisterOnTrackableStatusChanged
(OnTrackableStatusChanged);
        mTrackableBehaviour.RegisterOnTrackableStatusInfoChanged
(OnTrackableStatusInfoChanged);
    }
}
```

当触发OnTrackableStatusChanged()时会执行两个方法：OnTrackingFound()（当追踪到目标时，打开所有子物体的渲染网格、碰撞、UI画布）与OnTrackingLost()（当追踪目标丢失时，关闭所有子物体的渲染网格、碰撞、UI画布）。

```
/// <summary>
/// 当追踪到目标时触发本方法
/// </summary>
protected virtual void OnTrackingFound()
{
    if (mTrackableBehaviour)
    {
        //获取所有子物体的网格渲染组件（包括被隐藏的物体）
        var rendererComponents =
mTrackableBehaviour.GetComponentsInChildren<Renderer>(true);
        //获取所有子物体的碰撞体（包括被隐藏的物体）
        var colliderComponents =
mTrackableBehaviour.GetComponentsInChildren<Collider>(true);
        //获取所有子物体的画布组件（包括被隐藏的物体）
        var canvasComponents =
mTrackableBehaviour.GetComponentsInChildren<Canvas>(true);

        //打开所有的网格渲染组件
        foreach (var component in rendererComponents)
            component.enabled = true;

        //打开所有的碰撞体组件
        foreach (var component in colliderComponents)
            component.enabled = true;

        //打开所有的画布组件
        foreach (var component in canvasComponents)
            component.enabled = true;
    }
```

```
        if (OnTargetFound != null)
            OnTargetFound.Invoke();
    }

    /// <summary>
    /// 当追踪的目标丢失时触发本方法
    /// </summary>
    protected virtual void OnTrackingLost()
    {
        if (mTrackableBehaviour)
        {
            var rendererComponents =
mTrackableBehaviour.GetComponentsInChildren<Renderer>(true);
            var colliderComponents =
mTrackableBehaviour.GetComponentsInChildren<Collider>(true);
            var canvasComponents =
mTrackableBehaviour.GetComponentsInChildren<Canvas>(true);

            // 关闭所有的网格渲染组件
            foreach (var component in rendererComponents)
                component.enabled = false;

            // 关闭所有的碰撞体组件
            foreach (var component in colliderComponents)
                component.enabled = false;

            // 关闭所有的画布组件
            foreach (var component in canvasComponents)
                component.enabled = false;
        }

        if (OnTargetLost != null)
            OnTargetLost.Invoke();
    }
```

2. 动态更换识别图

上面介绍了如何使用自定义图片进行识别,接下来将学习如何动态地更换识别图片。其中又可以分成两种:第一种直接加载本地自定义的图片;第二种通过图片的URL地址进行加载。

步骤 01 新建名为 RuntimeLoadImg 的场景文件。

步骤 02 在 Hierarchy 面板空白处右击,在弹出的快捷菜单中依次选择"Vuforia Engine→ARCamera",创建一个 AR 摄像机。删除场景中自带的 Main Camera。

步骤 03 将 Project 面板的 Texture 文件夹的 Drone_scaled 图片复制到 StreamingAssets 的 Vuforia 文件夹中,作为动态加载的识别图,如图 9-37 所示。

步骤 04 将 Project 面板中"Resources/Prefabs/Drone"预制体拖曳到场景中,重置其 Transform 属性。

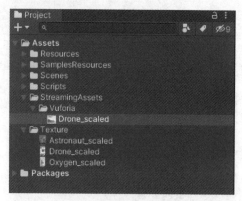

图 9-37 动态加载的识别图

步骤 05 在 Scripts 文件夹中创建名为 RuntimeLoadTargetImageByTexture 的 C#脚本,用来动态改变 Image Target 的识别图片。对该脚本进行如下编辑:

```csharp
using UnityEngine;
using Vuforia;

/// <summary>
/// 动态实时设置识别图片
/// </summary>
public class RuntimeLoadTargetImageByTexture : MonoBehaviour
{
    /// <summary>
    /// 识别之后显示的模型
    /// </summary>
    public GameObject TargetGo;

    private void Start()
    {
        // 初始化
        VuforiaARController.Instance.RegisterVuforiaStartedCallback(CreateImageTargetFromSideloadedTexture);
    }

    private void CreateImageTargetFromSideloadedTexture()
    {
        // 获取追踪
        var objectTracker = TrackerManager.Instance.GetTracker<ObjectTracker>();
        // 获取实时的图片识别
        var runtimeImageSource = objectTracker.RuntimeImageSource;
        // 加载识别图并设置识别图
        runtimeImageSource.SetFile(VuforiaUnity.StorageType.STORAGE_APPRESOURCE, "Vuforia/Drone_scaled.jpg", 1.5f, "Drone_scaled");
        // 创建一个新的识别数据
        var dataset = objectTracker.CreateDataSet();
        // 创建一个可追踪的物体并设定识别图
```

```
        var trackableBehaviour = dataset.CreateTrackable(runtimeImageSource,
"Drone_scaled");
        // 添加默认的追踪事件组件
        trackableBehaviour.gameObject.AddComponent
<DefaultTrackableEventHandler>();
        // 激活新创建的识别数据集
        objectTracker.ActivateDataSet(dataset);
        // 将识别物体设置为子物体
        TargetGo.transform.SetParent(trackableBehaviour.
gameObject.transform);
    }
}
```

步骤 06 将脚本挂载到场景中的物体 ARCamera 上，指定脚本的 Target Go 属性为 Drone，如图 9-38 所示。

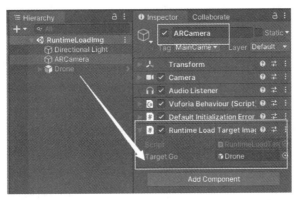

图 9-38　将脚本挂载到场景中的物体上

步骤 07 运行程序，会发现在 Hierarchy 面板中自动新建了一个名为 Drone_scaled 的物体，该物体有 Image Target Behaviour 与 Default Trackable Event Handler 组件，由此可以看出此物体是负责图像识别的。在此物体下有子物体 Drone，即为识别之后需要显示的物体。将摄像头对准动态设置的自定义识别图，就会发现出现了 Drone 物体，如图 9-39 所示。

图 9-39　出现了 Drone 物体

第一种动态设置识别图的方法已经实现了,接下来实现通过一个URL网络链接的方式设置识别图。场景的准备工作与第一种方式一样,在这里就不赘述了。接下来新建一个名为RuntimeLoadTargetImageByURI的C#脚本,与之前一样挂载到场景中的ARCamera上。

```csharp
using System.Collections;
using UnityEngine;
using UnityEngine.Networking;
using Vuforia;

/// <summary>
/// 动态实时设置识别网络图片
/// </summary>
public class RuntimeLoadTargetImageByURI : MonoBehaviour
{
    /// <summary>
    /// 识别之后显示的模型
    /// </summary>
    public GameObject TargetGo;

    /// <summary>
    /// 网络图片地址
    /// </summary>
    public string Uri =
        "https://library.vuforia.com/sites/default/files/vuforia-library/articles/Features/Images/Image%20Targets/Physical%20Properties%20of%20Image-Based%20Targets/feature-image-various-image-based-targets.jpg";

    private void Start()
    {
        //初始化使用协程
        StartCoroutine(CreateImageTargetFromDownloadedTexture());
    }

    /// <summary>
    /// 下载网络图片并动态设置识别图
    /// </summary>
    /// <returns></returns>
    private IEnumerator CreateImageTargetFromDownloadedTexture()
    {
        //通过UnityWebRequest请求下载网络图片
        using (UnityWebRequest uwr = UnityWebRequestTexture.GetTexture(Uri))
        {
            yield return uwr.SendWebRequest();
            //如果获取失败,则直接输出失败信息
            if (uwr.result == UnityWebRequest.Result.ConnectionError ||
                uwr.result == UnityWebRequest.Result.ProtocolError)
            {
                Debug.Log(uwr.error);
            }
            else
```

```
            {
                //获取追踪
            var objectTracker =
TrackerManager.Instance.GetTracker<ObjectTracker>();
            // 获取下载成功的图片
            var texture = DownloadHandlerTexture.GetContent(uwr);
                //获取实时的图片识别
                var runtimeImageSource = objectTracker.RuntimeImageSource;
                //设置识别图，这里的1.5f 是指识别图的尺寸，单位为米
                runtimeImageSource.SetImage(texture, 1.5f, "URIImageTarget");
                //创建一个新的识别数据集
                var dataset = objectTracker.CreateDataSet();
                //创建一个可追踪的物体并设定识别图
                var trackableBehaviour =
dataset.CreateTrackable(runtimeImageSource, "URIImageTarget");
                //添加默认的追踪事件组件
                trackableBehaviour.gameObject.AddComponent
<DefaultTrackableEventHandler>();
                //激活新创建的识别数据集
                objectTracker.ActivateDataSet(dataset);
                //将识别物体设置为子物体
            TargetGo.transform.SetParent(trackableBehaviour.
gameObject.transform);
            }
        }
    }
}
```

通过脚本我们可以发现第二种网络识别图的方式是先将图片下载下来，然后将图片设置为识别图。

9.2.2 预设图片识别

本小节将介绍如何使用Database的方式来实现图像识别。

步骤01 新建名为 ImageTarget_Database 的场景文件。

步骤02 在 Hierarchy 面板空白处右击，在弹出的快捷菜单中依次选择"Vuforia Engine→ARCamera"，创建一个 AR 摄像机。删除场景中自带的 Main Camera。

步骤03 创建识别图，与上一步操作一样在 Hierarchy 面板依次选择"Vuforia Engine→Image Target"。

步骤04 设置识别图的识别类型为 Database，如图 9-40 所示。

① 选择 Image Target Behaviour 中的类型为 From Database。注意：当第一次选择 Database 时会弹出对话框询问是否导入默认的 Database。

② 选择 Image Target Behaviour 中的 Add Target（添加一个目标）。

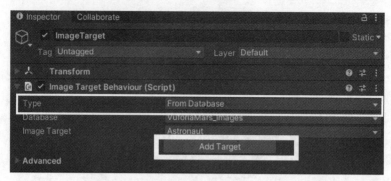

图 9-40　设置识别图的识别类型为 Database

步骤 05　在 Vuforia 后台创建 Database。

① 在步骤（4）中单击 Add Target 之后会打开 Vuforia 的后台网页，也可以通过网址 https://developer.vuforia.com/target-manager 直接访问，如图 9-41 所示。

图 9-41　打开 Vuforia 的后台网页

② 单击 Log In 按钮输入用户名和密码进行登录。

③ 单击 Add Database 按钮，创建一个新的识别数据库，如图 9-42 所示。

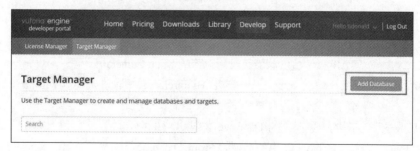

图 9-42　创建新的识别数据库

④ 选择类型为 Device，并输入识别数据库的名称，单击 Create 按钮完成创建，如图 9-43 所示。

第 9 章 基于 Vuforia 的 AR 开发

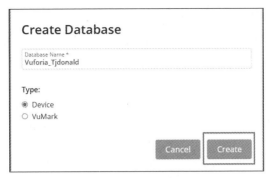

图 9-43　创建数据库

⑤ 在识别数据库列表中，单击 Data Modified 可以按时间进行排序。选择刚刚创建的 Vuforia_Tjdonald 识别数据库进行排序。

⑥ 选择 Add Target 新增一个识别目标，如图 9-44 所示。

- 选择 Type 为 Single Image（单独的一张图片）。
- 单击 Browse 从本机中选择一张识别图（识别图的格式为 JPG 或者 PNG，图片的最大尺寸不能超过 2MB）。
- 在 Width 处输入图片的宽度尺寸。
- 在 Name 处输入识别的名称，默认为上传图片的名称。

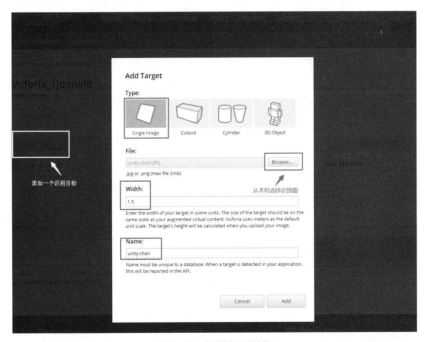

图 9-44　新增识别目标

⑦ 在识别图列表中我们可以看到刚刚创建的识别图，列表中的 Rating 属性代表着这张识别图的识别质量，5 星为最佳，Status 代表识别图的状态，如图 9-45 所示。

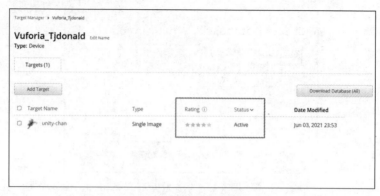

图 9-45　创建的识别图

⑧ 我们还可以进一步了解或设置这张识别图,单击识别图的名称即可进入识别图的详情页。在详情页中可以显示识别图的特征点,也可以更改识别图的名称、删除识别图、更换图片,如图 9-46 所示。

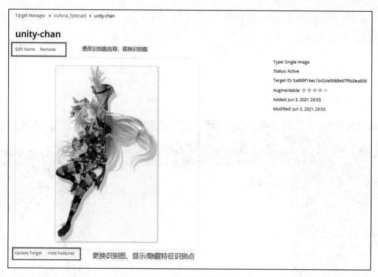

图 9-46　识别图的详情页

步骤06　下载识别数据库。

① 返回 Vuforia_Tjdonald 识别数据库页面,单击 Download Database(All)按钮进入下载页面,如图 9-47 所示。

图 9-47　进入下载页面

② 选择下载的使用平台为 Unity Editor 进行下载即可得到一个以识别数据库命名的 Unity 包，例如此处会得到一个名为 Vuforia_Tjdonald.unitypackage 的包。

步骤 07 设置识别数据库。

① 将 Vuforia_Tjdonald.unitypackage 包导入 Unity 编辑器。

② 选择物体 Image Target，把 Image Target Behaviour 脚本中的 Database 设置为刚刚导入的 Vuforia_Tjdonald。其中的 Image Target 属性就自动选择识别数据库中的第一张图片作为识别图，如图 9-48 所示。

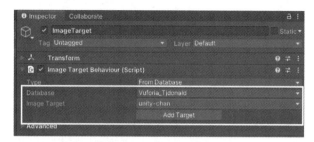

图 9-48　选择识别数据库的图片作为识别图

步骤 08 验证识别图。

① 将 Project 面板中的 "Resources/Prefabs/Astronaut" 拖曳到物体 Image Target 下成为其子物体。

② 设置物体 Astronaut 的位置信息，如图 9-49 所示。

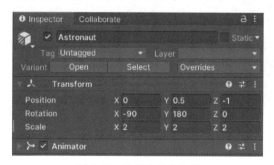

图 9-49　设置物体的位置

③ 运行程序，将摄像头对准识别图就会出现 Astronaut 物体，如图 9-50 所示。

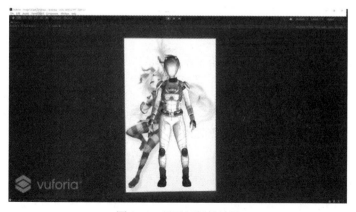

图 9-50　显示运行的结果

9.2.3 设置虚拟按钮

9.2.2节中对识别数据库中的图片进行识别，本小节将讲解Vuforia的一个新功能——Virtual Button（虚拟按钮）。当图片识别成功之后，按下识别图中预设的虚拟按钮即可触发一系列的动作。

步骤01 打开 9.2.2 节中使用的 ImageTarget_Database 的场景文件。

步骤02 创建虚拟按钮（Virtual Button），如图 9-51 所示。

① 选择物体 Image Target，在其属性面板选择 Image Target Behaviour。

② 单击 Advanced 按键打开下拉菜单。

③ 在下拉菜单中单击 Add Virtual Button 按钮，能够发现在物体 Image Target 下生成了一个名为 Virtual Button 的物体，此物体即为虚拟按钮。

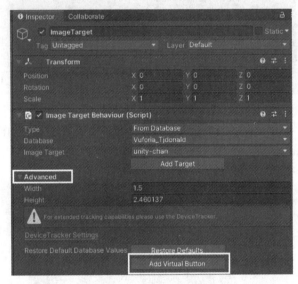

图 9-51 创建虚拟按钮

步骤03 设置虚拟按钮的属性。

① 调整虚拟按钮的位置。通过调整物体 Virtual Button 的 Transform 属性让虚拟按钮位于识别图的人头位置。也可以直接在 Scene 窗口通过位移和缩放工具进行调整，如图 9-52 所示。

② 设置虚拟按钮的名字与灵敏度，如图 9-53 所示。在物体 Virtual Button 上有名为"Virtual Button Behaviour"的组件，其中有两个属性可以设置：

- Name：设置虚拟按钮的名字，当有多个虚拟按钮时可以通过按钮名称进行区分。
- Sensitivity Setting：设置虚拟按钮的灵敏度。其中分为 Low、Medium、High 三个层次。这就定义了按钮触发的难易程度。当设置为 High 时会比设置为 Low 时更容易触发。

当设置虚拟按钮的位置时需要注意以下几点：

- 虚拟按钮的位置应该放置于识别图中识别点较多的地方。
- 虚拟按钮尽量避免放置在识别图的边缘位置。

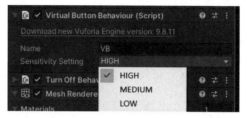

图 9-52　调整虚拟按钮的位置　　　　图 9-53　设置虚拟按钮的名字与灵敏度

步骤 04 通过脚本设置虚拟按钮的响应。当按住虚拟按钮时识别到的物体开始自动自转，当松开虚拟按钮时物体停止自转并回到默认的角度。

① 在 Project 面板的 Scripts 文件夹内创建一个名为 MyVirtualButton 的 C#脚本。对该脚本进行如下编辑：

```
using UnityEngine;
using Vuforia;

/// <summary>
/// 虚拟按钮
/// </summary>
public class MyVirtualButton : MonoBehaviour
{
    /// <summary>
    /// 当按下虚拟按钮需要改变的物体
    /// </summary>
    public GameObject TagetGo;

    /// <summary>
    /// 虚拟按钮
    /// </summary>
    private VirtualButtonBehaviour vb;

    /// <summary>
    /// 是否按下虚拟按钮
    /// </summary>
    private bool press;

    private void Start()
    {
```

```csharp
        // 默认没有按下按键
        press = false;
        // 获取自身的VirtualButtonBehaviour组件
        vb = GetComponent<VirtualButtonBehaviour>();
        // 注册按键按下事件
        vb.RegisterOnButtonPressed(OnButtonPressed);
        // 注册按键松开事件
        vb.RegisterOnButtonReleased(OnButtonReleased);
    }

    /// <summary>
    /// 当按键松开时执行
    /// </summary>
    /// <param name="obj"></param>
    private void OnButtonReleased(VirtualButtonBehaviour obj)
    {
        // 设置按下标识为假
        press = false;
        // 设置物体的坐标为初始值
        TagetGo.transform.eulerAngles = new Vector3(-90, 180, 0);
    }

    /// <summary>
    /// 当按键被按下时执行
    /// </summary>
    /// <param name="obj"></param>
    private void OnButtonPressed(VirtualButtonBehaviour obj)
    {
        // 设置标识符为真
        press = true;
        // 若注册有多个按键可以通过 obj.VirtualButtonName来区分
        Debug.Log(obj.VirtualButtonName);
    }

    private void Update()
    {
        // 当标识符为真时执行
        if (press)
        {
            // 让物体自转
            TagetGo.transform.Rotate(Vector3.up * 10f * Time.deltaTime, Space.Self);
        }
    }

    // 当物体注销时执行
    private void OnDestroy()
    {
        // 注销虚拟按钮按下事件
        vb.UnregisterOnButtonPressed(OnButtonPressed);
```

```
        // 注销虚拟按钮松开事件
        vb.UnregisterOnButtonPressed(OnButtonReleased);
    }
}
```

② 将脚本挂载到场景中的物体 Virtual Button 上，并指定 Target Go 为场景中的物体 Astronaut，如图 9-54 所示。

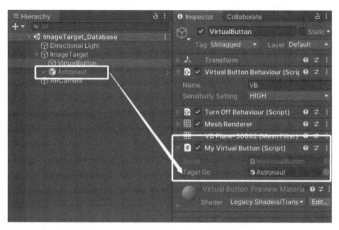

图 9-54　将脚本挂载到场景中的物体上

步骤 05　验证虚拟按钮。运行程序将摄像头对准识别图，挡住识别图中头的部位，宇航员开始自转，松开之后宇航员停止旋转并重置了角度。

9.3　AR 地面识别

本节将学习 AR 中的一个非常重要的功能：地面识别。当程序能够识别到地面之后，就可以在地面上进行布置摆设。常用的场景为：卖场的家具、家电在用户的家中虚拟摆设，能够非常方便地知道尺寸、风格、颜色等方面是不是与用户家里相搭配，如图 9-55 所示。

图 9-55　家中的虚拟摆设

9.3.1 编辑器状态中的地面识别

步骤01 新建名为 AR_Ground 的场景文件。

步骤02 在 Hierarchy 面板空白处右击，在弹出的快捷菜单中依次选择"Vuforia Engine→ARCamera"，创建一个 AR 摄像机。删除场景中自带的 Main Camera。

步骤03 创建地面识别，在 Hierarchy 面板空白处右击，在弹出的快捷菜单中依次选择"Vuforia Engine→Ground Plane→Plane Finder"。

本步骤创建了地面识别器。当摄像头检测到地面时，就会出现白色的提示框。不过，在编辑器状态下，摄像头是不能直接识别地面的。需要通过识别一张特殊纹理的图片，将这张图片当作地面。图片路径为"Editor/Vuforia/ImageTargetTextures/VuforiaEmulator/emulator_ground_plane_scaled"，如图9-56所示。

图 9-56　选择图片作为地面

我们可以将这张图打印出来，也可以直接在电脑中打开，方便在编辑器状态下进行测试，如图9-57所示。其中白色的框在识别成功之后显示。

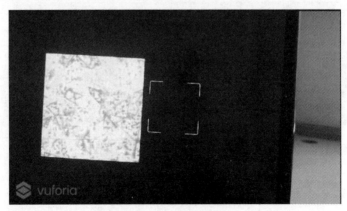

图 9-57　在编辑状态测试

第 9 章 基于 Vuforia 的 AR 开发 | 333

步骤 04 添加识别之后交互的物体。

① 在 Hierarchy 面板空白处右击,在弹出的快捷菜单中依次选择"Vuforia Engine→Ground Plane→Ground Plane Stage"。

② 设置交互的物体,将 Project 面板中的宇航员预制体"Resources/Prefabs/Astronaut"拖到 Ground Plane Stage 物体下作为子物体。设置其位置参数为(0,0,–0.235),旋转参数为(–90,180,0),缩放参数为(0.5,0.5,0.5)。

③ 选择 Plane Finder 物体,把 Content Positioning Behaviour 组件的 Anchor Stage 属性设置为 Ground Plane Stage 物体,如图 9-58 所示。

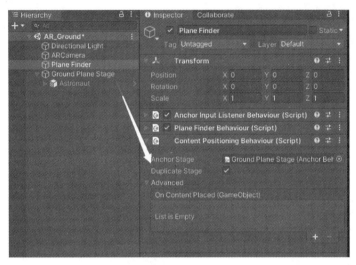

图 9-58　设置属性

步骤 05 运行程序,当识别到地面的识别图后,单击画面即可在此处生成出宇航员模型。当摄像头移开时宇航员模型消失,若摄像头再次识别到识别图时,宇航员出现在刚才的位置,如图 9-59 所示。

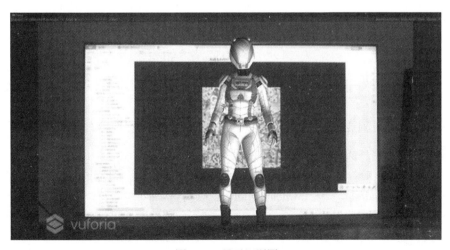

图 9-59　显示识别图

9.3.2 移动端的地面识别

9.3.1节已经在编辑状态下成功地实现了地面识别，本小节将以安卓平台为例学习如何在移动端运行。

在目前的Vuforia版本中对移动端的支持还算不错，对iOS设备的支持情况如图9-60所示。

iOS Devices	
Device Name	Comments
iPhone 6S, iPhone 6S Plus	
iPhone SE (1st generation), iPhone SE (2nd generation)	
iPhone 7, iPhone 7 Plus	
iPhone 8, iPhone 8 Plus	
iPhone X, iPhone XR, iPhone XS, iPhone XS Max	
iPhone 11, iPhone 11 Pro, iPhone 11 Pro Max	
iPhone 12 mini, iPhone 12, iPhone 12 Pro, iPhone 12 Pro Max	The iPhone 12 Pro and iPhone 12 Pro Max support the Vuforia Area Target Creator App
iPad Mini 4, iPad Mini 5	
iPad Air 3, iPad Air 4	
iPad (5th through 8th generation)	
iPad Pro	
iPad Pro 9.7", iPad Pro 10.5", iPad Pro 11" (1st & 2nd generation), iPad Pro 12.9" (1st through 4th generation)	The iPad Pro 11" (2nd generation) and iPad Pro 12.9" (4th generation) support the Vuforia Area Target Creator App

图9-60 对iOS设备的支持

由图中可以看出，对于iPhone的6s机型以上几乎是全部支持。对于安卓的支持情况如图9-61所示。

由图中能够看出，对安卓的支持也非常不错，接下来将学习如何发布到安卓平台。

步骤01 将目标平台切换到安卓平台，如图9-62所示。

① 在菜单栏中依次单击"File→Build Settings ..."，快捷键为Ctrl+Shift+B。

② 选择平台为Android，单击Switch Platform切换到安卓平台。

③ 在Scenes In Build栏中添加场景AR_Ground（可以通过单击Add Open Scenes进行添加，也可以在Hierarchy面板找到AR_Ground场景文件再拖曳到Scenes In Build框中）。

第 9 章 基于 Vuforia 的 AR 开发 | 335

Device Name			
Samsung Galaxy A3 (2017) SM-A320FL, SM-A320Y, SM-A320F	Samsung Galaxy S10+ SM-G975F, SM-G975X, SM-G975N, SM-G975XN, SM-G975U, SM-G975U1, SM-G975W, SM-G975XC, SM-G9758, SM-G9750, SM-G975XU	Samsung Galaxy S8 SM-G950F, SM-G950FD, SM-G950N, SM-G950X, SM-G950XN, SM-G950U, SM-G9500, SM-G950U1, SM-G950W, SM-G9508, SM-G950K, SM-G950XC, SC-02J, SCV36, SM-G950S, SM-G9505	Huawei P20 Pro CLT-AL00, CLT-AL01, CLT-L04, CLT-L09, CLT-L29, CLT-TL00, CLT-TL01
Samsung Galaxy A40 SM-A405FN, SM-A405S, SM-A405FM	Samsung Galaxy S10 5G SM-G977N, SM-G977B, SM-G977D, SM-G977J, SM-G977P, SM-G977T, SM-G977U	Samsung Galaxy S8+ SM-G955F, SM-G955N, SM-G955X, SM-G955XN, SM-G955U, SM-G9550, SM-G955W, SM-G955XC, SC-03J, SCV35, SM-G955XU	Huawei P30 ELE-L29, ELE-AL00, ELE-L04, ELE-L09, ELE-TL00
Samsung Galaxy A5 (2017) SM-A520F, SM-A520S, SM-A520L, SM-A520K, SM-A520W	Samsung Galaxy S20/S20 5G SM-G980F, SM-G981B, SC-51A, SCG01, SM-G981N, SM-G981U, SM-G981U1, SM-G981W	Samsung Galaxy S9 SM-G960F, SM-G960N, SM-G960X, SM-G960XN, SM-G960U, SM-G9600, SM-G9608, SM-G960U1, SM-G960W	Huawei P30 Pro VOG-L29, VOG-AL00, VOG-AL10, VOG-L04, VOG-L09, VOG-TL00, HW-02L
Samsung Galaxy A50 SM-A505F, SM-A505FN, SM-A505FM, SM-A505G, SM-A505GN, SM-A505GT, SM-A505N, SM-A505U, SM-A505U1, SM-A505W, SM-A505YN	Samsung Galaxy S20+/S20+ 5G Exynos SM-G985F, SM-G986B	Samsung Galaxy S9+ Exynos SM-G965F, SM-G965N, SM-G965X, SM-G965XN	Xiaomi Redmi Note 7, Note 7 Pro Xiaomi Mi A3
Samsung Galaxy A6 (2018) SM-A600FN, SM-A600AZ, SM-A600A, SM-A600T1, SM-A600P, SM-A600T, SM-A600U, SM-A600F, SM-A600G, SM-A600GN, SM-A600N	Samsung Galaxy S20+/S20+ 5G Snapdragon SC-52A, SCG02, SM-G986N, SM-G986U, SM-G986U1, SM-G986W, SM-G9860	Samsung Galaxy S9+ Snapdragon SM-G965U, SM-G9650, SM-G965XU, SM-G965S, SM-G965U1, SM-G965W	OnePlus 5, 5T
Samsung Galaxy A7 (2018) SM-A750FN, SM-A750F, SM-A750G, SM-A750GN, SM-A750N	Samsung Galaxy S21, S21+, S21 Ultra Samsung Galaxy S20 Ultra/S20 Ultra 5G Exynos	Samsung Galaxy S10e SM-G970F, SM-G970X, SM-G970N, SM-G970U, SM-G970U1, SM-G970W, SM-G970XC, SM-G9708, SM-G9700	Motorola Moto G6 moto g(6), moto g(6) (XT1925DL), XT1790, XT1925-10
Samsung Galaxy A70 SM-A705FN, SM-A7050, SM-A705F, SM-A705GM, SM-A705MN, SM-A705U, SM-A705W, SM-A705YN	SM-G988B Samsung Galaxy S20 Ultra/S20 Ultra 5G Snapdragon	Samsung Galaxy S10 SM-G973F, SM-G973X, SM-G973N, SM-G973U, SM-G973U1, SM-G973W, SM-G973XC, SM-G9738, SM-G9730	
Samsung Galaxy A8 (2018) SM-A530F, SM-A530N, SM-A530X, SM-A5300, SM-A530W	SM-G988U, SM-G988U1, SM-G988W, SM-G9880, SM-G988N Samsung Galaxy Tab S3 9.7	Samsung Galaxy Note 10/Note 10 5G SM-N970F, SM-N970X, SM-N970U, SM-N970U1, SM-N970W, SM-N9700, SM-N971N, SM-N971U	Huawei Honor 8X JSN-L21, JSN-L22, JSN-L23, JSN-L42
Samsung Galaxy A8+ (2018) SM-A730F, SM-A730X	SM-T820, SM-T825, SM-T825C, SM-T825Y, SM-T825N0, SM-T827, SM-T827R4, SM-T827V Samsung Galaxy Tab S4 10.5	Samsung Galaxy Note 10+/Note 10+ 5G	Huawei Honor 10 COL-L29, COL-AL00, COL-AL10, COL-TL10
Samsung Galaxy J5 (2017) SM-J530F, SM-J530FM, SM-J530G, SM-J530GM, SM-J530K, SM-J530L, SM-J530S, SM-J530Y, SM-J530YM	SM-T830, SM-T835, SM-T835C, SM-T835N, SM-T837, SM-T837A, SM-T837P, SM-T837R4, SM-T837T, SM-T837V Samsung Galaxy Tab S6	SM-N975F, SM-N975X, SM-N975U, SM-N975U1, SM-N975C, SM-N975W, SM-N9750, SC-01M, SCV45, SM-N976N, SM-N976B, SM-N976Q, SM-N976U, SM-N976V, SM-N9760	Huawei Mate 20 lite SNE-LX1, SNE-LX2, SNE-LX3
Samsung Galaxy J7 (2017) SM-J730F, SM-J730FM, SM-J730G, SM-J730GM, SM-J730K	SM-T860, SM-T860X, SM-T865, SM-T865N, SM-T866N, SM-T867, SM-T867V, SM-T867U, SM-T867R4 Samsung Galaxy Tab S5e SM-T725, SM-T725C, SM-T725N, SM-T727, SM-T727A, SM-T727R4, SM-T727U, SM-T727V, SM-T720, SM-T720X Samsung Galaxy Tab Active Pro	Samsung Galaxy S7 SM-G930F, SM-G930K, SM-G930L, SM-G930S, SM-G930W8, SAMSUNG-SM-G930A, SM-G930P, SM-G930V, SM-G9300, SM-G930T, SM-G930R4, SM-G9308, SM-G930U, SM-G930T1, SAMSUNG-SM-G930AZ, SM-G930VL, SM-G930R7, SM-G930R6	Huawei Mate 20 Pro LYA-L29, LYA-L0C, LYA-AL00, LYA-AL10, LYA-L09, LYA-TL00
Samsung Galaxy Note 8 SM-N950F, SM-N950XN, SM-N950N, SM-N950U, SM-N9500, SM-N950W, SM-N9508, SC-01K, SCV37		Samsung Galaxy S7 Edge Exynos SM-G935F, SM-G935S, SM-G935K, SM-G935X, SM-G935L, SM-G935W8	Huawei P20 lite ANE-LX2J, HWV32, ANE-LX1, ANE-LX2, ANE-LX3
Samsung Galaxy Note 9 SM-N960F, SM-N960N, SM-N960XN, SM-N960X, SM-N960U, SM-N960U1, SM-N9600, SM-N960W, SM-N960XU	SM-T545, SM-T547, SM-T547U, SM-T540 Google Pixel 2, Pixel 2 XL, Pixel 3, Pixel 3 XL	Samsung Galaxy S7 Edge Snapdragon SM-G935U, SM-G935V, SM-G935T, SM-G935P, SM-G9350, SM-G935A, SAMSUNG-SM-G935A, SM-G935R4, SC-02H, SCV33	Huawei P20 EML-AL00, EML-L09, EML-L29, EML-TL00

图 9-61 对安卓设备的支持

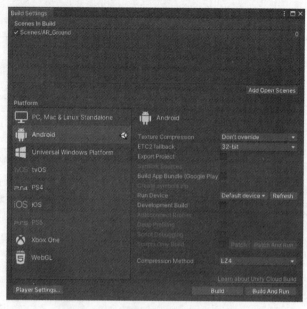

图 9-62　将目标平台切换到安卓平台

步骤 02 安卓发布设置，如图 9-63 所示。

① 单击 Player Settings 进入设置界面。

② 在 Product Name 栏中添加程序的名称，此名称即为 APP 发布后显示的名称。

③ 在 Default Icon 栏中选择 APP 的图标。

④ 在 Bundle Identifier 一栏中添加包名。

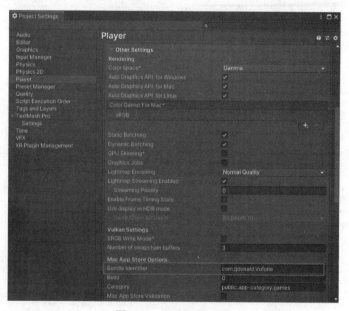

图 9-63　安卓发布设置

步骤 03 发布到安卓手机。

① 将手机连接到电脑。若连接成功，单击 Build Settings 界面中的 Refresh 按钮，就可以在列表

中找到手机，如图 9-64 所示。

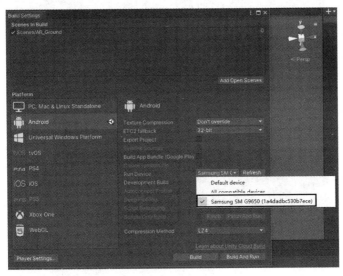

图 9-64　找到手机

② 若手机是第一次连接电脑，需要在手机端依次打开"开发者选项"→"USB 调试"功能，允许 USB 调试，如图 9-65 所示。

图 9-65　允许 USB 调试

③ 当发布成功之后，会在手机主页显示APP。当打开APP对准地面点击时会出现宇航员模型，如图9-66所示。

图 9-66　手机主页显示 APP

第10章

基于 EasyAR 的 AR 开发

EasyAR是2015年上海视辰信息在AWE增强现实国际博览会发布的国内首个投入应用的免费AR引擎。其全称为Easy Augmented Reality，意思为让增强显示变得更加简单易实施。

视辰CEO张小军在EasyAR SDK发布会上讲述了国内开发者受制于国外AR引擎的尴尬处境。

- 收费昂贵，动辄好几万的授权费，个人和小型工作室根本无力承担。
- 屡次发生的中断服务，让开发者背负着巨大的商业风险、学习成本和开发成本。
- 严重缺乏本土化服务。没有中文文档和中文社区，学习成本高。服务器在国外，服务器响应慢而且中断率高。由于文化差异，对于本土化的一些特殊需求响应慢。

EasyAR的发布极大地缓解了这些尴尬处境。本章将学习EasyAR的单图识别、多图识别、云识别、脱卡模式设置、手势控制、拍照与视频录制等知识。

10.1 EasyAR 简述

2015年10月获得AWE Asia全场唯一大奖。

2016年9月获得AWE Asia 2016 Auggie Award最佳软件奖。

2017年5月EasyAR SDK 2.0发布。

在EasyAR SDK 2.0版本中分为基础版与专业版，其中基础版可以免费使用，而专业版对于一个应用有相应的费用。一个应用是指使用同一个Bundle ID（iOS）/Package name（Android）的应用。例如，视+APP（iOS版）和视+APP（Android版）使用同一个Bundle ID（iOS）/Package name（Android），视为一个应用，在大版本内免费升级。

基础版功能包括：

- C API/C++11 API/traditional C++ API

- Java API for Android
- Objective-C API for iOS
- Android/iOS/Windows/Mac OS 可用
- 使用 H.264 硬解码
- 透明视频播放
- 二维码识别
- Unity 3D 4.x 支持
- Unity 3D 5.x 支持
- 可对接 3D 引擎
- 平面图像跟踪
- 无识别次数限制
- 多目标识别与跟踪
- 1000 个本地目标识别
- 云识别支持（云识别服务单独收费）

专业版在基础版中增加以下功能：

- SLAM
- 3D 物体跟踪
- 不同类型目标同时识别与跟踪
- 录屏

专业版提供了试用版本，每天限制 100 次 AR 启动，功能与正式版相同。

10.2　EasyAR 开发准备

在开发之前需要做好前期准备，其中包括获取密钥、PackageName。

步骤 01　在 Easy AR 官网中注册账号，网站地址为 http://www.easyar.cn/。

步骤 02　单击登录按钮进行登录，登录成功之后会自动跳转到用户开发中心，如图 10-1 所示。

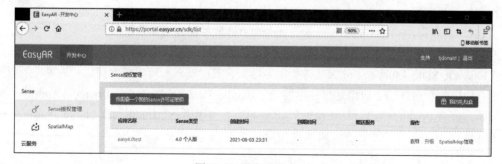

图 10-1　用户开发中心

步骤 03 单击 "Sense 授权管理" 进入授权管理页面，单击 "我需要一个新的 Sense 许可证密钥" 进入创建许可证页面。

步骤 04 创建许可证，如图 10-2 所示。

① 选择 EasyAR 的许可证类型。

② 选择许可证的授权内容（默认全选）。

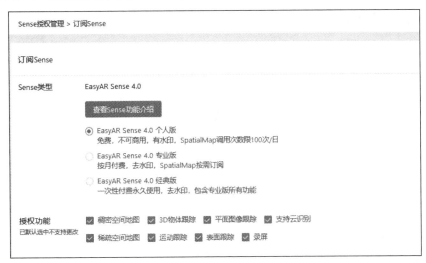

图 10-2　创建许可证

③ 填入应用名、Bundle ID（如果需要在 Android/iOS 设备上使用 EasyAR，必须填写 Bundle ID/Package Name，这个与创建的应用 Bundle ID/Package Name 必须一致，否则初始化可能失败），如图 10-3 所示。

④ 创建 Spatial Map（空间地图）选项。

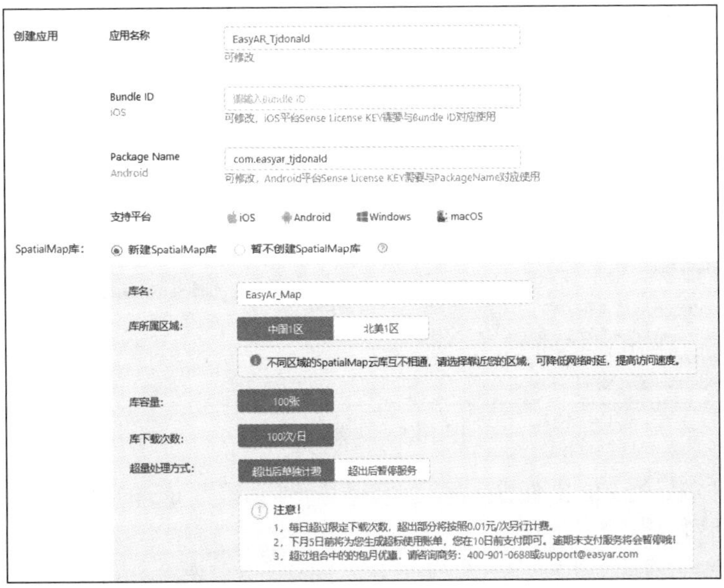

图 10-3　创建应用

步骤 05 查看密钥。单击应用名称对应的"查看"按钮，即可进入详情页查看密文以及许可证已授权的功能列表等，如图 10-4 所示。

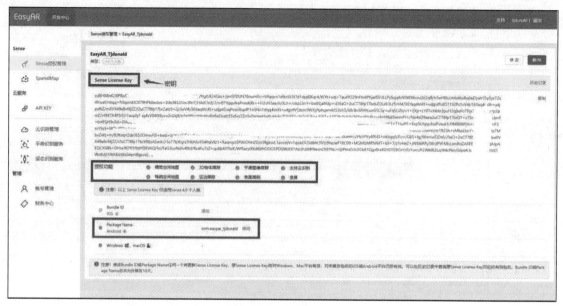

图 10-4　查看密钥

10.3　EasyAR 图像识别

前期准备完成后，本节开始介绍如何进行 Easy AR 开发。

10.3.1　Unity 中的 EasyAR

在 Unity 中使用 EasyAR 需要先从官网下载 EasyAR Sense Unity Plugin，下载地址为"https://www.easyar.cn/view/download.html"，如图10-5所示。

图 10-5　从官网下载

步骤 01 将下载好的 ZIP 文件进行解压，会得到一个后缀为 tgz 的文件。我们将通过 Unity 的 Package Manager 进行安装。

步骤 02 新建一个 Unity 工程。需要注意的是，Unity 版本需要在 2019.4 以上。在本书中以 Unity 2020.2 版本进行开发。在 Unity 的菜单栏中依次选择"Window→Package Manager"进入程序包管理器。

步骤 03 在 Package Manager 窗口中单击 "+" 添加按钮，选择 Add package from tarball...，如图 10-6 所示。在弹出的对话框中选择安装刚解压的 tgz 文件。

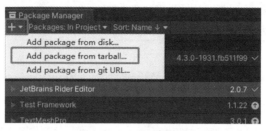

图 10-6 程序包管理器

> **注 意**
>
> 在导入后，tgz 文件不能被删除或移动到另一个位置，因此通常需要在导入前将这个文件放在合适的地方。如果希望与他人共享工程，可以将文件放在工程目录内，如果有使用版本管理，也需要一起添加。

当安装成功之后，就能从 Package Manager 的 Custom（自定义包）中发现多了一个名为 EasyAR Sense 的包，如图 10-7 所示。

步骤 04 安装 EasyAR 的官方示例包。在 Package Manager 中选中刚安装的 EasyAR Sense，在详情页中单击 Samples，就能看到所有的案例，如图 10-8 所示。

图 10-7 添加的包

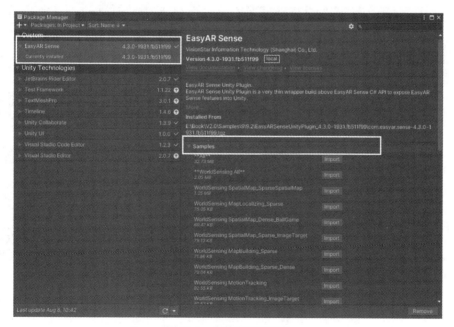

图 10-8 安装官方示例包

选择需要的案例后单击 Import 导入到 Unity 中，也可以选择"**All**"将全部案例导入。

> **注意**
>
> "**"开头的 sample 不能与其他 sample 同时导入工程中，否则会出现重复资源。

步骤 05 对 EasyAR 进行全局配置。

① 在 Unity 菜单栏中依次选择"EasyAR→Sense→Configuration"打开配置信息，如图 10-9 所示。

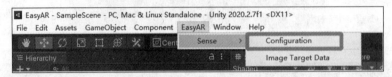

图 10-9　选择 Configuration 命令

② 按 10.2 节的内容，在 EasyAR 的官网中的开发中心获取对应的密钥。

③ 将密钥填入配置信息栏中，如图 10-10 所示。

④ 在 Project 面板中的 Resources/EasyAR 文件夹中会有一个名为 Settings 的配置文件。注意，这个文件不能移动也不能删除。

步骤 06 将导入的 EasyAR 案例添加到 Build Settings 中。

① 通过 Project 面板中的 Search by Type 功能筛选出所有场景文件，如图 10-11 所示。

图 10-10　将密钥填入信息栏

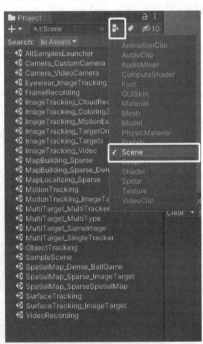

图 10-11　筛选场景文件

② 选中所有的场景添加到 Build Settings 中，并把 AllSamplesLauncher 场景放到第一个，如图 10-12 所示。

步骤 07 打开 AllSamplesLauncher 场景，即可通过界面跳转到其他的案例场景，如图 10-13 所示。

第 10 章 基于 EasyAR 的 AR 开发

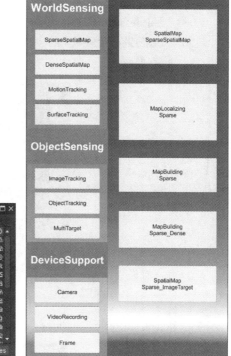

图 10-12 将场景添加到 Build Settings 中　　图 10-13 通过界面跳转到其他的案例场景

从界面上能清晰地看出案例可以大致分为三类：WorldSensing、ObjectSensing、DeviceSupport。其中包含了稀疏地图、稠密地图、运动跟踪、表面跟踪、图片跟踪、三维物体跟踪、多目标跟踪、摄像机控制、视频录制、eif 文件录制。

10.3.2 EasyAR 的本地图像识别

步骤 01 新建一个名为 EasyAR_LocalImage 的三维场景。

步骤 02 准备素材。

① 将下载资源中的模型资源包"10/10.3/素材/Unity-chan Model.unitypackage"导入 Unity。

② 将"10/10.3/素材/unity-chan.jpg"导入 StreamingAssets 文件夹中。

步骤 03 将 Project 面板的 Packages/EasyAR Sense/Prefabs/Composites 文件夹中的 EasyAR_ImageTracker-1 预制体拖曳到 Hierarchy 面板中。预制体是由 4 个物体组合而成，下面将其中重要的组件进行说明。

- EasyAR_ImageTracker-1/ AR Session 核心组件，如图 10-14 所示。
  - Center Mode：中心模式设置。
    - ★ 在 ARSession.ARCenterMode.FirstTarget 或 ARSession.ARCenterMode.SpecificTarget 模式中，camera 会在设备运动时自动移动，而识别图和识别物不会动。
    - ★ ARSession.ARCenterMode.Camera 模式中，设备运动时 camera 不会自动移动，而是识别图和识别物体进行移动。

> Horizontal Flip Normal、Horizontal Flip Front：图像镜像翻转。
> ARSession.HorizontalFlipNormal 及 ARSession.HorizontalFlipFront 控制了 camera 图像是如何进行镜像显示的。在 camera 图像镜像显示的时候，camera 投影矩阵或 target scale 会同时改变，以确保跟踪行为可以继续。

图 10-14　核心组件

- VideoCameraDevice/Video Camera Device 摄像机设置，如图 10-15 所示。

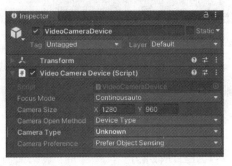

图 10-15　摄像机设置

> Focus Mode：摄像机的聚焦类型，仅在运行（创建）时调整有效。
> ★ Normal：常规聚焦。
> ★ Continousauto：持续自动聚焦。
> ★ Infinity：无穷远聚焦。
> ★ Macro：微距聚焦。
> ★ Medium：中等距离聚焦。
> Camera Size：摄像机的输出尺寸。
> Camera Open Method：选择摄像机的方式。
> ★ Device Type：摄像机类型。
> ★ Device Index：摄像机的序号。
> Camera Type：激活不同的摄像机。
> ★ Unknown：默认摄像头。
> ★ Back：后置摄像头。

★ Front：前置摄像头。
➢ Camera Preference：摄像机优先。
　★ Prefer Object Sensing：物体感知优先。
　★ Prefer Surface Tracking：表面追踪优先。
　★ Prefer Motion Tracking：运动追踪优先。
● ImageTracker/Image Tracker Frame Filter：平面图像追踪，如图 10-16 所示。

图 10-16　平面图像追踪

➢ Tracker Mode：追踪模式。
　★ Prefer Quality：质量优先。
　★ Prefer Performance：性能优先。
➢ Simultaneous Target Number：同时可追踪的数量。

步骤 04　将 Project 面板的 "Packages/EasyAR Sense/Prefabs/Primitives" 文件夹中的 ImageTarget 预制体拖曳到 Hierarchy 面板中。此预制体用于设置需要识别图的内容，如图 10-17 所示。

图 10-17　用于设置需要识别图的内容

在这个组件上有两个比较重要的参数：

● Active Control：识别物显示控制。
　➢ Hide When Not Tracking：在未被识别前，隐藏识别物。未被追踪时也会隐藏识别物。
　➢ Hide Before First Found：在第一次未被识别前，隐藏识别物。当识别之后，无论是否处于被追踪的状态识别物都会显示。
- Source Type：识别图的来源，主要分为两种，Image File 与 Target Data File。我们先学习第一种 Image File，通过指定图片路径来充当识别图。
  - Path Type：选择图片存放的位置，默认是在 Streaming Assets 文件夹中。
  - Path：图片在文件夹中的完整路径，需要注意的是，Path 必须包含图片的名称与图片的格式。例如"1/targeImage.jpg"，含义为在 Streaming Assets 的"1"这个文件夹中的 targeImage.jpg 这张图片。在本案例中输入 unity-chan.jpg，当图片的路径输入正确时，场景中就会显示这张图片，反之就会显示为红色的问号图片，如图 10-18 所示。

图 10-18　显示正确的图片或不正确的图片

  - Name：图片的名字，在本案例中图片的名字为 unity-chan。
  - Scale：图片的缩放尺寸，单位是米。在本例中设置为 0.5。

步骤 05 当摄像头识别到识别图后，就会展示 ImageTarget 的子物体。将 Project 面板中的 UnityChan/Prefabs/的 unitychan 这个预制体拖曳到 Hierarchy 面板中的 ImageTarget 下，作为其子物体。调整其 Transform 属性，使识别图与识别物体之间有合适的距离，如图 10-19 所示。

图 10-19　使识别图与识别物体之间有合适的距离

步骤06 设置主摄像机的 Clear Flags（清除标记）为 Depth only。这样才能正确地显示摄像头画面。

步骤07 运行程序，将摄像头对准识别图即可出现 unitychan 模型，如图 10-20 所示。

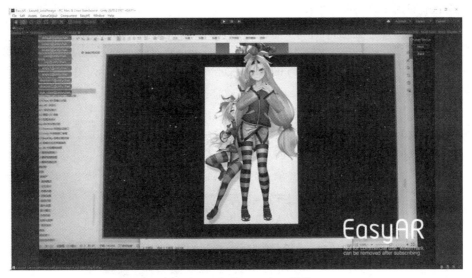

图 10-20　出现 unitychan 模型

通过刚刚的案例可以了解如何通过 Image File 的方式来设置识别图，接下来将学习第二种 Target Data File 的方式设置识别图。

步骤01 依次选择菜单栏中的"EasyAR→Sense→Image Target Data"，打开 Image Target Data 对话框，如图 10-21 所示。

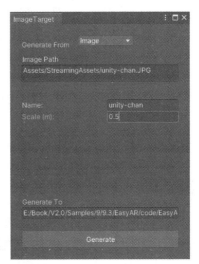

图 10-21　Image Target Data 对话框

- Generate From：识别图来源选择。
  - Image：图片，可以直接从 Project 面板拖动到 Image Path 框中。也可以直接在 Image Path 中手动输入。建议直接拖动图片，防止手动输入错误。

- ➢ Image List：图片列表，同样有拖动与手动输入两种方式。
- ➢ Texture：贴图，可以通过 Select 指定工程中的贴图。
● Name：设置识别图的名称。默认是指定的图片名称。
● Scale：识别图的尺寸，以米为单位。
● Generate To：指定生成识别图的路径，默认在 Streaming Assets 文件夹内。

步骤02 选择 StreamingAssets/unity-chan 为识别图。单击 Generate 按钮生成识别图数据。在 StreamingAssets 文件夹中会多出一个名为 unity-chan.etd 的文件，该文件即为识别图数据。

步骤03 复制 Hierarchy 面板中的 ImageTarget 物体并命名为 ImageTargetData，再隐藏 ImageTarget 物体。

步骤04 设置 ImageTargetData 物体的 Image Target Controller 组件，如图 10-22 所示。

● Source Type：选择 Target Data File。
● Path：设置为 unity-chan.etd。当输入的路径存在时，会在 Scene 场景中显示该识别图片。

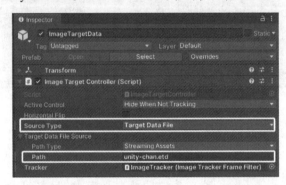

图 10-22　设置 Image Target Controller 组件

步骤05 运行程序，将摄像头对准识别图也可以出现 unitychan 模型。

10.3.3　EasyAR 动态自定义图像识别

10.3.2节已经讲解了如何使用固定的图片作为识别图，本小节将学习如何使用自定义的图片作为识别图，从而进一步增加用户的交互，提高用户的参与感。

步骤01 新建一个名为 EasyAR_CustomImage 的三维场景。

步骤02 将 Project 面板中的 Packages/EasyARSense/Prefabs/Composites 文件夹中的 EasyAR_ImageTracker-1 预制体拖曳到 Hierarchy 面板中。

步骤03 在 Hierarchy 面板中创建一个名为 SetImage 的按钮（Button），设置其 Transform 组件属性，如图 10-23 所示。设置其 Text 显示内容为"设置识别图"。

步骤04 在 Project 面板中的 Scripts 文件夹内创建名为 DynamicImageTarget 的 C#脚本，用来动态创建识别图。对

图 10-23　设置按钮的属性

该脚本进行如下编辑:

```csharp
using easyar;
using System;
using System.Collections;
using System.IO;
using UnityEngine;
using UnityEngine.UI;

public class DynamicImageTarget : MonoBehaviour
{
    /// <summary>
    /// 设置识别图的按钮
    /// </summary>
    public Button SetImageBtn;

    /// <summary>
    /// 图像追踪器
    /// </summary>
    public ImageTrackerFrameFilter Filter;

    /// <summary>
    /// 识别之后需要显示的物体
    /// </summary>
    public GameObject Go;

    /// <summary>
    /// 识别图的真实比例（米）
    /// </summary>
    public float scale = 1;

    /// <summary>
    /// 识别图存放路径
    /// </summary>
    private string directory;

    private void Awake()
    {
        //单击按钮创建识别图
        SetImageBtn.onClick.AddListener(StartCreateTarget);
    }

    private void Start()
    {
        //设置识别图的存放路径
        directory = Path.Combine(Application.persistentDataPath,
"DynamicImageTarget");
        //如果路径不存在，则创建路径
        if (!Directory.Exists(directory))
            Directory.CreateDirectory(directory);
```

```csharp
    }

    /// <summary>
    /// 创建识别图
    /// </summary>
    private void StartCreateTarget()
    {
        StartCoroutine(TakePhotoCreateTarget());
    }

    /// <summary>
    /// 使用协程开始截图
    /// </summary>
    /// <returns></returns>
    private IEnumerator TakePhotoCreateTarget()
    {
        yield return new WaitForEndOfFrame();
        // 创建名为photo的贴图
        Texture2D photo = new Texture2D(Screen.width, Screen.height, TextureFormat.RGB24, false);
        // photo获取屏幕中心的图片
        photo.ReadPixels(new Rect(Screen.width / 5, Screen.height / 5, Screen.width * 3 / 5, Screen.height * 3 / 6), 0, 0, false);
        photo.Apply();

        // 将贴图转为JPG格式
        byte[] data = photo.EncodeToJPG(80);
        Destroy(photo);

        // 设置贴图的名称与存储路径
        string photoName = "photo" + DateTime.Now.Ticks + ".jpg";
        string photoPath = Path.Combine(directory, photoName);

        // 保存图片到本地
        File.WriteAllBytes(photoPath, data);
        // 创建图片识别
        CreateImageTarget(photoName, photoPath);
    }

    /// <summary>
    /// 动态创建识别图
    /// </summary>
    /// <param name="targetName">识别图名称</param>
    /// <param name="targetPath">识别图路径</param>
    private void CreateImageTarget(string targetName, string targetPath)
    {
        //创建新物体、挂载识别图控制脚本
        GameObject imageTarget = new GameObject(targetName);
        var controller = imageTarget.AddComponent<ImageTargetController>();
        //设置识别图的类型、路径、名称、缩放尺寸
```

```
        controller.SourceType = ImageTargetController.DataSource.ImageFile;
        controller.ImageFileSource.PathType = PathType.Absolute;
        controller.ImageFileSource.Path = targetPath;
        controller.ImageFileSource.Name = targetName;
        controller.ImageFileSource.Scale = scale;
        //设置识别图的追踪器
        controller.Tracker = Filter;
        //创建识别物体设置其transform属性
        var go = Instantiate(Go);
        go.transform.parent = imageTarget.transform;
        go.transform.localPosition = new Vector3(-0.2f, -0.3f, -0.05f);
        go.transform.localEulerAngles = new Vector3(0, 180, 0);
        go.transform.localScale = new Vector3(0.2f, 0.2f, 0.2f);
        go.SetActive(true);
    }
}
```

步骤 05 设置主摄像机及新建的 DynamicImageTarget 脚本,如图 10-24 所示。

① 将 Main Camera 中的 Camera 组件的 Clear Flags 设置为 Depth only。

② 将脚本挂载到 Main Camera 物体上。

③ 设置 DynamicImageTarget 脚本的参数。

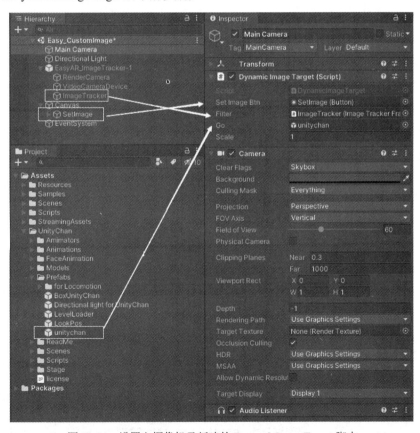

图 10-24 设置主摄像机及新建的 DynamicImageTarget 脚本

步骤 06 验证程序，结果如图 10-25 所示。

① 运行程序，将摄像头对准某张识别图。

② 单击场景中的"设置识别图"按钮，自定义识别图。

③ 再次将摄像头对准识别图，即可出现 unitychan 识别物模型。

图 10-25　验证结果

10.3.4　EasyAR 图像云识别

当识别图非常多时，使用云识别是一个非常不错的选择。

步骤 01 申请 EasyAR 中的云识别服务。

① 在 EasyAR 的开发中心，选择"云识别管理"模块，根据需求新建云识别图库。

② 创建成功之后在详情页的密钥栏中可以看到 APPID、APPKEY、Cloud URLs，如图 10-26 所示。

图 10-26　查看云识别库信息

③ 在云识别图库中"上传识别图",将下载文件中的素材"10.3/素材/unity-chan.jpg"作为识别图,如图10-27所示。注意此处的宽度为图片的真实宽度,单位为厘米。

④ 创建成功之后,可以在详情页查看识别图的状态,包括"识别图当前状态""识别图可识别度""可追踪度"等。如果在项目中"识别度""可追踪度"在三星或者三星之下,建议更换识别图。

图 10-27 上传识别图

步骤 02 在 Unity 工程中配置全局云识别信息。

① 在 Unity 菜单栏中依次选择"EasyAR→Sense→Configuration",打开配置信息。

② 在 Global Cloud Recognizer Service Config 栏中填入对应的信息,如图10-28所示。

图 10-28 配置信息

步骤 03 打开云识别官方案例。

① 案例路径为:\Samples\EasyAR Sense\4.3.0-1931.fb511f99__All__\ObjectSensing\ImageTracking_

CloudRecognition\Scenes\ImageTracking_CloudRecognition。

② 运行案例，将摄像头对准 unitychan 识别图。当识别成功之后会出现一个带有 EasyAR 贴图的立方体，如图 10-29 所示。

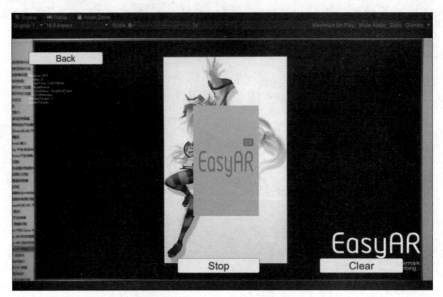

图 10-29　带有 EasyAR 贴图的立方体

步骤 04 学习并修改官方案例脚本。

① 在官方案例中，控制云识别的脚本为 CloudRecognizerSample，挂载在场景中的 Sample 物体上。该脚本代码如下：

```
public class CloudRecognizerSample : MonoBehaviour
{
    /// <summary>
    /// AR对话（核心）
    /// </summary>
    public ARSession Session;

    /// <summary>
    /// 识别状态显示
    /// </summary>
    public UnityEngine.UI.Text Status;

    /// <summary>
    /// 是否使用离线缓存
    /// 将识别到的target保持在文件存储中，以便在下次启动时加载
    /// 这会对下次应用启动时的识别有好处，可以减少响应时间，而且可以在离线状态下使用识别过的target
    /// </summary>
    public bool UseOfflineCache = true;

    /// <summary>
    /// 离线缓存路径
```

```csharp
        /// </summary>
        public string OfflineCachePath;

        public Button BackButton;

        /// <summary>
        /// 云识别
        /// </summary>
        private CloudRecognizerFrameFilter cloudRecognizer;

        /// <summary>
        /// 图片追踪器
        /// </summary>
        private ImageTrackerFrameFilter tracker;

        /// <summary>
        /// 目标物体
        /// </summary>
        private List<GameObject> targetObjs = new List<GameObject>();

        /// <summary>
        /// 识别物体的id
        /// </summary>
        private List<string> loadedCloudTargetUids = new List<string>();

        /// <summary>
        /// 缓存的个数
        /// </summary>
        private int cachedTargetCount;

        private ResolveInfo resolveInfo;

        /// <summary>
        /// 响应的速率
        /// </summary>
        private float autoResolveRate = 1f;

        /// <summary>
        /// 是否被追踪
        /// </summary>
        private bool isTracking;

        private bool resolveOn;

        private void Awake()
        {
            //获取追踪器、云识别器
            tracker = Session.GetComponentInChildren<ImageTrackerFrameFilter>();
            cloudRecognizer =
```

```csharp
Session.GetComponentInChildren<CloudRecognizerFrameFilter>();
            //如果使用离线缓存
            if (UseOfflineCache)
            {
                //离线缓存路径是否为空
                if (string.IsNullOrEmpty(OfflineCachePath))
                {
                    //设置离线缓存的路径
                    OfflineCachePath = Application.persistentDataPath +
"/CloudRecognizerSample";
                }
                //离线缓存路径不存在
                if (!Directory.Exists(OfflineCachePath))
                {
                    //创建离线缓存路径
                    Directory.CreateDirectory(OfflineCachePath);
                }
                //离线缓存路径存在
                if (Directory.Exists(OfflineCachePath))
                {
                    //获取离线文件
                    var targetFiles = Directory.GetFiles(OfflineCachePath);
                    //遍历".etd"格式的离线文件
                    foreach (var file in targetFiles)
                    {
                        if (Path.GetExtension(file) == ".etd")
                        {
                            //加载离线识别文件
                            LoadOfflineTarget(file);
                        }
                    }
                }
            }

            var launcher = "AllSamplesLauncher";
            if (Application.CanStreamedLevelBeLoaded(launcher))
            {
                var button = BackButton.GetComponent<Button>();
                button.onClick.AddListener(() =>
{ UnityEngine.SceneManagement.SceneManager.LoadScene(launcher); });
            }
            else
            {
                BackButton.gameObject.SetActive(false);
            }
        }

        private void Start()
        {
            StartAutoResolve(autoResolveRate);
```

```csharp
        }

        private void Update()
        {
            //识别状态
            Status.text =
            "Resolve: " + ((resolveInfo == null || resolveInfo.Index == 0 || isTracking) ? "OFF" : "ON") + Environment.NewLine +
            "\tIndex: " + ((resolveInfo == null || resolveInfo.Index == 0) ? "-" : (resolveInfo.Index).ToString()) + Environment.NewLine +
            "\tCostTime: " + ((resolveInfo == null || resolveInfo.Index == 0) ? "-" : (resolveInfo.CostTime).ToString() + "s") + Environment.NewLine +
            "\tTargetName: " + ((resolveInfo == null || resolveInfo.Index == 0) ? "-" : (resolveInfo.TargetName).ToString()) + Environment.NewLine +
            "\tCloudStatus: " + ((resolveInfo == null || resolveInfo.Index == 0) ? "-" : (resolveInfo.CloudStatus).ToString()) + Environment.NewLine +
            "\tErrorMessage: " + ((resolveInfo == null || resolveInfo.Index == 0) ? "-" : (resolveInfo.UnknownErrorMessage).ToString()) + Environment.NewLine +
            "CachedTargets: " + cachedTargetCount + Environment.NewLine +
            "LoadedTargets: " + loadedCloudTargetUids.Count;

            //主动获取识别信息
            AutoResolve();
        }

        private void OnDestroy()
        {
            foreach (var obj in targetObjs)
            {
                Destroy(obj);
            }
        }

        /// <summary>
        /// 清除所有信息
        /// </summary>
        public void ClearAll()
        {
            //清除本地的缓存信息
            if (Directory.Exists(OfflineCachePath))
            {
                var targetFiles = Directory.GetFiles(OfflineCachePath);
                foreach (var file in targetFiles)
                {
                    if (Path.GetExtension(file) == ".etd")
                    {
                        File.Delete(file);
                    }
                }
            }
```

```
            foreach (var obj in targetObjs)
            {
                Destroy(obj);
            }
            targetObjs.Clear();
            loadedCloudTargetUids.Clear();
            cachedTargetCount = 0;
        }

        /// <summary>
        /// 开始主动请求
        /// </summary>
        /// <param name="resolveRate">请求频率</param>
        public void StartAutoResolve(float resolveRate)
        {
            if (Session != null && resolveInfo == null)
            {
                autoResolveRate = resolveRate;
                resolveInfo = new ResolveInfo();
                resolveOn = true;
            }
        }

        /// <summary>
        /// 停止请求
        /// </summary>
        public void StopResolve()
        {
            if (Session != null)
            {
                resolveInfo = null;
                resolveOn = false;
            }
        }

        /// <summary>
        /// 主动请求
        /// </summary>
        private void AutoResolve()
        {
            var time = Time.time;
            //如果上一次请求未完成、正在追踪、时间间隔太短
            if (!resolveOn || isTracking || resolveInfo.Running || time - resolveInfo.ResolveTime < autoResolveRate)
            {
                return;
            }
            resolveInfo.Running = true;
            //发起请求
            cloudRecognizer.Resolve(frame =>
```

```csharp
            {
                //请求发起时间
                resolveInfo.ResolveTime = time;
            },
            //返回内容
            (result) =>
            {
                if (resolveInfo == null)
                {
                    return;
                }
                //设置返回信息
                resolveInfo.Index++;
                resolveInfo.Running = false;
                resolveInfo.CostTime = Time.time - resolveInfo.ResolveTime;
                resolveInfo.CloudStatus = result.getStatus();
                resolveInfo.TargetName = "-";
                resolveInfo.UnknownErrorMessage = result.getUnknownErrorMessage();
                //获取识别的内容
                var target = result.getTarget();
                if (target.OnSome)
                {
                    using (var targetValue = target.Value)
                    {
                        resolveInfo.TargetName = targetValue.name();
                        Debug.Log(resolveInfo.TargetName);
                        //如果第一次识别
                        if (!loadedCloudTargetUids.Contains(targetValue.uid()))
                        {
                            //创建云识别目标，target被clone了一份
                            //因为它会在ImageTargetController中被引用,因此需要保留一份内部object的引用
                            LoadCloudTarget(targetValue.Clone());
                        }
                    }
                }
            });
    }

    /// <summary>
    /// 加载云识别目标
    /// </summary>
    /// <param name="target"></param>
    private void LoadCloudTarget(ImageTarget target)
    {
        //创建ImageTargetController
        var uid = target.uid();
        loadedCloudTargetUids.Add(uid);
```

```csharp
            var go = new GameObject(uid);
            targetObjs.Add(go);
            var targetController = go.AddComponent<ImageTargetController>();
            targetController.SourceType = 
ImageTargetController.DataSource.Target;
            targetController.TargetSource = target;
            LoadTargetIntoTracker(targetController);
            //当目标加载
            targetController.TargetLoad += (loadedTarget, result) =>
            {
                if (!result)
                {
                    Debug.LogErrorFormat("target {0} load failed", uid);
                    return;
                }
                //设置需要显示的内容
                AddCubeOnTarget(targetController);
            };
            //如果使用离线缓存并且离线缓存的文件夹存在
            if (UseOfflineCache && Directory.Exists(OfflineCachePath))
            {
                //保存云识别的信息
                if (target.save(OfflineCachePath + "/" + target.uid() + ".etd"))
                {
                    cachedTargetCount++;
                }
            }
        }


        /// <summary>
        /// 加载离线缓存信息
        /// 通过ImageTargetController.DataSource.TargetDataFile类型的数据使
用.etd文件创建target
        /// </summary>
        /// <param name="file"></param>
        private void LoadOfflineTarget(string file)
        {
            //动态创建ImageTargetController
            var go = new GameObject(Path.GetFileNameWithoutExtension(file) + 
"-offline");
            targetObjs.Add(go);
            var targetController = go.AddComponent<ImageTargetController>();
            targetController.SourceType = 
ImageTargetController.DataSource.TargetDataFile;
            targetController.TargetDataFileSource.PathType = 
PathType.Absolute;
            targetController.TargetDataFileSource.Path = file;
            LoadTargetIntoTracker(targetController);

            //当目标识别后
```

```csharp
        targetController.TargetLoad += (loadedTarget, result) =>
        {
            if (!result)
            {
                Debug.LogErrorFormat("target data {0} load failed", file);
                return;
            }
            loadedCloudTargetUids.Add(loadedTarget.uid());
            cachedTargetCount++;
            //加载需要显示的内容
            AddCubeOnTarget(targetController);
        };
    }

    /// <summary>
    /// 设置是否被追踪
    /// </summary>
    /// <param name="controller"></param>
    private void LoadTargetIntoTracker(ImageTargetController controller)
    {
        controller.Tracker = tracker;
        controller.TargetFound += () =>
        {
            isTracking = true;
        };
        controller.TargetLost += () =>
        {
            isTracking = false;
        };
    }


    /// <summary>
    /// 设置显示的内容
    /// </summary>
    /// <param name="controller"></param>
    private void AddCubeOnTarget(ImageTargetController controller)
    {
        var cube = GameObject.CreatePrimitive(PrimitiveType.Cylinder);
        cube.GetComponent<MeshRenderer>().material =
Resources.Load("Materials/EasyAR") as Material;
        cube.transform.parent = controller.transform;
        cube.transform.localPosition = new Vector3(0, 0, -0.1f);
        cube.transform.eulerAngles = new Vector3(0, 0, 180);
        cube.transform.localScale = new Vector3(0.5f, 0.5f /
controller.Target.aspectRatio(), 0.2f);
    }

    /// <summary>
    /// 请求信息
    /// </summary>
```

```
            private class ResolveInfo
            {
                public int Index = 0;
                public bool Running = false;
                public float ResolveTime = 0;
                public float CostTime = 0;
                public string TargetName = "-";
                public Optional<string> UnknownErrorMessage;
                public CloudRecognitionStatus CloudStatus =
CloudRecognitionStatus.UnknownError;
            }
        }
```

② 若要更换识别之后显示的模型，只需要修改 AddCubeOnTarget 函数。将 Project 面板中的 UnityChan/Prefabs/unitychan 复制一个放到 Resources 文件夹内，方便动态加载。代码如下：

```
            /// <summary>
            /// 设置显示的内容
            /// </summary>
            /// <param name="controller"></param>
            private void AddCubeOnTarget(ImageTargetController controller)
            {
                var unitychan = Instantiate(Resources.Load("unitychan") as GameObject);
                unitychan.transform.parent = controller.transform;
                unitychan.transform.localPosition = new Vector3(0, -0.8f, -0.5f);
                unitychan.transform.eulerAngles = new Vector3(0, 180, 0);
                unitychan.transform.localScale = new Vector3(1, 1, 1);
            }
```

10.4 EasyAR 涂涂乐

本节将介绍如何使用EasyAR实现涂涂乐小游戏。

10.4.1 涂涂乐简介

涂涂乐结合AR技术，将用户的涂鸦绘画作品变成跃然纸上的3D动画，有声、有色、能互动，"视、听、说、触、想"多感体验，触发用户无限艺术灵感。

在原始图（见图10-30）上进行涂鸦，当摄像机对准识别图时出现的模型贴图会显示涂鸦的内容，如图10-31所示。

涂涂乐的原理是通过展开三维模型的UV，将UV设置为识别图，再将涂改UV识别图反贴到模型上。

图 10-30　原始图　　　　　　　　　图 10-31　显示涂鸦的内容

10.4.2　模型 UV 准备

10.4.1节已经讲解了涂涂乐的表现方式，本小节将在3D max中新建一个模型并且展开模型UV，为下一小节做好素材的准备。

步骤 01　在 3D Max 软件中创建一个 1m×1m 的立方体，如图 10-32 所示。

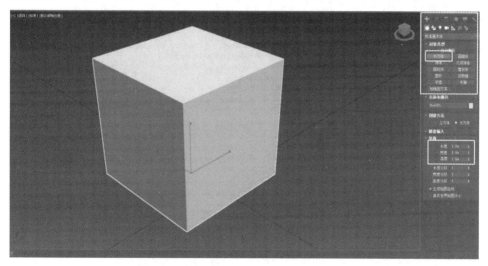

图 10-32　创建立方体

步骤 02　为立方体展开 UV。

① 添加 "UVW 展开" 修改器。

② 选择边工具。再在立方体上选择顶部三条边，侧面的四条边，如图 10-33 所示。

③ 单击 "将边选择转换为接缝" 按钮。即为沿着刚刚选择的边剪开，剪开之后边会显示为蓝色，如图 10-34 所示。

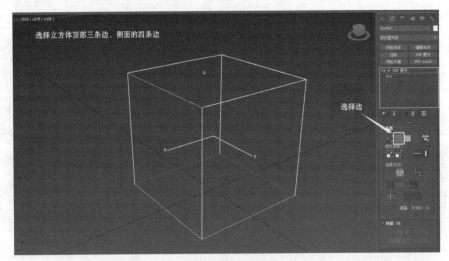

图 10-33　选择边工具

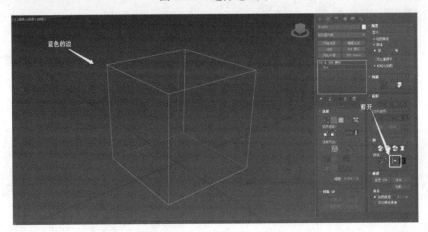

图 10-34　沿着选择的边剪开

④ 单击"快速剥"按钮，将剪开的立方体展开。在弹出的 UVW 窗口中可以看到展开的 UV 信息，如图 10-35 所示。

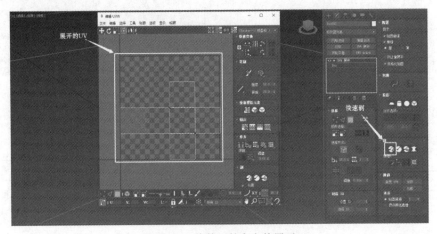

图 10-35　将剪开的立方体展开

第 10 章 基于 EasyAR 的 AR 开发

步骤 03 保存 UV 图片作为识别图。

① 在"编辑 UVW"窗口中,选择"工具/渲染 UVW 模板"。
② 在"渲染 UVs"窗口中选择渲染模式为"实体",如图 10-36 所示。
③ 单击"渲染 UV 模板"开始渲染 UV 图,将 UV 图保存为带透明通道的 PNG 格式图片。

步骤 04 修改 UV 识别图,为识别图增加识别点信息。

① 将保存的 UV 图片导入 PS 软件中。
② 将下载资源中的素材"10\10.4\素材\namecard.jpg"导入 PS。
③ 将 namecard 图片设置为 UV 图片的底图,如图 10-37 所示。

图 10-36 选择渲染模式为"实体"

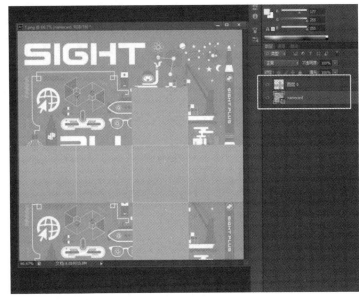
图 10-37 设置底图

④ 将制作好的识别图保存,命名为 Cube.jpg。

步骤 05 将 3D Max 软件中立方体导出为 FBX 文件,命名为 Cube.fbx,如图 10-38 所示。

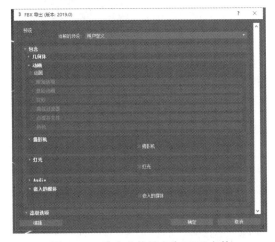
图 10-38 将立方体导出为 FBX 文件

10.4.3 实现涂涂乐

本小节将在Unity工程中实现涂涂乐小游戏。

步骤01 Unity 工程准备。

① 新建 Unity 工程。新建名为 Coloring3D 的场景文件。
② 在 Unity 工程中导入 EasyAR 插件。
③ 配置 EasyAR 的密钥等信息。

步骤02 导入所需素材。

① 在 Unity 工程创建 Models 文件夹,将下载资源中 "10\10.4\素材\Cube.FBX" 复制到文件夹内。
② 将下载资源中 "10\10.4\素材\Cube.jpg" 复制到 StreamingAssets 文件夹中。

步骤03 设置 EasyAR 的图片追踪。

① 将 Project 面板中的 Package/EasyAR Sense/Prefabs/Composites/EasyAR_ImageTracker-1 预制体拖曳到 Coloring3D 场景中。
② 将 Project 面板中的 Package/EasyAR Sense/Prefabs/Primitives/ImageTarget 预制体拖曳到 Coloring3D 场景中。
③ 将 VideoCameraDevice 物体中的 VideoCameraDevice 组件的 Camera Size 设置为摄像头的分辨率。若分辨率不匹配可能造成画面卡顿。

步骤04 设置 ImageTarget 识别图信息,如图 10-39 所示。

① 设置 Source Type 为 Image File。
② 设置 Path Type 为 Streaming Assets。
③ 设置 Path 为 Cube.jpg。
④ 设置 Name 为 Cube。
⑤ 设置 Scale 为 1。

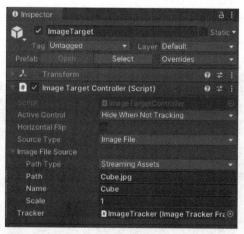

图 10-39 设置识别图信息

步骤05 创建界面,用于设置贴图是否动态更新。在 Hierarchy 面板中创建一个 Button 按钮。

步骤06 设置识别物体属性,如图 10-40 所示。

① 将 Project 面板中的 Models/Cube 拖曳到 ImageTarget 物体下,作为其子物体。

② 设置 Cube 的 Transform 属性。
③ 指定 Sample_TextureSample 为 Cube 的材质球。
④ 添加名为 Coloring3D 的 C#脚本并设置其参数。

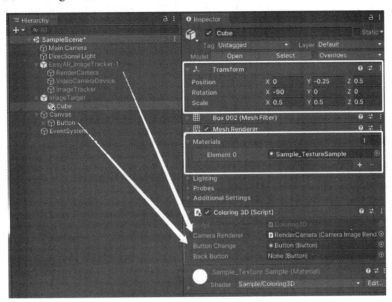

图 10-40　设置识别物体属性

Coloring3D脚本代码如下：

```
using easyar;
using UnityEngine;
using UnityEngine.UI;

public class Coloring3D : MonoBehaviour
{
    /// <summary>
    /// 在场景中控制camera图像渲染
    /// </summary>
    public CameraImageRenderer CameraRenderer;
    /// <summary>
    /// 控制切换按钮
    /// </summary>
    public Button ButtonChange;
    public Button BackButton;

    /// <summary>
    /// 三维模型的材质球
    /// </summary>
    private Material material;
    private ImageTargetController imageTarget;
    private Text buttonText;

    /// <summary>
```

```csharp
        /// 渲染图
        /// </summary>
        private RenderTexture renderTexture;
        private Optional<bool> freezed;
        /// <summary>
        /// 冻结的渲染不更新识别图内容到三维模型的贴图上
        /// </summary>
        private RenderTexture freezedTexture;

        private void Awake()
        {
            buttonText = ButtonChange.transform.Find("Text").GetComponent<Text>();
            imageTarget = GetComponentInParent<ImageTargetController>();
            material = GetComponent<MeshRenderer>().material;
            //将摄像机画面设置为renderTexture的内容
            //使用 CameraImageRenderer.RequestTargetTexture 来注册获取纹理的handler，以获取camera图像的纹理并在shader中使用它
            CameraRenderer.RequestTargetTexture(((camera, texture) => { renderTexture = texture; }));
            //当成功识别之后
            imageTarget.TargetFound += () =>
            {
                if (freezed.OnNone)
                {
                    buttonText.text = "Freeze";
                    freezed = false;
                }
                ButtonChange.interactable = true;
            };
            //当追踪丢失之后
            imageTarget.TargetLost += () =>
            {
                ButtonChange.interactable = false;
            };
            //单击切换按钮
            ButtonChange.onClick.AddListener(() =>
            {
                if (freezed.Value)
                {
                    freezed = false;
                    buttonText.text = "Freeze";
                    if (freezedTexture) { Destroy(freezedTexture); }
                }
                else
                {
                    //某些情况下，可能会需要使用在某些视角或特定时间点的图像作为模型贴图
                    freezed = true;
                    buttonText.text = "Thaw";
                    if (freezedTexture) { Destroy(freezedTexture); }
```

```csharp
            if (renderTexture)
            {
                freezedTexture = new RenderTexture(renderTexture.width, renderTexture.height, 0);
                //使用着色器将源纹理复制到目标渲染纹理
                Graphics.Blit(renderTexture, freezedTexture);
            }
            //使用冻结的渲染图作为模型贴图
            material.SetTexture("_MainTex", freezedTexture);
        }

    });
}

/// <summary>
/// 获取当前场景中识别图四个角点的world transform
/// </summary>
private void Update()
{
    if (freezed.OnNone || freezed.Value || imageTarget.Target == null)
    {
        return;
    }
    var halfWidth = 0.5f;
    var halfHeight = 0.5f / imageTarget.Target.aspectRatio();
    Matrix4x4 points = Matrix4x4.identity;
    //通过识别图中心点获取识别图的四个角的位置
    Vector3 targetAnglePoint1 = imageTarget.transform.TransformPoint(new Vector3(-halfWidth, halfHeight, 0));
    Vector3 targetAnglePoint2 = imageTarget.transform.TransformPoint(new Vector3(-halfWidth, -halfHeight, 0));
    Vector3 targetAnglePoint3 = imageTarget.transform.TransformPoint(new Vector3(halfWidth, halfHeight, 0));
    Vector3 targetAnglePoint4 = imageTarget.transform.TransformPoint(new Vector3(halfWidth, -halfHeight, 0));
    points.SetRow(0, new Vector4(targetAnglePoint1.x, targetAnglePoint1.y, targetAnglePoint1.z, 1f));
    points.SetRow(1, new Vector4(targetAnglePoint2.x, targetAnglePoint2.y, targetAnglePoint2.z, 1f));
    points.SetRow(2, new Vector4(targetAnglePoint3.x, targetAnglePoint3.y, targetAnglePoint3.z, 1f));
    points.SetRow(3, new Vector4(targetAnglePoint4.x, targetAnglePoint4.y, targetAnglePoint4.z, 1f));
    //设置shader的对应UV矩阵
    material.SetMatrix("_UvPints", points);
    material.SetMatrix("_RenderingViewMatrix", Camera.main.worldToCameraMatrix);
    material.SetMatrix("_RenderingProjectMatrix", GL.GetGPUProjectionMatrix(Camera.main.projectionMatrix, false));
    //设置渲染图为模型的贴图
```

```
        material.SetTexture("_MainTex", renderTexture);
    }

    private void OnDestroy()
    {
        if (freezedTexture) { Destroy(freezedTexture); }
    }
}
```

步骤 07 运行程序,将摄像头对准识别图。在识别图的 UV 框内涂涂改改添加颜色,识别出来的三维模型对应面也会出现相应的内容。当单击 "Button" 之后,将不会实时地更新模型贴图,如图 10-41 所示。

图 10-41 相应的内容

10.5 EasyAR 的手势识别

在EasyAR中除了传统的图像识别、物体识别等之外,还提供了姿态识别和手势识别的功能。据官方称姿态识别和手势识别有高达96%的识别准确性,官方提供了两种标准的手势,后期可以通过训练算法无限扩充手势。而且官方还提供了Web接口,这样就能很方便地在Unity中接入。

10.5.1 Postman 快速实现 Web 接口

在使用手势识别之前,必须先要了解其Web接口的内容。查看官网的说明文档,我们能够知道使用Web接口必须要有以下几个参数,如图10-42所示。

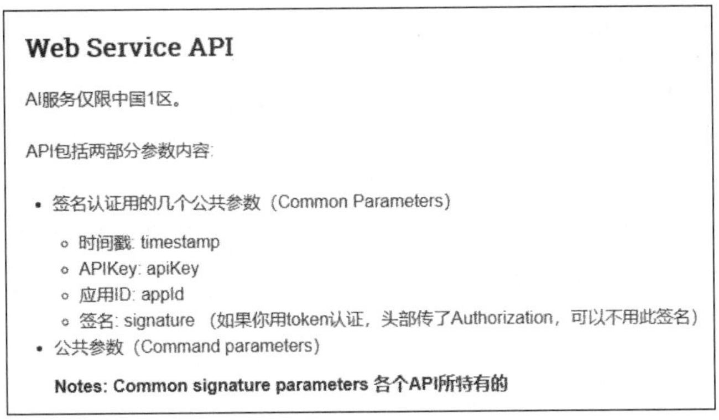

第 10 章 基于 EasyAR 的 AR 开发

Web Service API

AI服务仅限中国1区。

API包括两部分参数内容：

- 签名认证用的几个公共参数（Common Parameters）
  - 时间戳：timestamp
  - APIKey：apiKey
  - 应用ID：appId
  - 签名：signature（如果你用token认证，头部传了Authorization，可以不用此签名）
- 公共参数（Command parameters）

Notes: Common signature parameters 各个API所特有的

图 10-42　必需的参数

上传手势图片的参数为JSON格式，如表10-1所示。

表 10-1　上传手势图片的参数格式

属性	类型	约束	说明
image	String	必选	被识别的 JPG 图像用 Base64 编码

例如："image":"/9j/4AAQSkZJRgABAQAAAQABAAD/2wBDAAMCAgM..."

接口的返回值包含以下内容：

- statusCode：认证结果，0 表示认证正确，1 表示无效的应用密钥，2 表示无效的签名，3 表示无效的日期，如表10-2 所示。

表 10-2　status 状态码及其说明

status 状态码	说明
0	操作成功
106	被识别图片格式不对
1010	超过当天识别上限
1011	识别错误
1012	错误的账号（aiKey）类型

- result：各个接口的返回结果在这里出现。
- timestamp：响应返回时的服务器端时间，用于在需要时调整需认证的请求中的时间。
- hand：该请求是识别的手势。
- requestTime：客户端请求的时间。
- class：这里的参数是识别结果，值最大的就是最有可能的结果。
- gun：手枪。
- onehandheart：单手比心。
- others：非以上手势类型。
- nohand：没有手。
- six：六。
- victory：V，胜利。

接下来将逐一的获取这些参数。

步骤01 在 Easy AR 官网申请"手势识别服务"，获取到 Ai AppID（序列号）与 AIURL（请求地址），如图 10-43 所示。

① 打开官方网站 https://www.easyar.cn/，进入开发中心。
② 选择手势识别服务中的"新建手势识别服务"，按需创建服务（区域必须选择中国一区）。
③ 当创建成功之后，可以在详情页查看序列号。

图 10-43　手势识别服务信息

步骤02 获取 API Key、API Secret 与 Token（令牌），如图 10-44 所示。

① 在 API KEY 项中选择"创建 API KEY"，注意需要勾选"手势识别"服务。
② 创建成功之后，可以在详情页查看 API Key、API Secret 与 Token。需要注意的是 Token 是有有效期的。

图 10-44　API KEY 详情

步骤 03 获取 signature 签名参数。相比前面的参数，签名参数相对要稍微复杂一点，可以分为几步进行：

① 将请求的参数按键名排序。

例如：

```
{
  "apiKey": "test_api_key",
  "timestamp": 1628602461198
}
```

② 对于每个参数，将其键名与值拼接成字符串。

例如：

```
["apiKey": "test_api_key", "timestamp": 1628602461198]
```

③ 将这样得到的所有参数的字符串拼接。

例如：

```
apiKeytest_api_keytimestamp1628602461198
```

④ 在得到的字符串后面拼上应用密文（假设密文为"test_api_secret"）。

例如：

```
apiKeytest_api_keytimestamp1628602461198test_api_secret
```

⑤ 得到的字符串的 SHA256 哈希的十六进制表示即为签名。

例如：

```
0f7da7d87252a25d164e20f7531a7ebc21104cb838155e99f698729a6e4381ce
```

在上述的步骤中有几个参数不能直接获取：timestamp 以及最后一步的 SHA256 哈希。

timestamp 是指当前的时间戳，注意这个时间戳是精确到毫秒（ms）的 13 位时间戳。我们可以从网页中获取。例如 https://tool.lu/timestamp/，当打开页面之后需要将时间戳设置为毫秒，如图 10-45 所示。

图 10-45 当前的时间戳

字符串 SHA256 哈希，现在也可以通过网页在线计算。例如 http://www.jsons.cn/sha/。注意加密方式为 SHA256，不要选择 SHA1 或者 SHA512，如图 10-46 所示。

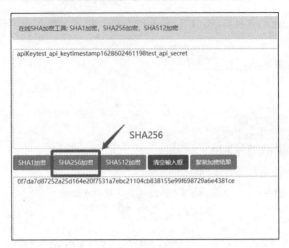

图 10-46　加密方式

步骤 04 获取需要识别的手势图片信息。通过接口说明可以知道图片必须为 Base64 格式。

① 从下载资源中的"Samples\10\10.5\素材\shoushi1.jpg"获取手势图片。

② 打开网站 http://tool.chinaz.com/tools/imgtobase/。

③ 上传手势图片，单击"图片转成 Base64"按钮，如图 10-47 所示。

图 10-47　上传手势图片

④ 得到以"data:image/jpg;base64,"开头的一组字符串。

⑤ 将得到的字符串移除"data:image/jpg;base64,"之后就是需要的经 Base64 加密后的图片字符串。

步骤 05 下载并安装 Postman。

Postman 是一种常用的接口测试工具，可以发送几乎所有类型的 HTTP 请求。Postman 适用于不同的操作系统，Postman Mac、Windows X32、Windows X64、Linux 系统，还支持 postman 浏览器扩展程序、postman chrome 应用程序等。

可以从官方网站 https://www.postman.com/downloads/下载，也可以从下载资源"Samples\10\10.5\素材"中获取。

根据不同的系统选择不同的版本，双击进行安装。

步骤 06 设置 Postman 参数。

① 设置请求方式为 POST。

② 设置请求的链接为 https://ai-api.easyar.com:8443/v1/pose/hand。

③ 在 Params 栏中，添加 timestamp、appId、apiKey、signature 以及其对应的值，如图 10-48 所示。

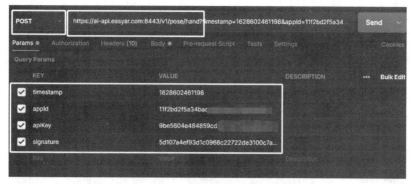

图 10-48　设置 Postman 参数

④ 在 Headers 栏中添加 Content-Type、Authorization 两个参数，其中 Content-Type 的值为"application/json;charset=UTF-8"，Authorization 的值为申请的 Token，如图 10-49 所示。

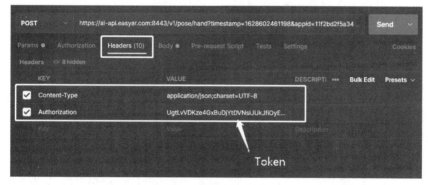

图 10-49　添加参数

⑤ 在 Body 栏中设置 raw 的格式为 JSON，内容为接口文档中的 JSON 格式。JSON 的内容为经 base64 加密后的图片字符串，如图 10-50 所示。

图 10-50　加密的图片字符串

步骤 07　通过 Postman 验证接口以及参数。
① 在 Postman 中设置好参数，单击 Send 键即可发送请求。
② 对照接口文档比对返回值，查看手势验证状态，如图 10-51 所示。

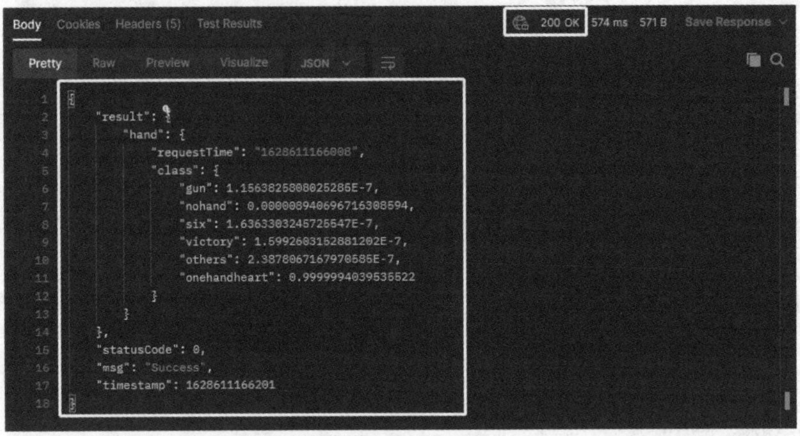

图 10-51　查看手势验证状态

③ 通过上图中的返回信息可以得知手势为单手比心。

10.5.2　Unity 中准备接口参数

通过10.5.1节已经很清楚地知道如何使用Web接口了。本小节将在Unity中使用C#脚本来准备接口所需的参数。

步骤01 新建名为 Gesture 的 Unity 工程。按照前面所述导入并设置 EasyAR 插件，在此不再赘述。

步骤02 在 Project 面板中的 Scripts 文件夹中新建一个名为 Gesture_API 的 C#脚本并对其进行编辑。

```csharp
using System;
using System.Security.Cryptography;
using System.Text;
using UnityEngine;

public class Gesture_API : MonoBehaviour
{
    /// <summary>
    /// 接口地址
    /// </summary>
    public string ApiURI = "http://ai-api.easyar.com:8080/v1/pose/hand";

    #region private

    /// <summary>
    /// APP 序列号
    /// </summary>
    private string appId = "11f2bd2f5a34bacb953db4272693a7f8";

    /// <summary>
    /// APP 密钥
```

```csharp
/// </summary>
private string apiKey = "9be5804e484859cd3979827ab446e025";

/// <summary>
/// APP 密文
/// </summary>
private string apiSecret =
"e14e449e9fd472986cdf77b8f112d2fb1280c3478a18b776dcdf4b7dbbbda509";

/// <summary>
/// 令牌
/// </summary>
private string token =
@"6Is+zFs1He7X1BK4rNIuib5GjsnCjzvExWQ+t/ew2ig8rvmWILwqjLA911GqbTdITPWczS3w2Mex
PKHbJKy5+DyHASGhOXdw71gsd20zhuYc3E2MwTCAQyb18n6G0hraX0hltw2CBcshMJyk/lAzke7FSt
MOXIb7135epAnUg1kH0GNbOG1wGEYEwOaeu156pgmF/B73lZHTw/N3ECcfuBTDORlHJh14KKhm/P+6
2oqRN8GUh0bakWBi20PkYKXhxKXhMXcdfWrI2CRwm60B2oAC1jgoAYowKCxKyMo5b0AugkS7W0eX4o
tLakdRPBpAhxkF170XJlzCO7nCP+ES/X7YBTNsCZbTyWUoDV/CpJ41aFsQQ8OZibablKsTmpB4d2Eq
WLvlWbjoOWWhAsDqyZDkMyg2woXAz7flUR3rb4MDmRDNF+Oq+7IyRgnNnVSr/71xal/lOz6qyq+5R1
AZkQs1DG1BNP2ppu2YhWQUi/vMwvNBSqvFTIe2jeo2C8R8P7IX+CL15w/F9I4ZatiRjNu+r6dbqZiE
fIihLWePm6oYgHyRKpwqV/+STVCunOQt/9WNGa59U20EM70WoLczA52Tt2XmkaCklReiYvPCWCfGOm
SitvpvyoQYnzHU/fEIEciixhV1Y7Q4FsShpBluei8k+UKRHTiu/F+zKfYd3VImD0GfbhZWddbXvbVY
FvIHAv4W1T/YDIdgtvdqHgCj33OB25xs2GoJsmIjWBNLF1oujoeD5oK7cwodrpes+D5UiRW41zrs58
XUcBZWAOO6cGUhFSiHs5onWfB8ZXeL/v8=";

/// <summary>
/// 时间戳
/// </summary>
private string timestamp;

/// <summary>
/// 签名
/// </summary>
private string signature;

/// <summary>
/// 经过Base64加密后的图片
/// </summary>
private string imageBase64;

/// <summary>
/// JSON格式的图片文件
/// </summary>
private byte[] imageBytes;

#endregion private
private void Start()
{
    GetSignParam();
    GetImageInfo();
```

```csharp
        Debug.Log("时间戳为  :  " + timestamp);
        Debug.Log("签名文件为: " + signature);
        Debug.Log("图片信息为: " + Encoding.UTF8.GetString(imageBytes));
    }

    /// <summary>
    /// 获取签名信息
    /// </summary>
    private void GetSignParam()
    {
        //获取时间戳
        TimeSpan ts = DateTime.UtcNow - new DateTime(1970, 1, 1, 0, 0, 0, 0);
        timestamp = Convert.ToInt64(ts.TotalMilliseconds).ToString();
        //将APP密钥、时间戳、APP密文拼接
        StringBuilder sb = new StringBuilder();
        sb.Append("apiKey");
        sb.Append(apiKey);
        sb.Append("timestamp");
        sb.Append(timestamp);
        sb.Append(apiSecret);
        //将拼接之后的字符串进行哈希加密,加密后的字符串即为签名文件
        signature = SHA256EncryptString(sb.ToString());
    }

    /// <summary>
    /// 获取需要发送给服务器的图片信息
    /// </summary>
    private void GetImageInfo()
    {
        //本地的手势识别图片信息转为字符串
        imageBase64 = Convert.ToBase64String(System.IO.File.ReadAllBytes(@"E:\Book\V2.0\Samples\11\11.5\素材\shoushi1.jpg"));

        //将手势识别图片字符串按照要求拼接为JSON格式,也可以通过litjson来拼写成JSON格式
        StringBuilder sb = new StringBuilder();
        sb.Clear();
        sb.Append("{\"image\":\"");
        sb.Append(imageBase64);
        sb.Append("\"}");

        //将JSON格式的文本转为byte[]数组,以供上传时使用
        imageBytes = Encoding.UTF8.GetBytes(sb.ToString());
    }

    /// <summary>
    /// SHA256加密
    /// </summary>
    /// <param name="data"></param>
    /// <returns></returns>
    private string SHA256EncryptString(string data)
```

```csharp
{
    byte[] bytes = Encoding.UTF8.GetBytes(data);
    byte[] hash = SHA256Managed.Create().ComputeHash(bytes);

    StringBuilder builder = new StringBuilder();
    for (int i = 0; i < hash.Length; i++)
    {
        builder.Append(hash[i].ToString("x2"));
    }
    return builder.ToString();
}
```

步骤 03 新建一个名为 Gesture 的场景文件，将刚刚新建的脚本 Gesture_API 挂载到 Main Camera 物体上。

步骤 04 运行程序，即可在运行时从 Console 栏中看到时间戳、签名文件以及手势图片信息，如图 10-52 所示。

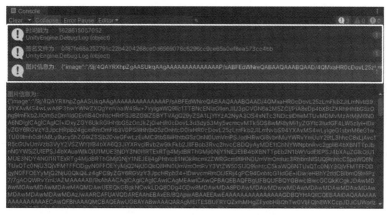

图 10-52 时间戳、签名文件以及手势图片信息

步骤 05 验证生成的参数。将生成的参数填入 Postman 中，通过 10.5.1 节的使用方式验证参数是否正确。

10.5.3 BestHttp 获取识别内容

10.5.2节已经在Unity中准备好了接口所需的参数，本小节将使用BestHttp插件进行Post请求。

步骤 01 将 BestHttp 插件导入工程。

步骤 02 打开 Project 面板 Scripts 文件夹中的 Gesture_API 脚本，设置 BestHttp 的 Post 请求。添加以下代码：

```csharp
/// <summary>
/// 请求返回内容
/// </summary>
public Action<bool, string> ResultAction;
```

```csharp
        /// <summary>
        /// 向服务器发送请求
        /// </summary>
        private void Post()
        {
            //按照规范拼接请求链接
            ApiURI = $"{ApiURI}?timestamp={timestamp}&appId={appId}&apiKey={apiKey}&signature={signature}";
            //创建一个post请求
            HTTPRequest request = new HTTPRequest(new Uri(ApiURI), HTTPMethods.Post, OnRequestFinished);
            //设置header头文件的内容格式
            request.SetHeader("Content-Type", "application/json;charset=UTF-8");
            //设置header头文件的中的Authorization信息
            request.SetHeader("Authorization", token);
            //将图片信息通过rawdata的形式发送
            request.RawData = imageBytes;
            //发送post请求
            request.Send();
        }

        /// <summary>
        /// 服务器回调
        /// </summary>
        /// <param name="originalRequest"></param>
        /// <param name="response"></param>
        private void OnRequestFinished(HTTPRequest originalRequest, HTTPResponse response)
        {
            //如果返回成功
            if (response.IsSuccess)
            {
                //将返回值转换成JSON对象
                JsonData json = JsonMapper.ToObject(response.DataAsText);
                //判断JSON是否为空
                if (json != null)
                {
                    //获取返回的msg消息
                    var msg = json["msg"].ToString();
                    //获取返回的statusCode状态消息
                    var statusCode = json["statusCode"].ToString();
                    //如果msg是成功并且statusCode状态为0
                    if (string.Equals(msg, "Success") && string.Equals(statusCode, "0"))
                    {
                        var result = json["result"]["hand"]["class"];
                        //获取不同手势的概率
                        double gun = double.Parse(result["gun"].ToString());
                        double nohand = double.Parse(result["nohand"].ToString());
```

```csharp
                double six = double.Parse(result["six"].ToString());
                double victory = double.Parse(result["victory"].ToString());
                double others = double.Parse(result["others"].ToString());
                double onehandheart = double.Parse(result["onehandheart"].ToString());
                //将不同的手势名称以及对应的概率加入字典
                Dictionary<string, double> resultDic = new Dictionary<string, double>();
                resultDic.Add("枪型", gun);
                resultDic.Add("未发现手型", nohand);
                resultDic.Add("六", six);
                resultDic.Add("胜利", victory);
                resultDic.Add("其他", others);
                resultDic.Add("比心", onehandheart);
                //通过排序获取概率最高值
                var maxNum = Sort(resultDic);
                //通过最高概率从字典中获取对应的手势名称
                var gestureName = resultDic.First(t => t.Value == maxNum).Key;
                //输出概率最高的手势名称
                Debug.Log(gestureName);
                ResultAction?.Invoke(true, gestureName);
            }
            else
            {
                //状态码
                switch (statusCode)
                {
                    case "106":
                        ResultAction?.Invoke(false, "被识别图片格式不对");
                        Debug.Log("被识别图片格式不对");
                        break;

                    case "1010":
                        ResultAction?.Invoke(false, "超过当天识别上限");

                        Debug.Log("超过当天识别上限");
                        break;

                    case "1011":
                        ResultAction?.Invoke(false, "识别错误");

                        Debug.Log("识别错误");
                        break;

                    case "1012":
                        ResultAction?.Invoke(false, "错误的账号（aiKey）类型");

                        Debug.Log("错误的账号（aiKey）类型");
                        break;
```

```csharp
                default:
                    ResultAction?.Invoke(false, "识别错误");

                    Debug.Log("识别错误");
                    break;
            }
        }
    }
    else
    {
        ResultAction?.Invoke(false, "请求失败");
        Debug.Log("请求失败");
    }
}
else
{
    ResultAction?.Invoke(false, "请求失败");
    Debug.Log("请求失败");
}
}

/// <summary>
/// 冒泡排序
/// </summary>
/// <param name="dic"></param>
/// <returns></returns>
private double Sort(Dictionary<string, double> dic)
{
    double temp;
    List<double> doubles = new List<double>();
    foreach (var item in dic)
    {
        Debug.Log(item.Key + "  " + item.Value);

        doubles.Add(item.Value);
    }
    for (int i = 0; i < doubles.Count; i++)
    {
        for (int j = i + 1; j < doubles.Count; j++)
        {
            if (doubles[j] < doubles[i])
            {
                temp = doubles[j];
                doubles[j] = doubles[i];
                doubles[i] = temp;
            }
        }
    }
    return doubles[doubles.Count - 1];
```

}

在脚本中的流程如下：

① 使用 new HTTPRequest() 向服务器发送 post 请求。
② 使用 OnRequestFinished() 回调函数接收服务器返回的信息。
③ 使用 Sort() 冒泡排序获取最高概率的手势。

10.5.4 界面调用及测试

本小节将搭建界面以及调用 10.5.2 节的接口。界面的内容为单击一个识别按钮，将摄像头的图像内容进行截图显示在场景中心位置，同时将截图内容上传到服务器进行手势识别，识别的结果通过文本的形式显示在界面中。

步骤01 在 Gesture 场景中创建一个 Button 类型的按钮，如图 10-53 所示。
① 设置名字为 RecognitionBtn。
② 设置其子物体 Text 显示的文字为"识别"。
③ 设置其 Transform 属性。

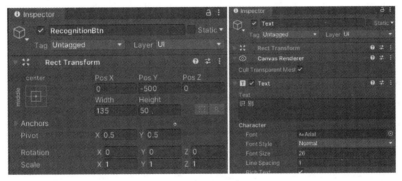

图 10-53 创建按钮

步骤02 创建一个 Raw Image，在初始状态下将其隐藏，当单击识别后再显示摄像头的截图画面，设置其 Transform 属性，如图 10-54 所示。

图 10-54 设置 Transform 属性

步骤03 创建一个 Text，设置其名字为 ResultText，用来显示识别的返回内容。设置其 Transform 属性，如图 10-55 所示。

图 10-55　创建文本用来显示识别的返回内容

步骤 04 修改 Gesture_API 脚本。

① 添加摄像机截图功能以及截图的回调，代码如下：

```
    /// <summary>
    /// 摄像机的截图
    /// </summary>
    public Action<Texture2D> TexAction;

/// <summary>
    /// 不带界面截图
    /// </summary>
    /// <param name="mCamera"></param>
    /// <param name="size"></param>
    private byte[] CaptureTextureWithOutUI(Camera mCamera, Vector2 size)
    {
        int width = (int)size.x;
        int height = (int)size.y;
        RenderTexture mRender = new RenderTexture(width, height, 0);

        mCamera.targetTexture = mRender;
        mCamera.Render();

        //激活渲染贴图读取信息
        RenderTexture.active = mRender;
        Texture2D mTexture = new Texture2D(width, height, TextureFormat.ARGB32, false);
        mTexture.ReadPixels(new Rect(0, 0, width, height), 0, 0, true);
        mTexture.Apply();
```

```
            TexAction?.Invoke(mTexture);

            //释放摄像机，销毁渲染贴图
            mCamera.targetTexture = null;
            RenderTexture.active = null;
            GameObject.Destroy(mRender);

            return mTexture.EncodeToJPG(); ;
        }
```

② 修改识别图的内容，从读取本地图片修改为从摄像机的截图中读取，代码如下：

```
        /// <summary>
        /// 获取需要发送给服务器的图片信息
        /// </summary>
        private void GetImageInfo()
        {
            //截图、并将截图信息转为字符串
            //imageBase64 = Convert.ToBase64String(System.IO.File.
ReadAllBytes(@"C:\Users\tjdonald\Desktop\ArucoCreator\2.jpg"));
            imageBase64 = Convert.ToBase64String(CaptureTextureWithOutUI(Camera.
main, new Vector2(Screen.width, Screen.height)));

            //将截图字符串按照要求拼接为JSON格式，也可以通过litjson来拼写成JSON格式
            StringBuilder sb = new StringBuilder();
            sb.Clear();
            sb.Append("{\"image\":\"");
            sb.Append(imageBase64);
            sb.Append("\"}");

            //将JSON格式的文本转为byte[]数组，以供上传时使用
            imageBytes = Encoding.UTF8.GetBytes(sb.ToString());
        }
```

③ 为外界提供公共函数，方便调用，代码如下：

```
    /// <summary>
    /// 单例
    /// </summary>
    public static Gesture_API Instance;

    private void Awake()
    {
        Instance = this;
    }

    /// <summary>
    /// 获取手势信息，供外界调用
    /// </summary>
    /// <param name="texAction"></param>
```

```csharp
/// <param name="resultAction"></param>
public void GetGestureInfo(Action<Texture> texAction, Action<bool, string> resultAction)
{
    ResultAction = resultAction;
    TexAction = texAction;

    GetSignParam();
    GetImageInfo();
    Post();
}
```

步骤 05 在 Project 面板中的 Scripts 文件夹中创建名为 Gesture_UI 的脚本,用来设置界面,对该脚本进行如下编辑:

```csharp
using UnityEngine;
using UnityEngine.UI;

public class Gesture_UI : MonoBehaviour
{
    /// <summary>
    /// 识别按钮
    /// </summary>
    public Button RecognitionBtn;

    /// <summary>
    /// 显示图片
    /// </summary>
    public RawImage RI;

    /// <summary>
    /// 显示结果
    /// </summary>
    public Text ResultText;

    private void Awake()
    {
        //单击识别按钮
        RecognitionBtn.onClick.AddListener(() =>
        {
            //通过单例访问获取手势识别(tex 手势图片)
            Gesture_API.Instance.GetGestureInfo(tex =>
            {
                RI.gameObject.SetActive(true);
                RI.texture = tex;
            },//state 请求状态, resultMsg 返回信息
            (state, resultMsg) =>
            {
                ResultText.color = state ? Color.green : Color.red;
                if (state)
```

```
                {
                    ResultText.text = " 识别成功,识别结果为: " + resultMsg;
                }
                else
                {
                    ResultText.text = "识别失败";
                }
            });
        });
    }
}
```

步骤06 将 Gesture_UI 挂载到场景中的 Main Camera 上,设置其对应的属性,如图 10-56 所示。

① 将 Project 面板中的 Packages/EasyAR Sense/Prefabs/Composites 文件夹中的 EasyAR_ImageTracker-1 预制体拖曳到 Hierarchy 面板中。

② 将 Main Camera 中的 Camera 组件的 Clear Flags 设置为 Depth only。

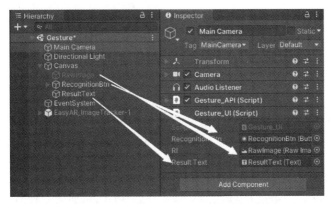

图 10-56 将 Gesture_UI 挂载到场景中的 Main Camera 上

步骤07 验证程序,效果如图 10-57 所示。

① 运行程序,对准摄像头做六的手势。

② 单击"识别"按钮,在文本信息中会显示"识别成功,识别结果为:六"。

图 10-57 显示识别结果

第11章

基于 AR Foundation 的 AR 开发

11.1 AR Foundation 简介

在没有AR Foundation之前，若是在安卓平台上一般都使用ARCore，而在iOS平台上则使用ARKit。这就意味着需要开发两套内容，无疑给开发者增加了开发成本。

AR Foundation对ARKit与ARCore进行了再次封装，并按照用户的发布平台自动选择合适的底层SDK版本。这是ARKit XR插件（com.unity.xr.arkit）和ARCore XR插件（com.unity.xr.arcore）的集合，虽然最终都使用ARKit SDK和ARCore SDK，但是因为Unity再次封装的缘故，与专业平台（如ARKit插件和ARCore SDK for Unity）相比，C#调用的API略有不同。

AR Foundation允许在Unity中以多平台方式使用增强现实平台，该包提供了一个给Unity开发人员使用的界面，但是本身不实现任何AR功能。要在目标设备上使用AR Foundation，需要安装针对Unity官方支持的目标平台的单独软件包：

- Android 上的 ARCore XR 插件
- iOS 上的 ARKit XR 插件
- Magic Leap 上的 Magic Leap XR 插件
- HoloLens 上的 Windows XR 插件

AR Foundation与ARCore、ARkit之间的关系如图11-1所示。

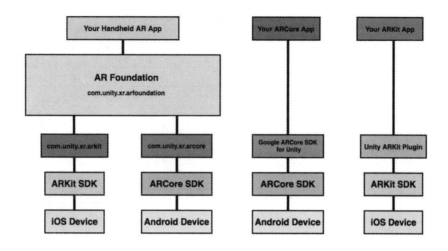

图 11-1　AR Foundation 与 ARCore、ARkit 之间的关系

AR Foundation 拥有以下的功能：

- Device tracking（设备跟踪）：跟踪设备在物理空间中的位置和方向。
- Plane detection（平面检测）：检测水平和垂直表面。
- Point clouds（点云）：也称为特征点。
- Anchor（锚点）：设备跟踪的任意位置和方向。
- Light estimation（光照估计）：估计物理空间中的平均色温和亮度。
- Environment probe（环境探测器）：一种生成立方体贴图以表示物理环境特定区域的方法。
- Face tracking（人脸跟踪）：检测和跟踪人脸。
- 2D image tracking（2D 图像跟踪）：检测和跟踪 2D 图像。
- 3D object tracking（3D 对象跟踪）：检测 3D 对象。
- Meshing（网格）：生成与物理空间对应的三角形网格。
- Body tracking（身体跟踪）：在物理空间中识别人类的 2D 和 3D 表示。
- Collaborative participants（协作参与者）：在共享的 AR 体验中跟踪其他设备的位置和方向。
- Human segmentation（人体）：确定在摄像机图像中检测到的人体的模板纹理和深度图。
- Raycast（射线）：查询物理环境中检测到的平面和特征点。
- Pass-through video（视频）：优化将移动摄像头图像渲染到触摸屏上，作为 AR 内容的背景。
- Session management（会话管理）：在启用或禁用 AR 功能时自动操作平台级配置。
- Occlusion（遮挡）：允许通过检测到的环境深度（环境遮挡）或检测到的人体深度（人体遮挡）来遮挡虚拟内容。

AR Foundation对不同平台的支持情况如表11-1所示。

表 11-1　AR Foundation 对不同平台的支持情况

	ARCore	ARKit	Magic Leap	HoloLens
设备跟踪	√	√	√	√
平面跟踪	√	√	√	
点云	√	√		
锚点	√	√	√	√
光照估计	√	√		
环境探测器	√	√		
人脸追踪	√	√		
二维图像跟踪	√	√	√	
三维对象跟踪		√		
网格		√	√	√
身体追踪		√		
多人模式		√		
人体		√		
光线投射	√	√	√	
视频	√	√		
会话管理	√	√	√	√
遮挡	√	√		

> **注　意**
>
> 如果需要在 ARCore 中使用云锚点，则需要安装 ARCore Extensions for Unity's AR Foundation。

11.2　AR Foundation 基础

本节将学习 AR Foundation 的基础，其中包括如何安装、基础使用方式、模块在不同设备的支持情况验证。

1. 安装 AR Foundation

步骤01 新建 Unity 工程，将工程转成 Android 平台。

步骤02 在菜单栏中依次单击"Window→Package Manager"。

步骤03 选择 Package Manager 中的 Package:Unity Registry。

步骤04 选择 AR Foundation，单击 Install 进行安装，如图 11-2 所示。

步骤05 在菜单栏中依次单击"Edit→Project Settings"。

步骤06 选择 XR Plug-in Management，在 Plug-in Providers 中选择与安卓平台对应的 ARCore，如图 11-3 所示。

第 11 章 基于 AR Foundation 的 AR 开发

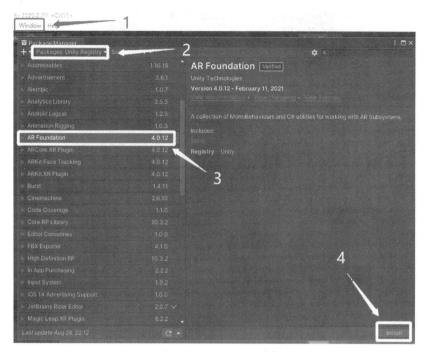

图 11-2 安装 AR Foundation

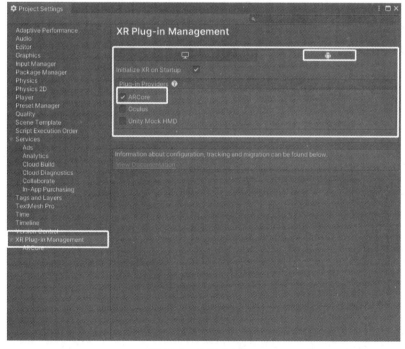

图 11-3 选择 ARCore

2. AR Foundation 的基础组件

在Hierarchy面板中右击,在弹出的快捷菜单中依次选择"XR→AR Session"或"XR→AR Session Origin",如图11-4所示。

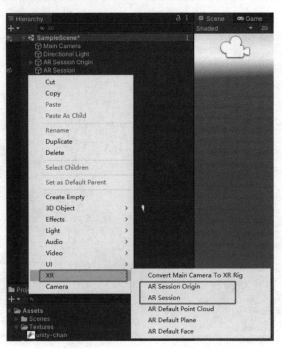

图 11-4　选择 AR Session 或 AR Session Origin

- AR Session（AR 会话）：这是 AR Foundation 中必不可少的一个组件，可以通过 AR Session 来开启或关闭 AR 功能，同时也可以通过 AR Session 来验证设备是否支持 AR Foundation。代码如下：

```
public class MyComponent {
[SerializeField] ARSession m_Session;

IEnumerator Start() {
    if ((ARSession.state == ARSessionState.None) ||
        (ARSession.state == ARSessionState.CheckingAvailability))
    {
        yield return ARSession.CheckAvailability();
    }

    if (ARSession.state == ARSessionState.Unsupported)
    {
       //设备不支持
    }
    else
    {
       //设备支持
       m_Session.enabled = true;
    }
  }
}
```

其中 ARSession 的状态有以下几种，如果状态发生变化可以订阅事件：ARSession.stateChanged。

- None：AR 系统尚未初始化，可用性未知。
- Unsupported：当前设备不支持 AR。
- CheckingAvailability：系统正在检查当前设备上 AR 的可用性。
- NeedsInstall：当前设备支持 AR，但需要安装额外的软件。
- Installing：正在安装 AR 软件。
- Ready：支持并已经准备好 AR。
- SessionInitialized：AR 会话正在初始化（即启动）。这意味着 AR 正在发挥作用，但尚未收集足够的环境信息。
- SessionTracking：AR 会话正在运行和跟踪（即设备能够确定其在世界中的位置和方向）。

● ARSessionOrigin（AR 会话来源）：ARSessionOrigin 是将可跟踪的特征（例如平面和特征点）转换为它们在 Unity 场景中的最终位置、方向和比例。因为 AR 设备在"会话空间"中提供它们的数据，这是 AR 会话世界中的空间与 Unity 中空间的对应，ARSessionOrigin 执行到 Unity 空间的适当转换。这个概念类似于在 Unity 中使用其他资产时"模型"或"本地"空间与世界空间之间的区别。

3. 检测模块功能是否被支持

检测模块功能是否在设备上被支持。代码如下：

```
using System.Collections.Generic;
using UnityEngine;
using UnityEngine.XR;
using UnityEngine.XR.ARFoundation;
using UnityEngine.XR.ARSubsystems;
public class Check : MonoBehaviour
{
    private void Start()
    {
        var activeLoader = LoaderUtility.GetActiveLoader();
        if (activeLoader && activeLoader.GetLoadedSubsystem<XRMeshSubsystem>() != null)
        {
            //支持网格
        }
        var planeDescriptors = new List<XRPlaneSubsystemDescriptor>();
        SubsystemManager.GetSubsystemDescriptors(planeDescriptors);

        var rayCastDescriptors = new List<XRRaycastSubsystemDescriptor>();
        SubsystemManager.GetSubsystemDescriptors(rayCastDescriptors);

        var faceDescriptors = new List<XRFaceSubsystemDescriptor>();
        SubsystemManager.GetSubsystemDescriptors(faceDescriptors);

        var imageDescriptors = new List<XRImageTrackingSubsystemDescriptor>();
        SubsystemManager.GetSubsystemDescriptors(imageDescriptors);

        var envDescriptors = new
```

```csharp
List<XREnvironmentProbeSubsystemDescriptor>();
        SubsystemManager.GetSubsystemDescriptors(envDescriptors);

        var anchorDescriptors = new List<XRAnchorSubsystemDescriptor>();
        SubsystemManager.GetSubsystemDescriptors(anchorDescriptors);

        var objectDescriptors = new
List<XRObjectTrackingSubsystemDescriptor>();
        SubsystemManager.GetSubsystemDescriptors(objectDescriptors);

        var participantDescriptors = new
List<XRParticipantSubsystemDescriptor>();
        SubsystemManager.GetSubsystemDescriptors(participantDescriptors);

        var depthDescriptors = new List<XRDepthSubsystemDescriptor>();
        SubsystemManager.GetSubsystemDescriptors(depthDescriptors);

        var occlusionDescriptors = new List<XROcclusionSubsystemDescriptor>();
        SubsystemManager.GetSubsystemDescriptors(occlusionDescriptors);

        var cameraDescriptors = new List<XRCameraSubsystemDescriptor>();
        SubsystemManager.GetSubsystemDescriptors(cameraDescriptors);

        var sessionDescriptors = new List<XRSessionSubsystemDescriptor>();
        SubsystemManager.GetSubsystemDescriptors(sessionDescriptors);

        var bodyTrackingDescriptors = new
List<XRHumanBodySubsystemDescriptor>();
        SubsystemManager.GetSubsystemDescriptors(bodyTrackingDescriptors);

        if (planeDescriptors.Count > 0 && rayCastDescriptors.Count > 0)
        {
            //基础AR支持
            //缩放支持
            //交互支持
        }
        if (faceDescriptors.Count > 0)
        {
            //面部识别支持
            foreach (var faceDescriptor in faceDescriptors)
            {
                if (faceDescriptor.supportsEyeTracking)
                {
                    //眼睛识别支持
                    //点位定位支持
                    //眼睛发射激光支持
                    break;
                }
            }
        }
```

```csharp
            if (bodyTrackingDescriptors.Count > 0)
            {
                foreach (var bodyTrackingDescriptor in bodyTrackingDescriptors)
                {
                    if (bodyTrackingDescriptor.supportsHumanBody2D ||
bodyTrackingDescriptor.supportsHumanBody3D)
                    {
                        //身体追踪支持
                    }
                }
            }
            if (cameraDescriptors.Count > 0)
            {
                //支持光信息估计
                foreach (var cameraDescriptor in cameraDescriptors)
                {
                    if ((cameraDescriptor.supportsAverageBrightness ||
cameraDescriptor.supportsAverageIntensityInLumens) &&
                        (cameraDescriptor.supportsAverageColorTemperature) &&
cameraDescriptor.supportsCameraConfigurations &&
                        cameraDescriptor.supportsCameraImage)
                    {
                        //支持基础光照信息估计
                    }
                    if (cameraDescriptor.supportsFaceTrackingHDRLightEstimation ||
cameraDescriptor.supportsWorldTrackingHDRLightEstimation)
                    {
                        //支持HDR光照信息估计
                    }
                }
            }
            if (imageDescriptors.Count > 0)
            {
                //图片追踪支持
            }
            if (envDescriptors.Count > 0)
            {
                //光照探针支持
            }
            if (planeDescriptors.Count > 0)
            {
                //地面检测支持
                foreach (var planeDescriptor in planeDescriptors)
                {
                    if (planeDescriptor.supportsClassification)
                    {
                        //地面分类支持
                        break;
                    }
                }
```

```
            }
            if (anchorDescriptors.Count > 0)
            {
                //锚点支持
            }
            if (objectDescriptors.Count > 0)
            {
                //三维物体追踪支持
            }
    #if UNITY_IOS
            if(sessionDescriptors.Count > 0 && 
ARKitSessionSubsystem.worldMapSupported)
            {
                //IOS中支持地图构件
            }
            if (sessionDescriptors.Count > 0 && EnableGeoAnchors.IsSupported)
            {
                //IOS锚点支持
            }
            if(planeDescriptors.Count > 0 && rayCastDescriptors.Count > 0 && 
participantDescriptors.Count > 0 && ARKitSessionSubsystem.supportsCollaboration)
            {
                //多人协作
            }
            if(sessionDescriptors.Count > 0 && 
ARKitSessionSubsystem.coachingOverlaySupported)
            {
                //支持引导视图
            }
    #endif
            if (depthDescriptors.Count > 0)
            {
                //支持点云
            }
            if (planeDescriptors.Count > 0)
            {
                //支持平面遮挡
            }
        }
    }
```

SubsystemManager.GetSubsystemDescriptors()：每一个 subsystem 都有一个对应的 SubsystemDescriptor，可以调用 GetSubsystemDescriptors()遍历其能够提供的功能，一旦得到可用的 subsystemdescriptor 后，就可以证明该功能可以正常使用。

注　意
该代码必须要将程序发布到真机才能有效。

11.3 基于 AR Foundation 的图片追踪

本节将介绍如何使用 AR Foundation 实现图片追踪。

步骤 01 工程与素材的准备。

① 在 Unity 工程中，新建一个名为 Image 的场景文件。

② 将下载资源中的"11/11.3/素材"文件夹内容导入 Unity 工程。

步骤 02 新建识别图库，如图 11-5 所示。

① 在 Project 面板右击空白处，在弹出快捷菜单中依次选择"Create→XR→Reference Image Library"，创建一个新的识别图库。

② 在新建的 Reference Image Library 识别图库属性面板中单击 Add Image 新建一张识别图。

③ 在 Texture 2D 框中选择刚刚导入的 unity-chan 图片。

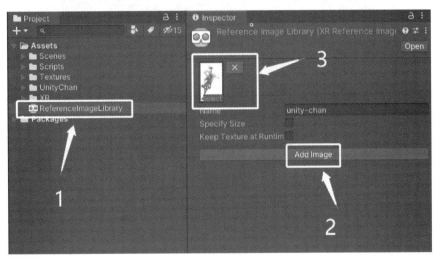

图 11-5　新建识别图库

步骤 03 在 Hierarchy 面板中添加 AR Foundation 组件，如图 11-6 所示。

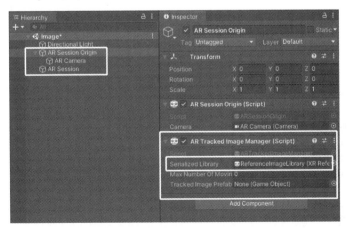

图 11-6　添加 AR Foundation 组件

① 在 Hierarchy 面板创建 AR Session Origin，并为其添加 AR Tracked Image Manager 图片识别组件。设置 Serialized Library 为刚刚创建的识别图库。

② 在 Hierarchy 面板创建 AR Session。

③ 移除场景中的 Main Camera。

步骤 04 在 Project 面板中创建名为 Image Target 的 C#脚本，用于控制识别之后显示的内容，如图 11-7 所示。如下对脚本进行编辑：

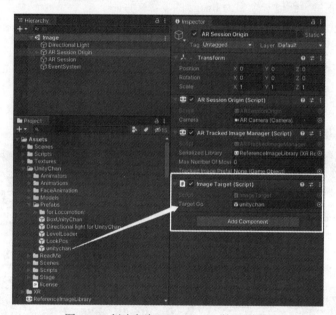

图 11-7　创建名为 Image Target 的 C#脚本

```
using UnityEngine;
using UnityEngine.XR.ARFoundation;
using UnityEngine.XR.ARSubsystems;

/// <summary>
/// 图片追踪
/// </summary>
public class ImageTarget : MonoBehaviour
{
    /// <summary>
    /// 用来实例化识别之后显示的物体
    /// </summary>
    public GameObject TargetGo;

    /// <summary>
    /// 实例化之后生成的物体
    /// </summary>
    private GameObject targetGo;

    /// <summary>
    /// 图像追踪管理器
    /// </summary>
```

```csharp
    private ARTrackedImageManager m_TrackedImageManager;

    /// <summary>
    /// 当启用时
    /// </summary>
    private void OnEnable()
    {
        m_TrackedImageManager = GetComponent<ARTrackedImageManager>();
        //注册事件 （当识别信息发生变化时）
        m_TrackedImageManager.trackedImagesChanged += OnChanged;
    }

    /// <summary>
    /// 当物体被隐藏时
    /// </summary>
    private void OnDisable()
    {
        //注销事件
        m_TrackedImageManager.trackedImagesChanged -= OnChanged;
    }

    /// <summary>
    /// 当识别信息发生变化时
    /// </summary>
    /// <param name="eventArgs"></param>
    private void OnChanged(ARTrackedImagesChangedEventArgs eventArgs)
    {
        //当有新的识别时
        foreach (var newImage in eventArgs.added)
        {
            //生成识别模型、设置坐标
            targetGo = Instantiate(TargetGo);
            targetGo.transform.position = newImage.transform.position;
            targetGo.transform.eulerAngles = new Vector3(0, 180f, 0f);
            targetGo.transform.localScale = new Vector3(0.1f, 0.1f, 0.1f);
        }
        //识别更新
        foreach (var updatedImage in eventArgs.updated)
        {
            //如果是被追踪的状态下持续更新模型的坐标
            if (updatedImage.trackingState == TrackingState.Tracking)
            {
                targetGo.transform.position = updatedImage.transform.position;
                targetGo.transform.eulerAngles = new Vector3(0, 180f, 0f);
                targetGo.transform.localScale = new Vector3(0.1f, 0.1f, 0.1f);
            }
        }
        //当识别移除时
        foreach (var removedImage in eventArgs.removed)
        {
```

                }
            }
        }

将脚本挂载到场景中的物体 AR Session Origin 上。

② 指定 Target Go 属性为 Project 面板中的 UnityChan/Prefabs/unitychan。

步骤 05 发布验证程序。

① 在 Build Settings 中添加 Image 场景。

② 在 Player Settings 中移除 Other Settings/Graphics APIs 中的 Vulkan 选项，如图 11-8 所示。

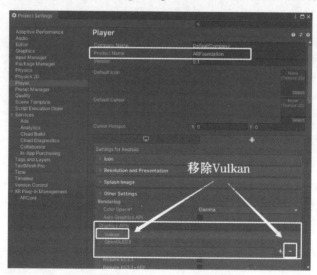

图 11-8　移除 Vulkan 选项

③ 在 Player Settings 中修改 Product Name，设置 APP 的名称。

④ 发布完成之后安装到手机时，若手机没有安装过 ARCore，需要根据提示进行安装，如图 11-9 所示。

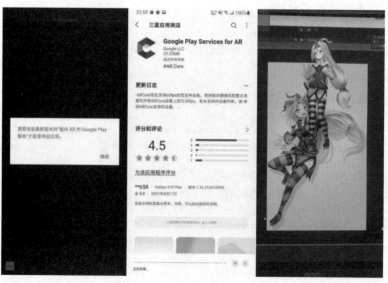

图 11-9　提示安装 ARCore

11.4 基于 AR Foundation 的变脸

人脸识别系统的研究始于20世纪60年代，80年代后随着计算机技术和光学成像技术的发展得到提高，而真正进入初级的应用阶段则是在90年代后期，并且以美国、德国和日本的技术实现为主；人脸识别系统成功的关键在于是否拥有尖端的核心算法，并使识别结果具有实用化的识别率和识别速度；人脸识别系统集成了人工智能、机器识别、机器学习、模型理论、专家系统、视频图像处理等多种专业技术，同时需结合中间值处理的理论与实现，是生物特征识别的最新应用，其核心技术的实现，展现了弱人工智能向强人工智能的转化。

本节将使用 AR Foundation 的人脸识别技术实现变脸的功能。

步骤 01 工程与素材的准备。

① 在 Unity 工程中，新建一个名为 Face 的场景文件。
② 将下载资源中的"11/11.4/素材/"文件夹中的内容导入 Unity 工程。

步骤 02 在 Hierarchy 面板中添加 AR Foundation 组件。

① 在 Hierarchy 面板创建 XR/AR Session Origin。
② 在 Hierarchy 面板创建 XR/AR Session。
③ 移除场景中的 Main Camera。

步骤 03 在 Hierarchy 面板中添加并设置脸部识别组件，如图 11-10 所示。

① 在 Hierarchy 面板中依次选择"XR→AR Default Face"。
② 在物体 AR Session Origin 上添加 AR Face Manager 组件。
③ 把 AR Face Manager 组件的 Face Prefab（面部预制体）属性设置为刚刚创建的 AR Default Face。
④ 把 AR Face Manager 组件的 Maximum Face Count（最大脸部识别数量）设置为 1。

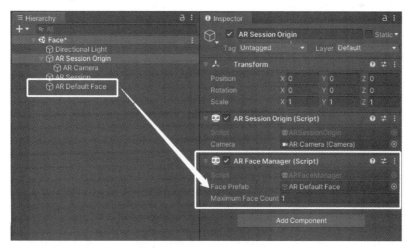

图 11-10 设置脸部识别组件

步骤 04 设置默认摄像头为前置，如图 11-11 所示。

把物体 AR Camera 组件的 AR Camera Manager 中的 Facing Direction 属性设置为 User。

- Facing Direction：默认摄像头方向。
  - None：关闭摄像头。
  - World：后置摄像头。
  - User：前置摄像头。

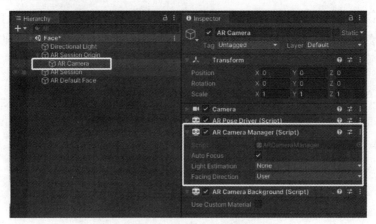

图 11-11 设置默认摄像头为前置

步骤 05 在 Project 面板中创建名为 FaceSwitcher 的 C#脚本，用于切换不同的脸谱。对脚本进行如下编辑：

```
using System.Collections.Generic;
using UnityEngine;
using UnityEngine.XR.ARFoundation;

public class FaceSwitcher : MonoBehaviour
{
    /// <summary>
    /// 脸谱材质球集合
    /// </summary>
    public List<Material> FaceMats;
    /// <summary>
    /// 脸部识别管理
    /// </summary>
    public ARFaceManager FaceManager;
    /// <summary>
    /// 脸部模型
    /// </summary>
    public MeshRenderer FaceMeshRenderer;
    /// <summary>
    /// 当前脸谱的序号
    /// </summary>
    private int matIndex = 0;

    private void Start()
    {
        //当脸部追踪发生变化
```

```csharp
        FaceManager.facesChanged += FaceManager_facesChanged;
    }

    /// <summary>
    /// 当脸部追踪发生变化
    /// </summary>
    /// <param name="obj"></param>
    private void FaceManager_facesChanged(ARFacesChangedEventArgs obj)
    {
        // 当有新的脸部被识别
        foreach (var face in obj.added)
        {
            // 设置脸部的材质球
            FaceMeshRenderer.material = FaceMats[matIndex];
            matIndex++;
            if (matIndex >= FaceMats.Count)
            {
                matIndex = 0;
            }
        }
        foreach (var face in obj.updated)
        {
        }
        foreach (var face in obj.removed)
        {
        }
    }
    /// <summary>
    /// 注销事件
    /// </summary>
    private void OnDisable()
    {
        FaceManager.facesChanged -= FaceManager_facesChanged;
    }
}
```

① 脚本挂载到物体 AR Session Origin 上。
② 设置组件 Face Switcher 的属性，如图 11-12 所示。

步骤 06 将程序发布到真机进行调试验证，如图 11-13 所示。

① 当识别到人脸后，会有脸谱覆盖。
② 用手遮挡人脸，脸谱消失。
③ 放开手后会重新识别人脸，脸谱变成其他的样式。

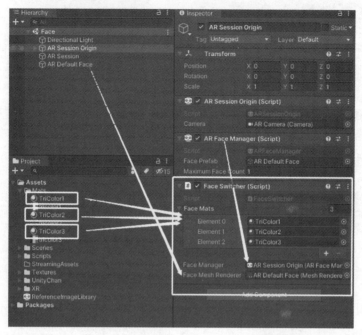

图 11-12 设置组件 Face Switcher 的属性

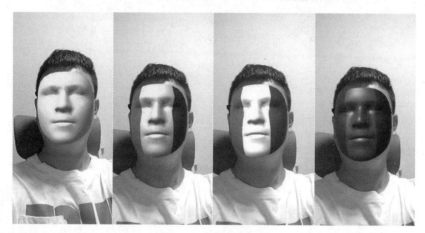

图 11-13 真机验证